Thomas Wendt

Europäische Vögel

Arten · Unterbringung · Haltung

Fortpflanzung · Aufzucht · Fütterung

Gefiederte Welt

ARNDT-VERLAG
WIR LIEBEN VÖGEL!

Vorwort und Dank

Vögel werden seit Jahrhunderten in Menschenobhut gepflegt. Die Haltung dieser sensiblen Geschöpfe ist ein verantwortungsvolles und ausfüllendes Hobby. Man muss immer für sie da sein und kann nicht einfach für ein paar Tage nachlässig sein. Das Versorgen und Beobachten der Vögel bringt Freude und man kann Verhaltensweisen sehen, die man in der Natur kaum beobachten kann.

Europäische Vögel, um die es in diesem Buch geht, kommen mit unserem Klima bestens klar und sie eignen sich hervorragend für eine Haltung in Gartenvolieren. Nur einigen Arten, insbesondere den Zugvögeln, die im Spätsommer in wärmere Gefilde ziehen, muss man im Winter eine geschützte, gegebenenfalls frostfreie, Unterbringung anbieten.

Unter den europäischen Vögeln sind viele verschiedene Arten mit interessanten Verhaltensweisen, prachtvollen Gefiederfarben und wundervollen Stimmen zu finden.

Züchter von europäischen Vögeln sind auch Vogelschützer. Sie kennen die Arten und können einschätzen, was die freilebenden Vögel brauchen. Sei es entsprechende Biotope, Nistgelegenheiten oder Futter. Hier trifft das Zitat von dem bekannten Verhaltensforscher und Nobelpreisträger Konrad Lorenz zu: „Man liebt nur, was man kennt, und man schützt nur das, was man liebt.“ Um sich für den Schutz von Tieren und Pflanzen einzusetzen, muss man sich mit ihnen in der Praxis beschäftigen. Nur theoretisches Wissen ist kaum ausreichend.

Das vorliegende Buch soll ein Leitfaden für die Pflege von europäischen Vögeln in Menschenobhut sein. Es soll über die Unterbringung, Fütterung und Vermehrung informieren. In dem Buch spiegeln sich über 40 Jahre Erfahrung in der Pflege von europäischen Vogelarten wider.

Um sich umfassend und immer wieder neu über die unterschiedlichen Arten zu informieren, ist es empfehlenswert, sich einem Vogelverein, -verband oder -stammtisch anzuschließen. Der Austausch mit Gleichgesinnten, und ist man noch so erfahren, ist unbedingt anzuraten. Man lernt immer wieder etwas dazu. Und dieses Wissen kommt letztendlich unseren gefiederten Pfleglingen zugute.

Ich danke meiner Familie, die meine Leidenschaft nicht nur toleriert, sondern bei Abwesenheit auch die Versorgung der Vögel übernimmt.

Wilhelmshaven / Sengwarden, Sommer 2022

Thomas Wendt

Bartmeisen-Männchen in der Voliere des Autors.

Gimpel gehören zu den beliebtesten Europäischen Vögeln in Menschenobhut.

Fichtenkreuzschnabel im Jugendgefieder.

In diesem Buch werden über 70 europäische Vogelarten näher vorgestellt. Viele davon sind recht häufig in Menschenobhut anzutreffen, andere hingegen weniger häufig oder sogar selten. Das Artenspektrum ist weit gefächert. Die ausgewählten Arten entstammen 24 Familien. Aus einigen Familien wird nur eine Art vorgestellt, aus anderen Familien hingegen mehrere. Eine Ausnahme bildet die Familie der Finkenverwandten (*Fringillidae*) mit 20 dargestellten Arten. Die vorgestellten Arten stehen auch für weitere zu der jeweiligen Familie gehörende Arten, die ähnlich zu halten und zu pflegen sind.

1.1 Europäische Vögel in der Natur

Wer Vögel halten, pflegen und vermehren möchte, muss sich mit ihrer natürlichen Lebensweise vertraut machen. In verschiedenen Fachpublikationen kann man sehr viel erfahren. Auch das Internet, erfahrene Vogelzüchter und die verschiedenen Vogelzuchtverbände bieten Möglichkeiten zum Erkenntnisgewinn. Einige europäische Arten kann man zudem fast vor der Haustür beobachten, um mehr über ihre Lebensgewohnheiten zu erfahren.

Verschiedene Lebensräume

Europäische Vögel kommen in vielen verschiedenen Lebensräumen vor. Landwirtschaftlich genutzte Flächen, Parks, Gärten, Sümpfe, Gewässer, offene oder vegetationsreiche Gelände, Gebirge, Wüsten, Halbwüsten, Küsten, Steppen und sogar Großstädte können vielen Vogelarten gute Lebensbedingungen bieten.

Aufgrund ihrer Lebensweise sind einige Arten an bestimmte Lebensräume gebunden. Eisvögel benötigen Steilwände zum Brüten und die Nähe zum Wasser. Feldlerchen hingegen offenes Gelände und Mauerläufer sind an Gebirge gebunden. Andere Arten hingegen kommen in vielen verschiedenen Lebensräumen gut klar. Dazu zählen insbesondere die sogenannten Kulturfolger. Die Amsel beispielsweise, war ein reiner Waldbewohner und brütet heutzutage sogar in Großstädten. Ein anderes Beispiel ist der Hausrotschwanz, der als Felsenbewohner mittlerweile in und an Gebäuden brütet und seine Jungen großzieht.

Diese Beispiele sollen aber nicht darüber hinwegtäuschen, dass die Bestände zahlreicher Arten eingebrochen sind. Flurbereinigungen, Trockenlegungen von Feuchtgebieten, chemische Gifte und andere umweltzerstörende Maßnahmen sorgen für einen erheblichen Lebensraumverlust. Auch der Klimawandel wird Lebensräume zerstören. Allerdings ist abzusehen, dass einige Arten vom Klimawandel profitieren. So breiten sich einige wärmeliebende Arten, wie der Bienenfresser, nach Norden hin aus.

Ernährung im Freiland

Vögel lassen sich grob, je nachdem, wovon sie sich überwiegend ernähren, in Körner-, Insekten-, Frucht-, Nektar-, Fisch-, Fleisch- und Allesfresser einteilen. Allerdings ist diese Einteilung nur oberflächlich zu sehen, denn viele Vogelarten haben ein durchaus breit gefächertes Nahrungsspektrum. Fast alle Körnerfresser nehmen, insbesondere in der Brutphase, sehr gerne Insekten auf und fressen im Herbst auch Früchte. Einige Insektenfresser, wie zum Beispiel die Bartmeise, ernähren sich im Winter überwiegend von Sämereien.

Vogelschutz im eigenen Garten

Weidensperling-Männchen bei der Aufnahme von Wildsämereien.

Vogelzüchter sind meistens auch Vogelschützer und helfen gerne den freilebenden Vögeln. Bereits im eigenen Garten kann man viel für die heimische Flora und Fauna tun. Ein natürlicher Garten mit heimischen Pflanzen lockt Insekten, Vögel und andere Kleintiere an, die man wunderbar aus nächster Nähe beobachten kann. Winterfutterplätze und Nistkästen für Höhlen- und Halbhöhlenbrüter unterstützen ebenfalls die heimische Vogelwelt.

In einen natürlichen Garten gehören heimische Beerensträucher und Obstbäume, die den Vögeln Brutmöglichkeiten bieten und dessen Früchte im Herbst als Nahrungsquelle dienen. Neben den Laubgehölzen sollten auch Nadelbäume nicht fehlen.

Durch eine kluge Auswahl verschiedener Stauden, kann man sich vom Frühjahr bis zum Herbst an vielen Blüten erfreuen. Diese bieten nicht nur unzähligen Insekten Nahrung, wovon auch die Vögel profitieren, sondern sind auch eine gerne angenommene Nahrungsquelle, denn die Samenstände sind bei vielen Vögeln sehr beliebt. Gleiches gilt auch für eine Wildblumenwiese. In fast jedem Garten ist auch Platz für eine „wilde Ecke“, in der man Brennnesseln und Wildkräuter einfach wachsen lässt. Auch damit schafft man Lebensraum und Nahrungsquelle. Mit Trockenmauern, Naturgartenteichen, Reisighaufen, morschen Baumwurzeln, Totholz und Steinhaufen schafft man weitere Lebensräume für Insekten und andere Lebewesen, womit auch den Vögeln geholfen wird.

Mit einer reichhaltigen und abwechslungsreichen Bepflanzung bietet man den vielen Freibrütern, wie zum Beispiel Drosseln, Grasmücken, Bluthänflingen, Gimpeln und Stieglitzen gute Möglichkeiten zum Nisten. Für Höhlen- und Halbhöhlenbrüter, wie zum Beispiel Rotschwänze, Stare, Meisen und Sperlinge, wird es immer schwieriger, geeignete Nistmöglichkeiten zu finden. Diesen Arten bietet man Nisthilfen in verschiedenen Ausführungen.

Auch den Schwalben und Seglern sollte man helfen. Mehlschwalben bietet man außen am Haus künstliche Nisthilfen an. Auf einem unter dem Nest angebrachten Brettchen sammelt sich Schmutz, den man leicht wieder entfernen kann. Auch für Mauersegler gibt es spezielle Nisthilfen. Rauchschwalben gewährt man Zugang zu

Nistkästen aller Art bieten den Vögeln Nist- und Schlafmöglichkeiten.

Wildblumen sind unter anderem Nahrungsquelle für Vögel und Insekten.

Stallungen und bringt dort Nisthilfen an. Künstlich angelegte Lehm- und Schlammpfützen erleichtern den Schwalben die Suche nach geeignetem Nistmaterial.

Im Winter erleichtert man den Standvögeln und jenen, die aus dem hohen Norden kommen und bei uns überwintern, das Überleben mit einer regelmäßigen Winterfütterung, mit der man bereits im Herbst beginnen sollte. Wenn, dann muss man regelmäßig füttern. Das Futter sollte auch für die freilebenden Vögel abwechslungsreich sein. Der Handel bietet gute Sämereienmischungen, denn das Futter sollte nicht nur aus Sonnenblumenkernen bestehen. Für die insektenfressenden Arten, wie zum Beispiel Rotkehlchen, Zaunkönig und Drosseln, reicht man ein Weichfresserfutter. Drosseln mögen sehr gerne Obst und auch getrocknete Beeren. Meisenknödel führen den Vögeln Energie zu und sollten am Futterplatz nicht fehlen. Man sollte Meisenknödel ohne Plastiknetz anbieten. Diese kann man in spezielle Halterungen für Meisenknödel geben. An den Plastiknetzen können die Vögel leicht hängenbleiben und verenden.

Da Hygiene am Futterplatz wichtig ist, dürfen nur leicht zu reinigende Gegenstände verwendet werden. Am sinnvollsten sind Futtersilos. Futterhäuser sind oft eine hübsche Dekoration, aber meistens nur schwer gründlich zu reinigen. Man muss auch an Trink- und Badewasser denken, sofern kein Gartenteich oder andere Gewässer in der Nähe vorhanden sind. Insbesondere an heißen Sommertagen oder an frostigen Tagen ohne Schnee ist Wasser für die Vögel überlebenswichtig. Flache Schalen aller Art bieten sich als Wasserschale an.

1.2 Überlegungen vor der Anschaffung

Es ist eine Freude, von der Terrasse aus dem bunten Treiben der Vögel zuzusehen (Anlage L. Kalettka, Wiefelstede).

Bevor man sich Vögel anschafft, muss man sich gründliche Gedanken machen, ob man den Tieren optimale Betreuung und Haltung bieten kann. Nur wenn dies uneingeschränkt möglich ist, hat man Freude an seinen Pfleglingen. Folgende Punkte müssen in Bezug auf Zeitaufwand, Kosten und Platz bedacht werden:

Tägliche Fütterung und Kontrolle
Vögel müssen täglich mit Futter und Wasser versorgt werden. Während der Brutphase ist es erforderlich, täglich mehrmals frisches Futter zu reichen. Außerdem sollte man sich seine Pfleglinge täglich ansehen, um den Gesundheitszustand zu prüfen.

Reinigungsarbeiten
Neben den täglichen Pflegearbeiten muss man in der Regel mindestens einmal wöchentlich großzügige Reinigungsarbeiten in den Käfigen und Volieren vornehmen.

Artgerechte Unterbringung
Vögel müssen artgerecht untergebracht werden. Die baulichen Voraussetzungen dafür müssen gegeben sein.

Futterbeschaffung
Vögel kann man nicht nur mit einem käuflichen Universalfutter ernähren. Je nach Art muss man beispielsweise frisch gesammeltes Grünfutter oder Lebendfutter anbieten.

Familie und Nachbarn
Die Familie muss das Hobby zumindest tolerieren, bestenfalls sogar unterstützen. Bei Volierenhaltung ist zu beachten, dass manche Nachbarn mit einer etwaigen Geräuschkulisse Probleme haben. Es ist ratsam, das Vorhaben im Vorfeld mit den Nachbarn zu besprechen.

Betreuung während der Urlaubszeit und in Notfällen
Während der Urlaubszeit, in Notfällen oder bei mehrtägiger Abwesenheit, muss die Betreuung der Vögel sichergestellt sein.

Finanzieller Rahmen
Man sollte sich im Vorfeld über den finanziellen Aufwand Gedanken machen. Dazu zählen u. a. die Kosten für den Bau oder Erwerb der Käfige und Volieren sowie die Energie-, Futter- und Tierarztkosten.

Vogelhaltung ist mehr als ein Hobby

Für zahlreiche Menschen sind der Umgang und die Pflege von Tieren eine schöne und ausfüllende Beschäftigung. Vögel werden bereits seit Jahrhunderten von Menschen gehalten. Oftmals wegen des schönen Gesanges in recht kleinen Käfigen. Heute werden einheimische Vögel aus Freude am Tier und zu Zuchtzwecken in zumeist geräumigen Käfigen und Volieren gehalten. Tierhalter, und speziell Halter von europäischen Vögeln, tragen eine große Verantwortung, denn die Gesundheit und das Wohlbefinden liegen allein in ihrer Verantwortung. Neben aller Verantwortung für die Vögel steht die Freude und die Bestätigung einer sinnwollen Beschäftigung nachzugehen.

Wenn man sich einem so intensiven Hobby verschrieben hat, möchte man alles über seine Pfleglinge und deren Bedürfnisse wissen. Man studiert Literatur, nimmt an Seminaren teil und tritt einem Vogelzuchtverein bei, um sich mit Gleichgesinnten auszutauschen. Dabei entwickelt sich ein besonderes Verständnis für die eigenen Vögel, aber auch für die Vögel in der Natur. Dadurch wiederum wird man sich auch für die Vögel in freier Natur und ihren Lebensraum einsetzen und tritt somit für den Schutz der Umwelt ein.

Pflege während der Urlaubszeit

Während der Urlaubszeit oder bei sonstiger Abwesenheit, muss die Versorgung der Vögel sichergestellt sein. Eine vertrauensvolle Person, wie etwa ein Familienmitglied, ein Freund oder ein erfahrener Vogelzüchter aus der näheren Umgebung, wäre die beste Lösung. Bei einer eintägigen Abwesenheit ist es durchaus möglich, die Vögel mit etwas mehr Futter zu versorgen, aber sobald man auch nur über das Wochenende verreist, sollte eine Vertretung die Versorgung der Vögel übernehmen.

1.3 Einheimische Vögel in der Gesetzgebung

Alle europäischen Vögel sind ausnahmslos gesetzlich geschützt. Die Haltung und Zucht unterliegt verschiedenen Gesetzen und Verordnungen. Die Regelungen gelten auch für Mischlinge und Mutationen. Es ist empfehlenswert, sich vor Beginn der Haltung mit der zuständigen Unteren Naturschutzbehörde in Verbindung zu setzen, um sich über die aktuell gültigen Gesetze und Verordnungen zu informieren.

Kennzeichnungspflicht

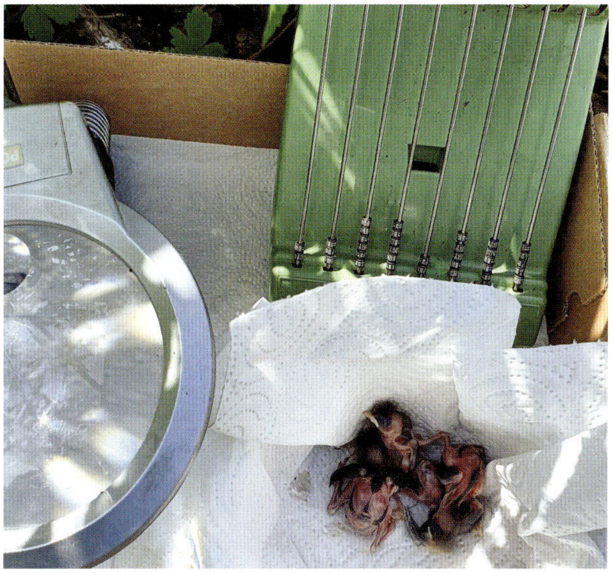

Gerade bei kleinen und zierlichen Vögeln (im Bild Zaunkönige) ist die Beringung nicht so einfach. Eine Lupe kann sehr hilfreich sein.

Für alle europäischen Vogelarten gilt eine Kennzeichnungspflicht. Die vorrangige Kennzeichnungsmethode ist der geschlossene Fußring. Die zu verwendenden Ringgrößen können der Anlage 6 der Bundesartenschutzverordnung entnommen werden. Von den vorgegebenen Ringgrößen kann bei bestimmten Unterarten oder auch bei Mischlingen abgewichen werden, wenn die angegebenen Ringgrößen zu Verletzungen führen würden oder so groß sind, dass sie sich vom Fuß des Vogels abstreifen lassen würden. Es gilt die Ringgröße als passend, wenn der Ring dem erwachsenen Vogel nicht abgezogen werden kann.

Bei einigen Vogelarten ist die geschlossene Beringung unter Umständen aufgrund der Nestbauweise nicht möglich (z. B. Bienenfresser oder Zaunkönig). In diesen Fällen ist eine offene Beringung anzuwenden. Die zuständige Behörde ist darüber im Vorfeld zu unterrichten und die offene Beringung zu beantragen. Auch in anderen Fällen kann eine geschlossene Beringung nicht möglich sein, wenn beispielsweise die Elternvögel die Jungen nach dem Beringen aus dem Nest werfen. Auch in diesen Fällen ist eine offene Beringung im Nachhinein möglich, wenn dies im Vorfeld mit der zuständigen Behörde abgestimmt wurde und man die Genehmigung erhalten hat.

Europäische Vögel werden mit Artenschutzringen gekennzeichnet. Diese werden nur durch die Wirtschaftsgemeinschaft Zoologischer Fachbetriebe GmbH (ZZF) oder den Bundesverband für fachgerechten Natur- und Artenschutz e.V. (BNA) verausgabt. Man kann die Ringe dort direkt bestellen. Weiterhin kann man die Artenschutzringe als Mitglied auch über die Vogelzuchtverbände bekommen. Bei einer Bestellung über einen Vogelzuchtverband ist auf dem Artenschutzring auch die Mitgliedsnummer vorhanden.

Mit dem Taigarubinkehlchen und der Lasurmeise werden in diesem Buch zwei Vogelarten behandelt, die nicht zu den europäischen Vögeln zählen, aber zu den geschützten Arten des Art. 1 der EU-Vogelschutzrichtlinie 2009/147/EG; sie sind deswegen besonders geschützt i. S. des § 7/II, Nr. 13 BNatSchG. Sie sind meldepflichtig, ein Herkunftsnachweis ist erforderlich. Sie sind nicht kennzeichnungspflichtig, da sie nicht in der Anlage 6 der BArtSchVO gelistet sind. Allerdings ist die Beringung mit geschlossenen Verbandsringen zu empfehlen.

Bestands- und Zuchtbuch

In einem Bestands- und Zuchtbuch werden die Herkunft und der Verbleib eines jeden Vogels dokumentiert. In das Bestands- und Zuchtbuch werden folgende Angaben eingetragen:

- Lfd. Nr. (jedes Tier erhält vom Besitzer eine individuelle laufende Nummer)
- Vogelart
- Datum Erwerb oder Schlupf
- Herkunft (Eigenzucht oder Adresse des Vorbesitzers)
- Datum Abgang
- Name, Adresse des neuen Besitzers oder Angabe des sonstigen Abgangsgrundes

Geeignete Bestands- und Zuchtbücher erhält man beim Bundesverband für fachgerechten Natur- und Artenschutz e.V. (BNA) oder bei den Vogelzuchtverbänden.

Zuchtbeleg / Herkunftsnachweis

Für jeden Vogel muss der Züchter einen Zuchtbeleg erstellen. Der Zuchtbeleg bleibt beim Vogel, er wird bei einem Besitzerwechsel an den neuen Halter übergeben. Der Zuchtbeleg muss Angaben zum Züchter, zum neuen Besitzer, zum Vogel und zu den Elterntieren enthalten:

- Name und Adresse des Züchters
- Name und Adresse des neuen Besitzers
- Art, Geschlecht, Kennzeichen (vollständige Ringnummer), Zuchtbuchnummer, Datum der Meldung an zuständige Behörde
- Angaben zu den Elterntieren (Männchen und Weibchen), Alter, Kennzeichen (vollständige Ringnummer), Zuchtbuchnummer, Erwerbsdatum, Datum der Meldung an zuständige Behörde, Herkunft
- Datum der Abgabe an den neuen Besitzer
- Unterschrift des Züchters

Zuchtbeleg

Züchter: ____________________

Neuer Besitzer: ____________________

Angaben zum nachgezüchteten Tier

Art	
Geschlecht	
Kennzeichen	
Alter (Jahrgang)	
Datum Meldung	
lfd. Nr. Bestandsbuch	

Angaben zu den Elterntieren

	Männchen	Weibchen
Alter (Jahrgang)		
Kennzeichen		
Erwerbsdatum		
Datum Meldung		
lfd. Nr. Bestandsbuch		
Herkunft		

Ort, Datum ____________________

Unterschrift Züchter ____________________

Der Zuchtbeleg wird vom Züchter erstellt und bleibt auch bei Weitergabe beim Vogel (sozusagen der Personalausweis des Vogels).

Sofern man einen erworbenen Vogel abgibt, erstellt man einen Herkunftsnachweis (Abgabebeleg). Dieser enthält folgende Angaben:

- Name und Adresse des alten Besitzers
- Name und Adresse des neuen Besitzers
- Art, Geschlecht, Kennzeichen (vollständige Ringnummer), Zuchtbuchnummer, Datum der Meldung an zuständige Behörde
- Datum der Abgabe an den neuen Besitzer
- Unterschrift des Züchters

Der neue Besitzer erhält den Herkunftsnachweis (Abgabebeleg) und den Zuchtbeleg.

Abgabebeleg

Abgebender: ______________________

Aufnehmender: ______________________

Angaben zum Tier

Art	
Geschlecht	
Kennzeichen	
Alter (Jahrgang)	
Herkunft	
Datum Meldung	
lfd. Nr. Bestandsbuch	

Angaben zu den Elterntieren:

Siehe Anlage

Ort, Datum ______________________

Unterschrift Abgebender ______________________

Der Abgabebeleg wird erstellt, wenn ein nicht selbst gezüchteter Vogel abgegeben wird.

Bestandsmeldungen

Besonders geschützte Wirbeltiere, und somit auch die europäischen Vögel, müssen der zuständigen Behörde gemeldet werden. Dazu sind der Bestand nach Beginn der Haltung und folgend alle Änderungen (z.B. Erwerb, Nachzucht, Abgabe, Tod) zu melden. In der Regel ist diese Meldung zum jeweils 01.03. und 01.09. eines jeden Jahres durchzuführen.

Die Meldung muss folgende Angaben enthalten:

- Lfd. Nr. (aus dem Bestands- und Zuchtbuch)
- Vogelart
- Geschlecht (soweit erkennbar)
- Ringnummer (alle Zahlen und Buchstaben auf dem Fußring)
- Herkunft (Anschrift Vorbesitzer oder eigene Nachzucht)
- Verbleib (Adresse des neuen Besitzers / Tod)
- Erwerbs-/Abgangsdatum

Tierbestandsmeldung gemäß § 7 Abs. 2 Bundesartenschutzverordnung

Name, Vorname:	
Straße, Hausnummer:	
PLZ, Ort: Landkreis:	Telefon (für Rückfragen):
Datum, Unterschrift:	E-Mail (für Rückfragen):

lfd. Nr.	Tierart: Deutscher und wissenschaftlicher Artname	SEX	Jahrgang	Kennzeichen am/im Tier (Ring-/Chipnummer) / EU-Bescheinigungsnr., Einfuhrgenehmigungsnr.	Herkunft Anschrift Vorbesitzer / Eigene Nachzuchten: lfd. Nr. der Elterntiere / andere Herkunft (z.B. Naturentnahme)	Zugang am:	Abgabe/Verbleib Adresse des Nachbesitzers / Tod /Entweichen Standort des Tieres, wenn es nicht unter der Wohnanschrift gehalten wird	Abgang am:

Die Bestandsmeldung wird 2 x jährlich (01.03. und 01.09.) der zuständigen Behörde vorgelegt.

Ringgrößen

Nachfolgend eine Aufstellung über die Ringgrößen der in diesem Buch behandelten Vogelarten. Einige der in der BArtSchV angegebenen Ringgrößen haben sich in der Praxis als nicht zweckmäßig erwiesen oder sind gar völlig falsch. Beispielsweise wird für den Blauschwanz die Ringgröße 14,0 angegeben. Allerdings ist der Blauschwanz ein kleiner, zierlicher Vogel, der mit der Ringgröße 2,5 beringt werden müsste. Aus diesem Grunde haben die großen Vogelzuchtverbände zweckmäßige Ringgrößen empfohlen. Es gilt die Ringgröße als passend, wenn der Ring dem erwachsenen Vogel nicht abgezogen werden kann.

Vogelart	Ringgröße gem. BArtSchV	Empfohlene Ringgrößen gem. AZ	Empfohlene Ringgrößen gem. DKB	Vogelart	Ringgröße gem. BArtSchV	Empfohlene Ringgrößen gem. AZ	Empfohlene Ringgrößen gem. DKB
Alpenbirkenzeisig	2,3	2,5	2,5	Heidelerche	2,8	2,7	2,7
Amsel	4,5	4,5	4,5	Karmingimpel	2,8	3,0	3,0
Bachstelze	2,8	2,7	2,7	Kernbeißer	3,5	3,5	3,5
Bartmeise	2,5	2,7	2,7	Kiefernkreuzschnabel	4,0	4,0	4,0
Baumpieper	2,5	2,7	2,7	Kleiber	3,0	3,0	3,0
Bergfink	2,5	3,0	2,7	Kleinspecht	2,7	2,7	k.A.
Berghänfling	2,5	2,5	2,5	Lasurmeise	-	-	2,7
Bienenfresser	3,5	4,0	4,0	Mauerläufer	2,5	2,5	k.A.
Bindenkreuzschnabel	3,2	3,2	3,2	Mönchsgrasmücke	2,8	2,7	2,7
Blauelster	4,5	4,5	k.A.	Nachtigall	2,8	2,7	2,7 - 3,0
Blaukehlchen	2,5	2,7	2,5	Neuntöter	3,5	3,5	4,0
Blaumeise	2,5	2,5	2,7	Ohrenlerche	2,8	3,5	3,0 - 3,2
Blauracke	5,5	6,5	4,0	Ortolan	2,3	3,0	3,0
Bluthänfling	2,5	2,5	2,7	Pirol	4,0	4,0	k.A.
Braunkehlchen	2,5	2,5	2,5	Polarbirkenzeisig	2,3	2,7	2,7
Buchfink	2,5	2,7	2,7	Rohrammer	2,3 - 2,8	3,0	3,0
Dohle	6,5	6,5	k.A.	Rosenstar	4,0 - 4,5	4,5	4,5
Eichelhäher	5,0	5,0	k.A.	Rotdrossel	4,0	4,0	4,0
Einfarbstar	4,0	4,0	4,0	Rotkehlchen	2,5	2,7	2,5
Eisvogel	3,5	3,5	k.A.	Rubinkehlchen	-	-	-
Erlenzeisig	2,5	2,5	2,5	Schafstelze	2,5	2,7	2,7
Feldlerche	2,8	3,5	3,5	Schwarzkehlchen	2,5	2,5	2,5
Feldsperling	2,8	3,0	2,7	Seidenschwanz	3,2 - 4,0	4,0	4,0
Fichtenkreuzschnabel	3,5	3,5	3,2 - 3,5	Singdrossel	4,0	4,0	4,0
Gartenrotschwanz	2,5	2,7	2,5	Star	4,0	4,5	4,5
Gebirgsstelze	2,5	2,7	2,7	Steinschmätzer	2,8	3,0	3,0
Gimpel	2,8	2,7 - 3,0	2,7 - 3,0	Stieglitz	2,5	2,7 - 3,0	2,7 - 3,0
Girlitz	2,3	2,3	2,2	Taigabirkenzeisig	2,3	2,7	2,7
Goldammer	2,8	3,0	3,0	Wendehals	3,3	3,3	
Grünfink	2,8	3,0	3,0	Wiedehopf	4,5	4,5	4,5
Hakengimpel	3,5	3,5	3,5	Wiesenpieper	2,5	2,7	2,7
Haubenlerche	3,0 - 3,5	3,5	3,5	Wüstengimpel	2,3	2,7	2,7
Haubenmeise	2,5	2,7	2,7	Zaunammer	2,3	3,0	2,7
Hausrotschwanz	2,5 - 2,8	2,7	2,5	Zaunkönig	2,0	2,3 - 2,5	2,5
Haussperling	3,0	3,0	3,0	Zitronenzeisig	2,3	2,5	2,5
Heckenbraunelle	2,5	2,7	2,7				

1.4 Unterbringung und Haltung

Bei Züchtern und in zoologischen Einrichtungen kann man sich Ideen für die eigene Anlage holen (Alpenzoo Innsbruck).

Die Unterbringung der Vögel wird sich zuallererst an den örtlichen Gegebenheiten und den Ansprüchen der Vogelarten ausrichten. Unabhängig davon, für welche Art der Unterbringung man sich entscheidet, sind bestimmte Voraussetzungen zu erfüllen. Dies betrifft sowohl die Mindestgröße, als auch die Einrichtung und die Zusammensetzung der Vogelgesellschaft. Das Bundesministerium für Ernährung, Landwirtschaft und Forsten (BMEL) hat ein Gutachten für die „Mindestanforderungen an die Haltung von Kleinvögeln" in Auftrag gegeben. Dieses ist im Internet auf der Seite des BMEL zu finden.

Flugbox

Eine geeignete Flugbox ist grundsätzlich an drei Seiten und von oben geschlossen. Nur die Vorderfront besteht aus einem Gittergeflecht mit einer Tür sowie gegebenenfalls Öffnungen für Futterbehälter und Nistmöglichkeiten. Eine Kotschublade erleichtert die Reinigung und das Auswechseln des Bodenbelages. Einige europäische Vogelarten lassen sich, zumindest zeitweise, gut in Flugboxen halten und auch züchten. Insbesondere Körner fressende Arten, wie beispielsweise Birkenzeisige, Erlenzeisige, Gimpel und Stieglitze. Bei den Flugboxengrößen muss man sich an den „Mindestanforderungen an die Haltung von Kleinvögeln" des BMEL orientieren. Bei den Maßen gilt „je größer, desto bester". Bei kleinen Arten (bis 15 cm Körpergesamtlänge), z. B. Birkenzeisige, liegen die Mindestmaße für ein Paar bei 0,80 x 0,40 x 0,40 m (Länge x Breite x Höhe). Bei den größeren Unterarten (ab 16 cm Körpergesamtlänge) von Stieglitzen und Gimpeln liegen die Mindestmaße bei 1,20 x 0,50 x 0,50 m (Länge x Breite x Höhe).

Auch wenn man seine Pfleglinge ausschließlich in Volieren halten möchte, muss man die eine oder andere Flugbox zur Verfügung haben. Sei es zur vorübergehen-

Volieren im Weltvogelpark Walsrode.

Kleine Innenvolieren oder geräumige Flugkäfige können unter anderem zur Zucht, zum vorübergehenden Separieren oder zum Absetzen von Jungvögeln genutzt werden (Anlage T. Wendt, Wilhelmshaven).

den Separierung eines Vogels aufgrund von Aggressionen, zur Krankenpflege oder zur Eingewöhnung von Neuzugängen.

Vitrine

Vitrinen sind ähnlich gestaltet wie Käfige. Anstatt des Frontgitters besteht die Vorderseite aus Glas. Aufgrund der Glasfront muss eine Vitrine seitlich oder oben Belüftungsgitter haben. Für europäische Vögel sind Vitrinen eher ungeeignet. Sie werden vielmehr bei der Haltung von exotischen Vögeln in Wohnräumen eingesetzt oder auch auf Vogelausstellungen.

Vogelhaus/Vogelzimmer

Vogelhäuser sind eigens für die Unterbringung von Vögeln zur Verfügung stehende Gebäude. Sie stehen den Vögeln entweder als kompletter Flugraum zur Verfügung oder beinhalten mehrere kleinere Volieren oder Käfige. An das Gebäude können zudem eine oder meh-

Innenvolieren eines Vogelhauses mit Durchflügen zu anschließenden Außenvolieren (Anlage F. Kruse, Aurich).

rere Außenvolieren anschließen. Im Vogelhaus ist zudem genügend Platz, um Vogelzuchtutensilien unterzubringen. Ähnliches gilt für das Vogelzimmer. Dies ist ein separater Raum im Wohnbereich, der ausschließlich für die Vogelzucht vorgesehen ist. In Vogelhäusern und Vogelzimmern ist für eine gute Lüftung, Beleuchtung, Temperatur und Luftfeuchtigkeit zu sorgen. Diese sollten sich an den natürlichen Lebensräumen und dem Jahreszyklus der Vögel orientieren.

Voliere

Eine Gartenvoliere mit einem angrenzenden Schutzhaus, in dem die Temperaturen nicht unter den Gefrierpunkt fallen, ist für die meisten europäischen Vogelarten die optimale Unterbringung. Zahlreiche Vogelarten, die in diesem Buch beschrieben werden, können ganzjährig in solch einer Volierenanlage untergebracht werden. Je nach Vogelart muss die Außenvoliere überdacht sein oder es kann sogar auf ein frostfreies Schutzhaus verzichtet werden.

Die Größe und Bauweise sind von verschiedenen Faktoren abhängig. Es wirken sich der persönliche Geschmack, der Geldbeutel, der zur Verfügung stehende Platz und vor allen Dingen die Bedürfnisse der Vogelarten aus. Zum Bau von Volieren sind einige sehr gute Bücher geschrieben worden. An dieser Stelle sollen daher nur einige grundsätzliche Voraussetzungen und Überlegungen für den Bau einer geeigneten Voliere aufgezeigt bzw. angestellt werden.

Der Standort der Anlage muss nach Möglichkeit so ausgewählt sein, dass für einige Stunden direkte Sonneneinstrahlung auf einen Teil des Außengeheges gegeben ist. Es müssen allerdings auch genügend Schattenplätze vorhanden sein. Die Wetterseiten des Außenbereiches müssen zumindest teilweise gegen Wetterunbilden geschützt werden. Der überdachte und seitlich geschützte Bereich bietet den Vögeln eine gute Rückzugsmöglichkeit.

Um die Außenvoliere vor dem Eindringen unliebsamer Gäste wie Mäuse, Ratten oder Wiesel zu schützen, ist ein ausreichend tiefes Ringfundament notwendig. Auf das Fundament werden einige Reihen Klinker gemauert. Darauf können dann die Aufbauten, das heißt die Rahmenkonstruktionen, befestigt werden. Als Ringfundament haben sich auch 50 cm x 50 cm Betongehwegplatten bewährt. Diese lässt man 40 cm senkrecht in den Boden. Je nach Vorliebe oder handwerklichem Geschick verwendet man Holz oder Metall für die Rahmenkonstruktion. Eine dunkle Drahtbespannung bietet, im Gegensatz zu einer metallisch glänzenden Ausführung, einen guten Blick in die Voliere. Um den Vögeln einen Schutz vor Katzen und anderen Beutegreifern zu gewähren, ist eine doppelte Drahtbespannung ideal. Mindestens 5 cm Abstand zwischen den Drahtgeflechten sollte eingehalten werden. Weitere Schutzmaßnahmen vor Raubzeug können ein elektrischer Weidezaun oder

Großzügige Volieren im Vogelpark Bobenheim-Roxheim.

Großvoliere bei Jan-Willem Klein-Tiessink in Emmen, NL. Aus integrierten Beobachtungshütten können hier Fotografen Bilder wie in freier Wildbahn machen.

Voliere aus stabilen Netzen im Tier- und Freizeitpark Thüle.

Voliere mit Schutzhaus (Anlage T. Wendt, Wilhelmshaven).

Greifvogelspiegelkugeln auf der Voliere sein. Eine Schleuse vor der Volierentür verhindert das Entweichen der Vögel. Die Schleuse sollte großzügig bemessen sein. So ist unter anderem das Einbringen von größeren Pflanzen oder das Austauschen vom Bodenbelag einfacher durchzuführen. Der große Vorteil einer Freivoliere ist, dass die Vögel dem natürlichen Jahresrhythmus ausgesetzt sind, worauf der Organismus unserer heimischen Vögel ausgerichtet ist. Das Schutzhaus sollte neben der Innenvoliere genügend Platz für Käfige, kleine Innenvolieren, Futterküche, Stauraum und ähnliches aufweisen.

Ausstattung und Einrichtung der Voliere

Volieren mit Naturboden lassen sich wunderbar bepflanzen.

Volieren kann und sollte man zweckmäßig für die Vögel und den Pfleger einrichten.

Boden
In Innenvolieren verwendet man als Bodenbelag Sand, Holzgranulat, Hanfstreu oder ähnliches Material. In vollkommen überdachten Außenvolieren hat sich Sand als Bodenbelag bewährt. In nach oben offenen Volieren kann man Naturboden verwenden. Hier lassen sich durch entsprechende Bepflanzung kleine Biotope nachbilden.

Sitzgelegenheiten
Kleine Zuchtvolieren, von beispielsweise 1 m x 2 m x 2 m, sollten spartanisch eingerichtet sein, damit man als Pfleger anfallende Reinigungsarbeiten ungehindert durchführen kann. Man sollte einige wenige natürliche Sitzstangen verwenden. Auch Einzelsitzplätze haben sich bewährt. Die Sitzstangen müssen so platziert sein, dass die Vögel von Sitzstange zu Sitzstange fliegen und nicht nur hüpfen müssen. Weiterhin ist darauf zu achten, dass die Sitzstangen nicht über Futter- und Wasserschalen angebracht sind, damit das Futter und Wasser nicht durch Kot verunreinigt wird. In bepflanzten Biotopvolieren bieten die Pflanzen meistens schon gute Sitzgelegenheiten. Zusätzliche Sitzstangen sollten nicht direkt über Pflanzen angebracht werden, da diese sonst durch Kot beschmutzt werden.

Futtertische
Futternäpfe bietet man am besten auf Futtertischen an. Diese können im geschützten, trockenen Bereich der Voliere angebracht werden. Man sollte immer mindestens zwei Futterstellen anbieten. Bei der Haltung von Vögeln, die sich überwiegend am Boden aufhalten, wie zum Beispiel Lerchen, müssen auch am Boden Futterschalen vorhanden sein. Platzsparend sind Außenfütterungen. Ein großer Vorteil ist, dass der Pfleger die Voliere zum Füttern nicht betreten muss.

Abnehmbarer Futtertisch aus Edelstahl (Mondial Birdshop, Lauenburg).

Trink- und Badewasser
Trink- und Badewasser lässt sich nicht strikt trennen. Vor fast jedem Bad trinkt der Vogel auch. Deshalb stellt man seinen Pfleglingen tägliches frisches Wasser zur Verfügung. An heißen Sommertagen sollte das Wasser gegebenenfalls mehrfach gewechselt werden. Als Badeschalen haben sich größere Blumentopfuntersetzer aus Kunststoff bewährt. Diese sind leicht zu reinigen. Im Gegensatz zu Tonschalen sind diese auch wesentlich haltbarer. Man kann sich mit etwas Geschick auch Betonbecken mit Abfluss und Zulauf basteln.

Wasserbecken aus Beton mit Abfluss.

Sonstige Einrichtungsgegenstände
Bei der Gestaltung einer Gartenvoliere sind dem Pfleger keine Grenzen gesetzt. Mit einigen Findlingen, Baumwurzeln, Baumstämmen und einer entsprechenden Bepflanzung lassen sich schöne Biotope nachbilden. Man sollte aber immer daran denken, dass alles gut zu erreichen und leicht zu reinigen sein muss.

Paarweise Haltung oder Vergesellschaftung
Es ist abhängig von den Vogelarten und von der Volierengröße, ob man die Vögel paarweise hält oder mit anderen Arten vergesellschaftet. Die vielversprechendsten Aussichten auf eine erfolgreiche Vermehrung hat man sicherlich bei einer paarweisen Haltung. Wobei man bei einigen Arten die Partner außerhalb der Brutzeit zwingend trennen muss. In kleinen Zuchtvolieren von 1 m x 2 m x 2 m sollte man Vögel nur paarweise halten. In größeren Volieren kann man gut mehrere Arten halten, wenn diese untereinander verträglich sind.

1.5 Erwerb, Quarantäne und Eingewöhnung

Europäische Vögel bekommt man in der Regel von Züchtern, nur wenige Vogelhändler bieten diese an. Kontakte zu Züchtern bekommt man über die verschiedenen Vogelzuchtverbände, Vogelvereine, auf Vogelausstellungen, auf Vogelbörsen oder über die Fachzeitschriften. In erster Linie sollte man die Vögel direkt beim Züchter abholen. Hier kann man sehen, wie die Vögel gehalten werden, und sich über die Vogelart informieren lassen. Aus Gesprächen mit Züchtern kann man immer wieder wertvolle Tipps mitnehmen.

Transport

Am besten transportiert man die Vögel selber. Allerdings kann man sich die Vögel auch durch Tiertransportunternehmen zuschicken lassen. Es wird garantiert, dass die Tiere innerhalb von 24 Stunden zugestellt werden. In stabilen Holztransportboxen mit ausreichend Futter und Wasser ist der Transport kein Problem. Selbst empfindliche Arten überstehen den Transport problemlos.

Auch wenn man die Vögel selber transportiert, verwendet man stabile Transportboxen oder kleine Käfige. Auf Pappschachteln sollte man verzichten oder nur im Notfall zurückgreifen. Um unnötigen Stress zu vermeiden sollten die Vögel einzeln in Transportkäfigen untergebracht werden. Die Vögel sind ruhiger, wenn man den Draht beispielsweise mit Fliegengaze bespannt und so etwas abdunkelt.

Quarantäne

Die Neuankömmlinge dürfen nicht gleich in die Voliere zum vorhandenen Bestand gesetzt werden. Vielmehr setzt man die Vögel einzeln in geräumige Käfige. Wenn die Vögel in den nächsten Tagen einen gesunden und vitalen Eindruck machen, kann man sie in den vorhandenen Bestand überführen. Man kann gegebenenfalls Kotproben durch einen Tierarzt untersuchen lassen. Nach einem längeren Transport gewährt man den Vögeln noch mehrere Stunden Licht, damit sie Nahrung und Wasser aufnehmen können. Gerne nehmen die Vögel nach einem mehrstündigen Transport noch ein ausgiebiges Bad.

Gimpel ernähren sich vorwiegend von reifen und halbreifen Sämereien von Wildkräutern und Bäumen.

1.6 Ernährung und Gesundheit

Der Ernährung unserer Pfleglinge kommt eine ganz besondere Bedeutung zu. Sie ist eine essentielle Grundlage für die Gesundheit unserer Vögel. Der Fachhandel vereinfacht den Vogelzüchtern heutzutage die Versorgung der Vögel und bietet hervorragende Futtermittel an. Angereichert mit Futter aus der Natur, kann man so den Vögeln einen ausgewogenen Speiseplan zur Verfügung stellen. Man muss sich mit den Bedürfnissen seiner Pfleglinge auseinandersetzen. Durch Lesen von Zuchtberichten und Fachbüchern sowie durch Züchtergespräche kann man viel über die einzelnen Arten erfahren. Aber man muss auch das eine oder andere einfach ausprobieren.

Grundfutter für Körnerfresser

Die Grundlage für die Ernährung der körnerfressenden Vogelarten sind Sämereienmischungen. Vielfach werden sie im Handel als „Waldvogelfutter“ angeboten. Es gibt bei diesen Sämereienmischungen allerdings erhebliche Qualitätsunterschiede. Neben einem „Waldvogelfutter“ hält der Fachhandel spezielle Sämereienmischungen für fast alle europäischen, körnerfressenden Vogelarten bereit. Die Unterschiede in der Zusammensetzung zwischen den verschiedenen Spezialmischungen sind zum Teil erheblich. Im Folgenden sollen die Zusammensetzungen einiger Sämereienmischungen der Futtermittelhandlung Blattner exemplarisch vorgestellt werden.

Waldvogelfutter I a	Waldvogelfutter Spezial	Waldvogel extra ohne Rübsen	Hänfling-Girlitz-Spezial
Für feinschnäblige Arten wie Zeisig, Stieglitz und Hänfling	*Für dünnschnäblige Arten wie Erlenzeisig, Stieglitz, Hänfling, Buchfink u.ä.*	*Für grobschnäblige Arten wie Grünfink und Gimpel*	*Spezialmischung für Hänflinge, Birkenzeisige und Girlitze*
Feldsalatsamen	Buchweizen	Buchweizen	Chia
Glanz	Feldsalatsamen	Ebereschenbeeren (getrocknet)	Dotterlein
Hafer (geschält)	Glanz	Feldsalatsamen	Feldsalat
Hanf	Hafer (geschält)	Glanz	Hafer (geschält)
Japanhirse	Hanf	Grüne Hirse	Japanhirse
Knaulgras	Japanhirse	Gurkenkerne	Kanariensaat
Lärchensamen.	Kardi	Hafer (geschält)	Knaulgras
Leinsamen	Kiefer (mittel)	Hanf	Lärchensamen
Mohn	Knaulgras	Kardi	Leinsamen
Negersaat	Leinsamen	Kiefernsamen (weichschalig)	Nachtkerze
Perilla	Mohn	Knaulgras	Negersaat
Rübsen	Negersaat	Leinsamen	Perilla
Schwingelgras	Perilla,	Mariendistelsamen	Rotschwingelgras
Sesam	Rübsen	Negersaat	Rübsen
Sonnenblumenkerne (geschält)	Salatsamen	Perilla	Salatsamen
Wildsamen	Schwingelgras	Sesam	Senegalhirse
Zichoriensamen	Sesam	Silberhirse	Sesam
	Silberhirse	Sonnenblumenkerne (schwarz)	Wildsamen
	Sonnenblumenkerne (geschält)	Wildsamen	Zichoriensamen
	Weidelgras	Zichoriensamen	
	Wildsamen		
	Zichoriensamen		

Stieglitz-Major Italia	Stieglitz-Zeisig-Spezial	Gimpel I	Kernbeißer Spezial
Spezialmischung für nordische und östliche Stieglitzunterarten	*Spezialmischung für Stieglitze und Erlenzeisige*	*Spezialmischung für Gimpel, Karmingimpel und Grünfinken*	*Spezialmischung für Kernbeißer*
Feldsalatsamen	Chia	Buchweizen	Aroniabeeren
Hanf	Glanz	Dotterlein	Artischockensamen
Kanariensaat	Hafer (geschält)	Gurkenkerne	Buchweizen
Knaulgras	Hanf	Hafer (geschält)	Ebereschenbeeren (getrocknet)
Leinsamen	Kardendistel	Hanf	Hafer (geschält)
Mariendistelsamen	Knaulgras	Japanhirse	Hagebuttenkerne
Nachtkerzensamen	Lärchensamen	Kanariensaat	Kanariensaat
Negersaat	Leinsamen	Kardi	Kardi
Perilla	Mariendistelsamen	Kiefer (mittel)	Leinsamen
Raygras	Mohn	Knaulgras	Mariendistelsamen
Rotschwingelgras	Nachtkerzensamen	Lärchensamen	Melonenkerne
Rübsen	Negersaat	Leinsamen	Mungobohnen
Salatsamen	Perilla	Mariendistelsamen	Negersaat
Sesam	Salatsamen	Negersaat	Paddyreis
Sonnenblumenkerne (macro)	Sesam	Perilla	Perilla
Wildsamen	Sommerrübsen	Rotschwingelgras	Sonnenblumen (gestreift)
Zichoriensamen	Sonnenblumenkerne (macro)	Sesam	Wacholderbeeren
	Wildsamen	Silberhirse	Weißdornbeeren (getrocknet)
	Zichorien	Sommerrübsen	Wildsamen
		Wildsamen	
		Zichorien	

Gimpel III	**Kreuzschnabel I Spezial**	**Kreuzschnabel II für kleinere Arten**	**Cardueliden-Diät (Polar)**
Spezialmischung für Hakengimpel	*Spezialmischung für Kiefern- und Fichtenkreuzschnäbel*	*Spezialmischung für Binden- und Himalayakreuzschnäbel*	*Diätmischung für Polarbirkenzeisige*
Buchweizen	Buchweizen	Glanz	Chia
Ebereschenbeeren	Glanz	Hafer (geschält)	Glanz
Feldsalat	Hanf	Hanf	Goldlein
Gurkenkerne	Perilla	Kiefernsamen	Knaulgras
Hafer (geschält)	Kardisaat	Lärchensamen	Perilla
Hanf	Kiefer (weichschalig)	Leinsamen	Salatsamen
Kanariensaat	Lärchensamen	Negersaat	Sesam
Kardi	Leinsamen	Perilla	Zichoriensamen
Kiefernsamen (grob)	Negersaat	Sonnenblumen (kleinkörnig)	
Kiefernsamen (mittel)	Sonnenblumen (gestreift)		
Leinsamen			
Mariendistelsamen			
Negersaat			
Perilla			
Sonnenblumen (gestreift)			
Wildsamen			

Grundfutter für Insektenfresser

Als Grundfutter für Insektenfresser reicht man Fertigfuttermischungen und Pellets. Es gibt heutzutage qualitativ sehr hochwertige käufliche Fertigfuttermischungen für alle Insektenfresser. Es werden Trocken- und Fertigmischungen angeboten. Fertigfutter ist schnabelgerecht und kann ohne weitere Zubereitung verfüttert werden. Das Trockenfutter hingegen muss vor der Verfütterung mit geriebenen Karotten, Obst, Quark, Hüttenkäse, Honig oder Fruchtsäften angemacht werden.

Der Handel bietet zahlreiche Futtermischungen für Insektenfresser.

Hat man viele Vögel zu versorgen, lohnt sich die Selbstherstellung eines Weichfresserfutters. Um etwa 25 kg einer Trockenmischung herzustellen, werden folgende Zutaten benötigt: 500 g Bierhefe, 500 g zerkleinerte Haselnüsse, 500 g zerkleinerte Leinsamen, 500 g Mohn, 500 g Weizenkeime, 500 g Weizenkleie, 1 kg Welpenfutter in Pelletform, 1 kg Beoperlen, 1 kg Blütenpollen, 1 kg Gemüseflocken für Hunde, 1 kg geschälte und zerkleinerte Sonnenblumenkerne, 2 kg Kückenaufzuchtfutter, 2,5 kg Bisquit, z. B. Tortenboden oder Bisquitbruch (zerkleinert), 2,5 kg Fohlenaufzuchttrockenmilch, 2,5 kg Haferflocken, 2,5 kg Trauben-Nuss-Müsli (zerkleinert), 5 kg eines guten Kraft- und Aufzuchteifutters.

Zum Zerkleinern der verschiedenen Zutaten kann eine ausgesonderte Küchenmaschine verwendet werden. Je nach benötigter Menge wird etwas Hüttenkäse mit einem flüssigen Vitaminpräparat, geriebener Karotte oder geriebenem Apfel vermischt. Anschließend wird so viel von der Trockenmischung hinzugegeben, dass nach dem Umrühren eine erdfeuchte, aber noch krümelige Masse entsteht. Das Weichfresserfutter wird am Abend vor der Verfütterung angemacht, damit die Feuchtigkeit über Nacht in alle Bestandteile der Trockenmischung einziehen kann. Dieses Futter wird von fast allen Insektenfressern sehr gerne aufgenommen. Der Aufwand der Herstellung eines Insektenfresserfutters lohnt sich nur, wenn man viele Vögel zu versorgen hat. Für die Versorgung weniger Vögel kann man auf ein käufliches Futter zurückgreifen.

Futter aus der Natur

Zu einer ausgewogenen Ernährung gehört auch Futter aus der Natur. Den Körnerfressern kann man fast das ganze Jahr hindurch Wildkräuter, knospentragende Zweige von Laub- und Nadelbäumen sowie Beerenfrüchte anbieten. Es muss sichergestellt sein, dass im Sammelgebiet keine Unkraut- oder Insektenvernichtungsmittel gespritzt werden.

Der Löwenzahn gehört wohl zu den beliebtesten Wildkräutern bei unseren körnerfressenden Arten. Die Samenköpfe können als Ganzes in die Voliere gegeben werden. Man kann sich aber auch die Mühe machen, die Flughaare mit einer Schere zu entfernen, damit sie später nicht in der Voliere umherfliegen. Weiterhin reicht man alles, was die heimischen Wildkräuter her-

Löwenzahmsamen sind für Stieglitze, Hänflinge, Zeisige und Gimpel eine der wichtigsten Futterquellen im Frühjahr. Insbesondere im April und Mai kann man leicht große Mengen ernten.

Frisch gesammelte Nachtkerze und Beifuß.

Viele Beerenfrüchte (im Bild Feuerdorn) lassen sich sehr gut einfrieren, so dass man sie auch über den Winter anbieten kann.

geben. Vogelmiere, Ampfer, Hirtentäschelkraut, Disteln, Kletten, Gräser, Wegerich, Knöterich, Beifuß, Kreuzkraut und sogar die Samen von Vergissmeinnicht, Stiefmütterchen und Brennnesseln werden gerne gefressen.

Es hat sich bewährt, „Wildkräutersträuße“ in mit Wasser gefüllte Friedhofsvasen anzubieten. So bleiben die Wildkräuter einige Tage lang frisch. Gerne klettern die Vögel in den Wildkräutern umher, um an die leckeren Samen zu gelangen.

Weitere Leckerbissen, und gleichzeitig auch eine gute Beschäftigung, sind knospentragende Zweige. Obstbaumzweige sind besonders beliebt. Weiterhin dürfen auch Tannen-, Fichten- und Kiefernzweige nicht fehlen. Insbesondere für Kreuzschnäbel und Gimpel sind diese unerlässlich. Zur Abwechslung bietet man weiterhin süße Äpfel, Birnen, Salatgurken und Chicoree an. Neben den Körnerfressern nehmen auch einige Weichfresser süßes Obst auf. Mönchsgrasmücken beispielsweise fressen gerne von überreifen Bananen, und Amseln sowie Singdrosseln lieben überreife Äpfel. Ab dem Spätsommer bis in den Winter bereichern Beeren den Speiseplan unserer Pfleglinge. Gerne werden Holunder-, Ebereschen-, Weißdorn-, Feuerdorn- und Ligusterbeeren gefressen. Aber auch Brom-, Him- oder Erdbeeren werden angenommen. Einige Beeren lassen sich auch sehr gut auf Vorrat sammeln und können eingefroren werden. So kann man den Vögeln den Winter über immer mal wieder diese Leckerbissen anbieten.

Weichfresser, wie z. B. Seidenschwänze, Rotschwänzchen, Grasmücken oder Drosseln fressen in erster Linie das Fruchtfleisch oder verschlucken die Beeren als Ganzes. Körnerfresser hingegen, mögen in erster Linie die Samenkörner in den Beerenfrüchten.

Vogelmiere lässt sich leicht in Volieren aussäen. Man kann sie durch einen Drahtkorb schützen, so dass nur die durch den Draht wachsenden Pflanzenteile verzehrt werden können.

Reife Holunderbeeren kann man ab August reichen. Insbesondere einige Insektenfresser nehmen die Beeren gerne auf.

Lebendfutter

Für alle Insektenfresser muss der Pfleger ganzjährig Futtertiere bereithalten. Aber auch die meisten Körnerfresser benötigen in der Aufzuchtphase tierische Kost. Wir können den uns anvertrauten Pfleglingen nicht die Vielfalt bieten, die sie in der Natur zur Verfügung haben, aber man kann versuchen, den Speiseplan so abwechslungsreich wie möglich zu gestalten.

Viele Futtertiere stehen im Fachhandel ständig zur Verfügung oder können selbst gezüchtet werden. Weiterhin kann man auch Lebendfutter in der Natur finden. Bei der Futtertierzucht ist zu beachten, dass der Aufwand hierfür ebenso hoch ist, wie die Vogelzucht selbst.

Mehlkäferlarven

Mehlkäferlarven, meistens als „Mehlwürmer" bezeichnet, sind mit die bekanntesten Futtertiere. Früher wurde den Mehlwürmern nachgesagt, sie seien ein ungesundes Futter und verantwortlich für geschwollene Füße und andere Krankheitssymptome bei Vögeln. Dies war in erster Linie auf schlecht ernährte und nicht vorbereitete Futtertiere zurückzuführen. Gesund und ausgewogen ernährte Mehlwürmer sind ein ausgesprochen gutes Futter und aus der Weichfresserhaltung kaum wegzudenken. Sie werden von fast allen insektenfressenden Vogelarten aufgenommen.

Frisch gehäutete Mehlkäferlarven sind weißlich und werden bevorzugt von den Vögeln gefressen.

Zuchtbehälter mit Fruchtfliegen.

Als Zuchtbehälter eignen sich Kunststoffstapelboxen. Geeignete Deckel, die Käfer sind flugfähig, sind Holzrahmen mit Gazebespannung und können leicht selbst hergestellt werden. Für einen Zuchtansatz besorgt man sich Mehlkäferlarven. Man setzt diese in eine vorbereitete Zuchtbox und ernährt sie gut. Die Mehlkäferlarven werden sich bald verpuppen und anschließend in Käfer verwandeln. Die Zuchttemperatur sollte konstant bei etwa 25 °C liegen.

Als Trockenfutter reicht man eine Mischung aus Weizenkleie, Hafer- und Hundeflocken. In diesem Substrat, das einige Zentimeter hoch eingefüllt wird, leben die Käfer. Als Feuchtfutter gibt man Obst- oder Gemüsestücke. Auch Reste des Weichfutters und Löwenzahnblätter werden gerne von den Käfern gefressen. Das Feuchtfutter legt man oben auf das Trockensubstrat. Es wird so viel Feuchtfutter gegeben, wie bis zur nächsten Fütterung verzehrt wird. Gefüttert wird etwa alle zwei Tage.

Eine Lage Eierkartons dient den Käfern als Versteckmöglichkeit. Ihre Eier legen die Mehlkäfer direkt ins Substrat. Nach etwa sechs Wochen nach dem Einsetzen der Käfer siebt man das Trockensubstrat mit einem feinen Haushaltssieb durch. In dem feinen, ausgesiebten Substrat befinden sich nun die ersten kleinen Mehlwürmer. Diese werden genau wie die Käfer ernährt. Nach etwa 12 Wochen sind die Mehlwürmer ausgewachsen und verpuppen sich. Wenn man nun mehrere Zuchtbehälter ansetzt, hat man immer Mehlwürmer in verschiedenen Größen vorrätig. Man muss allerdings immer einige Mehlwürmer zurückhalten, die sich dann verpuppen können, damit man stets eine gewisse Anzahl an Käfern hat. Mehlwürmer sind sehr gute "Fresser". Alle paar Tage muss das Futtersubstrat ausgetauscht werden. Auf dem Boden der Mehlwurmbox erkennt man eine mehr oder weniger dicke Schicht Mehlwurmkot.

Wenn man Mehlwürmer nicht selber züchten möchte, kann man sie im Fachhandel erwerben. Vor der Verfütterung an die Vögel müssen sie ausreichend und gesund ernährt werden. Dazu eignet sich verschiedenes Gemüse, Obst und auch Löwenzahn. Es ist darauf zu achten, dass man keine ausgewachsenen, kurz vor der Verpuppung stehenden, Mehlwürmer erwirbt, denn diese nehmen kaum noch Nahrung zu sich. Für alle Futtertiere gilt: "Das Futtertier ist, was es frisst!"

Vor dem Verfüttern kann man die vorgesehene Menge Mehlwürmer mit einigen Tropfen Olivenöl anmachen. Anschließend bestäubt man die Futtertiere mit einem Vitamin-Mineraliengemisch. Den Vögeln werden die Futtertiere in glattwandigen Schalen mit mindestens 4 cm Höhe angeboten. Weiterhin können Sie die Mehlwürmer unter das Weichfutter mischen.

Getreideschimmelkäferlarven

Die Larven des Getreideschimmelkäfers sind auch unter dem Namen Buffalos bekannt. Die Haltung und Zucht gleicht in etwa der des Mehlwurms. Die Entwicklungszeit bei diesem Futtertier ist im Gegensatz zum Mehlkäfer wesentlich kürzer. Buffalos kann man leicht über den Fachhandel beziehen. Die Larven hält man in Weizenkleie und füttert sie mit Möhren- und Apfelscheiben.

Fruchtfliegen

Fruchtfliegen sind eine sehr begehrte Abwechslung auf dem Speiseplan der Vögel. Gerade für die ersten Lebenstage der Jungvögel sind sie bei vielen Vogelarten sehr beliebt. Fruchtfliegen kann man gut züchten oder mit Obstabfällen in die Voliere locken. In einen Plastikeimer mit einer Lage Heu gibt man verschiedene Obstabfälle und stellt diesen in die Voliere. Es ist ratsam, den Eimer mit einem Drahtgeflecht abzudecken. An warmen Tagen stellen sich automatisch Fruchtfliegen in großer Zahl ein. Sie werden von dem gärenden Obst angelockt. Insbesondere werden Fruchtfliegen durch überreife Bananen angelockt.

Wenn man Fruchtfliegen züchtet, hat man das ganze Jahr hindurch dieses gute Futter vorrätig. Für die Zucht verwendet man eine flugunfähige Zuchtform der Fruchtfliege, da diese wesentlich einfacher zu handhaben ist. Als Zuchtbehälter eignen sich alle Glas- oder durchsichtigen Kunststoffgefäße. Die Gläser sollten einen ½ Liter Fassungsvermögen nicht überschreiten. Der Handel bietet bereits ein Futtersubstrat für

Viele Futtertiere bekommt man mittlerweile als Tiefkühlware. Auf dem Foto sind Pinkies (oben), Wachsmottenlarven (unten), Getreideschimmelkäferlarven (links) und Soldatenfliegenlarven (rechts) zu sehen).

Fruchtfliegen an. Dieses wird mit Wasser angerührt und versorgt die Fliegen mit allen lebenswichtigen Stoffen. Der Fruchtfliegenansatz, bestehend aus etwa 200 bis 300 Fliegen, wird in ein vorbereitetes Zuchtgefäß gegeben. Dazu wird etwa 3 cm hoch das Futtersubstrat und anschließend etwas Holzwolle in das Glas gegeben. Nun können die Fruchtfliegen eingesetzt werden. Das Glas wird mit einem Stück Feinstrumpfhose und Gummiring verschlossen.

Die Fliegen legen Eier ab und kurz darauf schlüpfen die winzigen Maden. Nach acht Tagen werden die Fliegen zum Eierablegen in ein anderes Glas gegeben. Rasch verpuppen sich die Maden. Aus den Puppen schlüpfen dann die Fliegen. Um täglich eine gewisse Anzahl Fruchtfliegen verfüttern zu können, müssen natürlich mehrere Zuchtgläser angesetzt werden. Aus einem Zuchtansatz kann man innerhalb einiger Wochen mehrere hundert Gläser Fliegen züchten. Eine Zuchttemperatur von etwa 20 °C ist ausreichend. Zum Verfüttern kann man die Fliegen in einen Eimer geben, aus dem die Fliegen langsam herauskrabbeln. Manche Insektenfresser lieben es, Fruchtfliegen, die in eine Schüssel Wasser gegeben wurden, zu erhaschen. Man kann die Fliegen aber auch einfach auf den Volieren- oder Käfigboden schütten.

Heimchen

Die Heimchen sind ein weiteres wertvolles Futter für unsere heimischen Insektenfresser. Aber auch einige Körnerfresser nehmen Heimchen, insbesondere zur Jungenaufzucht, gerne auf. Besonders beliebt sind kleine oder halbwüchsige Exemplare. Aber auch ausgewachsene Heimchen werden geschickt von den Vögeln gefangen, zerlegt und verspeist.

Für die Heimchenzucht eignen sich Kunststoffstapelboxen. Die Zucht der Heimchen ist sehr ergiebig. Der Deckel der Zuchtboxen muss einen Ausschnitt zur Belüftung aufweisen. Dieser muss mit Metallfliegengaze versehen sein, da die Heimchen Kunststoffgaze zernagen würden. Als Trockenfutter bekommen die Heimchen Kückenaufzuchtfutter in Mehl- oder Pelletform. Wasser benötigen sie bei der Gabe von Grünfutter, z. B. Löwenzahn, Vogelmiere oder Obstschnitze, nicht.

Versteck- und Klettermöglichkeiten bietet man durch Eierkartons. Ein etwa 8 cm hohes, mit einer feuchten Mischung aus Blumenerde und Sand gefülltes Plastikgefäß, dient als Eiablagebehälter. Die Mischung aus Sand und Erde muss ständig feucht gehalten werden. Das Gefäß sollte mit Metallfliegengaze abgedeckt werden. Die Weibchen können ihre Eier mithilfe des Legestachels trotzdem gut in die Erde ablegen. Die Metallfliegengaze hat den Vorteil, dass die Heimchen nicht die Erde aufwühlen und die Eier beschädigen können. Bereits nach 10 bis 14 Tagen wird der Eiablagebehälter in eine neue Zuchtbox gestellt, da aus den kleinen Eiern die ersten Jungen schlüpfen. Wenn man vier bis fünf Zuchtbehälter einsetzt, hat man stets Heimchen in verschiedenen Größen zur Verfügung.

Eine eigene Heimchenzucht garantiert, stets Heimchen in allen Größen vorrätig zu haben.

Zur erfolgreichen und ergiebigen Zucht benötigen Heimchen eine konstante Temperatur von etwa 28 bis 30 °C. Diese erreicht man am besten in einem Wärmeschrank. Ein ausgedienter Kühlschrank mit einigen Belüftungslöchern und einer Glühbirne als Wärmequelle, eignet sich ausgezeichnet für diesen Zweck. Um die Temperatur gleichmäßig halten zu können, ist der Einsatz eines Thermostates ratsam. Je nach Größe kann ein Wärmeschrank zwei bis vier Zuchtbehälter beinhalten. Vor dem Verfüttern sollte man die Heimchen einer Temperatur von unter 15 °C aussetzen, da sich bei dieser Temperatur ihre Bewegungsabläufe verlangsamen und sie so nicht entweichen können. Die Heimchenzucht benötigt eine tägliche Pflege. Heimchen sind auch im Fachhandel in allen Größen erhältlich.

Wachsmotten

Wachsmotten sind Schädlinge in Bienenstöcken. Neben der Kleinen kommt noch die Große Wachsmotte vor. Beide Arten eignen sich hervorragend als Zusatzfutter für alle insektenfressenden Vögel. Sowohl als Larve wie auch als Motte sind sie bei heimischen Vögeln beliebt. Die Zucht ist lohnenswert und bereitet keine größeren Umstände.

Die Zucht floriert bei einer Temperatur von etwa 30 °C ausgezeichnet. Die Zuchtbehälter müssen einen fest schließenden Deckel aufweisen. Ein Lüftungsschlitz aus Metallfliegengitter sorgt für nötige Frischluftzufuhr. Geeignete Behälter für diese Insekten sind Eimer, Dosen oder Stapelboxen. Die Ausstattung des Zuchtbehälters besteht aus alten Bienenwaben, da diese als Nahrung und Versteckmöglichkeit für die Larven und Motten dienen. Alte Bienenwaben bekommt man bei einem verständnisvollen Imker. Zuchtansätze in Form von Wachsmottenlarven können über den Fachhandel bezogen werden. Ist es nicht möglich, an alte Bienenwaben zu gelangen, kann man ein Ersatzfutter selber zubereiten. Aus Honig (5 Teile), Glyzerin (5 Teile), Bierhefe (2 Teile), Weizenkeime (2 Teile), Magermilchpulver (2 Teile) und Weizenkleie (20 Teile) kann man ein entsprechendes Futter herstellen. Den Honig und das

Glyzerin sollte man kurz in der Mikrowelle erwärmen. Alle Zutaten werden dann gut miteinander verrührt. Nachdem das Futter abgekühlt ist, kann man es in die Zuchtbehälter geben.

Pinkies

Pinkies sind die Larven der Goldfliege. Sie haben sich als gern angenommenes Futter etabliert. Man erhält sie beispielsweise über Angel- und Zoofachgeschäfte. Man kann die Larven, die Puppen oder später die Fliegen verfüttern. Die Larven ernähren sich von Aas. Man sollte Goldfliegenlarven abkochen und einfrieren. Dazu müssen die Maden etwa zwei bis drei Minuten in kochendes Wasser gegeben werden. Anschließend werden sie durchgespült und zum Trocknen auf Haushaltstücher ausgebreitet. Nach einigen Stunden können die Maden portionsweise eingefroren werden.

Nach kurzer Gewöhnungszeit nehmen nicht nur die Weichfresser, sondern auch einige Körnerfresser dieses Futter an. Bei Lebendfütterung sollten die Maden im Kühlschrank aufbewahrt werden, da sie sich sonst rasch verpuppen. Einige Vogelarten, so z.B. die Bachstelzen, ziehen abgekochte Pinkies allen anderen Futtertieren vor. Man kann tiefgefrorene Pinkies in einer hervorragenden Qualität im Fachhandel bekommen. Man bietet die gefrosteten und aufgetauten Pinkies am besten in einer flachen Schale mit etwas Wasser an. So bleiben die Futtertiere länger frisch.

Weitere Futtertiere

Der Fachhandel bietet viele weitere Futtertiere, die man auch selber züchten kann. Neben den bereits erwähnten Arten sind dies unter anderem verschiedene Heuschrecken, Grillen, Schaben, Asseln und Regenwürmer. Weiterhin Schwarzkäferlarven („Morios“), Enchyträen, Rosenkäferlarven und Ofenfischchen.

Lebendfutter aus der Natur

Auch in der Natur findet man wertvolles Lebendfutter für unsere Pfleglinge. An dieses kann man auf verschiedene Weisen gelangen. Hierbei sind die gesetzlichen Bestimmungen zu beachten, denn geschützte Tierarten dürfen nicht gefangen werden. Außerdem muss sichergestellt sein, dass in der Umgebung nicht mit Insektenvernichtungsmitteln gearbeitet wurde. Lebendfutter aus der Natur ist immer nur ein Leckerbissen. Insbesondere zur Brutzeit, in den ersten Lebenstagen des Vogelnachwuchses, kann dieses Futter ausgesprochen wertvoll sein.

Sehr ergiebig kann das Abkeschern von Wiesen sein. Auf diese Weise gelangt man an das sogenannte Wiesenplankton. Mit einem feinmaschigen Kescher, mit einer Öffnung von mindestens 30 cm Durchmesser und einem Netz von etwa 50 cm Länge, ist es ein Leichtes, von Wiesen, Feldern und Wegrändern eine Vielzahl von Insekten, deren Larven, Spinnen und anderes Getier zu keschern. Die gefangenen Insekten werden in einer verschließbaren Plastikdose für kurze Zeit im Kühlschrank aufbewahrt. Nun sind sie für einige Minuten flugunfähig und können von den Vögeln leicht erhascht werden.

Auch Klopfbeute bringt Abwechslung auf den Speiseplan der Vögel. Ein ausgedienter Regenschirm wird aufgespannt an einen Ast gehängt und anschließend wird der Ast abgeklopft oder geschüttelt. Viele Insekten und anderes Getier fällt in den Schirm und kann anschließend in ein Plastikgefäß gefüllt werden. Die Verfütterung der Klopfbeute erfolgt wie beim Wiesenplankton. Mit einer Insektenlichtfalle kann man in warmen Frühlings- und Sommernächten beachtliche Erfolge erzielen. Lichtfallen können in verschiedenen Ausführungen bezogen oder auch selber gebaut werden.

Blattläuse werden sehr gerne verzehrt. Befallene Pflanzenteile gibt man einfach in die Voliere. Zur Aufzucht der Jungen nehmen auch viele Körnerfresser dieses beliebte Futter auf.

Blattläuse werden von Körnerfressern und kleinen Insektenfressern gleichermaßen gerne gefressen.

Tiefgefrorene Drohnenbrut. Die Waben mit den Larven bekommt man bei einem verständnisvollen Imker.

Beim Imker kann man Drohnenbrut erhalten. Die Waben mit den Drohnen werden komplett für mindestens eine Woche tiefgefroren. Dann kann man die Waben mit den Händen zerreiben und anschließend die Drohnen portionsweise einfrieren.

Ein weitere Abwechslung sind Ameisenpuppen. An warmen Sommertagen können große Mengen gesammelt werden. Unter Gehwegplatten, Steinen, an Bahndämmen oder auf Wiesen kann man genügend Ameisenvölker ausmachen. Ameisenpuppen können frisch gesammelt, eingefroren oder getrocknet verfüttert werden. Viele Insektenfresser nehmen auch gerne Ameisen auf. Die Puppen der Ameisen eignen sich auch für die meisten Körnerfresser als hervorragendes Aufzuchtfutter.

Ameisenpuppen kann man selber sammeln oder über den Fachhandel beziehen (getrocknet oder tiefgefroren).

Fruchtfliegen kann man mit überreifem Obst oder auch mit Pferdedung in die Volieren locken.

Keimfutter

Für eine erfolgreiche Aufzucht von den meisten Körnerfressern ist Keimfutter unerlässlich. Durch den Keimvorgang werden die Sämereien zu einem vitaminreichen und wertvollen Futter, das von den Vögeln mit Vorliebe aufgenommen wird.

Zur Herstellung des Keimfutters benötigt man eine hochwertige Sämereienmischung und leicht zu reinigende Utensilien. Am besten eignen sich Haushaltssiebe und Edelstahlschüsseln (jeweils drei). Folgende Methode zur Herstellung von Keimfutter hat sich bewährt:

Die benötigte Menge Keimfutter gibt man morgens in eine mit Wasser gefüllte Schüssel. Nachmittags werden die Samenkörner in ein Sieb gegeben und gut durchgespült. Bestenfalls sollte die Wässerung sechs bis acht Stunden nicht überschreiten. Nun werden die Samen gut gesiebt, damit möglichst viel Flüssigkeit verloren geht. Die Schüssel wird gereinigt und das Sieb mit dem Futter in die Schale eingehängt. Die Sämereien werden an den Seiten des Siebes hochgezogen, damit möglichst an alle Samenkörner Sauerstoff gelangt.

Am Nachmittag des zweiten Tages, wenn möglich auch zusätzlich am Morgen, wird das Keimfutter im Sieb wieder gut durchgespült und es bleibt dann noch einen Tag darin. Am dritten Tag kann man das Keimfutter verfüttern. Je nach Umgebungstemperatur, kann das Futter auch bereits am zweiten Tag verfüttert werden. Die Samen sollten gerade aufgesprungen sein und die Keime etwa einen Millimeter herausstehen. Wenn man jeden Tag eine Schüssel Keimfutter ansetzt, hat man täglich frisches Keimfutter zur Verfügung. Das Keimfutter wird in einer flachen Schale angeboten.

Fütterungsfertiges Keimfutter.

Trink- und Badewasser

Es ist den Vögeln täglich frisches Trink- und Badewasser zur Verfügung zu stellen. Bei höheren Temperaturen steigt das Badebedürfnis. Da vor dem Baden stets getrunken wird, ist es ratsam, das Wasser mehrmals täglich zu wechseln. Als Behälter eignen sich flache Schalen, wie zum Beispiel Blumentopfuntersetzer.

Vitamine und andere Grundstoffe

In Menschenobhut kann man seinen Pfleglingen nicht vollumfänglich die Nahrung anbieten, die sie im Freiland aufnehmen würden. Umso wichtiger ist es, möglichst nahe an das natürliche Futter mit seinen für den Vogel wichtigen Inhaltsstoffen heranzukommen.

Sofern man abwechslungsreich füttert, dazu gehören beispielsweise Wildkräuter aus der Natur oder eine optimale Ernährung der Futtertiere, treten kaum Mangelerscheinungen auf. Der Bedarf an Vitaminen, Mineralstoffen, Fetten, Eiweißen und Kohlenhydraten wird damit recht gut gedeckt. Vitamine werden überwiegend mit der Nahrung aufgenommen und sind für zahlreiche Funktionen des Organismus eines Vogels zuständig. Erhöhter Vitaminbedarf entsteht zum Beispiel während der Mauser, zur Brutzeit oder bei Krankheit. Mineralstoffe und Spurenelemente sind beispielsweise in Kalk- und Taubensteinen, in Grit, in Sepiaschalen, Futterkalk oder in Eierschalen enthalten. Sie werden u.a. für den Knochen- und Muskelaufbau benötigt.

Eiweiße erhalten die Vögel durch Aufnahme von Lebend-, Weich- und Eifutter sowie durch unterschiedliche pflanzliche Nahrung, beispielsweise durch Nüsse und Hülsenfrüchte. Eiweiße sind wesentliche Baustoffe für den Organismus.

Als Trink- und Badegelegenheit eignen sich flache Blumentopfuntersetzer aus Ton und Kunststoff.

Freilebende Vögel sind hauptsächlich zur kalten Jahreszeit und zur Zugzeit auf Energiespender angewiesen. Fette und Kohlenhydrate werden dann vermehrt aufgenommen. Auch unsere Vögel in Menschenobhut nehmen diese Stoffe auf. Allerdings sind sie nicht der Belastung der freilebenden Vögel ausgesetzt. Futterstoffe mit hohen Fettanteilen sollten nur in Maßen verabreicht werden. Einige Lebendfuttertiere und auch Nüsse enthalten recht viel Fett. Kohlenhydrate sind vor allem in Honig, Obst, Gemüse und Beeren enthalten. Der Fachhandel bietet zahlreiche Präparate an, die man in flüssiger oder pulveriger Form verabreichen kann.

1.7 Zucht

Fast flügge Bartmeisen.

Der Begriff Zucht im eigentlichen Sinn ist die kontrollierte Vermehrung, um bestimmte Eigenschaften durch Zuchtauslese zu stärken oder zu verringern. Dies wirkt sich insbesondere bei den domestizierten Tieren aus. Europäische Vögel werden gezüchtet, oder besser formuliert, vermehrt, um möglichst den Wildtyp zu erhalten. Ausnahmen sind die Farbmutationen, die bei einigen Arten bereits fest in Menschenobhut etabliert sind. Es handelt sich dabei beispielsweise um Gimpel, Stieglitz, Erlen- und Birkenzeisig. Allesamt Arten, die recht einfach und in hoher Anzahl gezüchtet werden.

Aus diesen Gründen passt der Begriff Zucht eigentlich nicht im Kontext zur Haltung von europäischen Vögeln in Menschenobhut. Allerdings hat sich dieser Begriff fest im Sprachjargon etabliert.

Voraussetzungen

Wenn man sich mit der Haltung und Pflege von europäischen Vögeln beschäftigt, ist die Zucht wohl das erklärte Ziel. Da keine Vögel der Natur entnommen werden dürfen, ist es umso wichtiger, dass die Züchter die Bestände in Menschenobhut erhalten. Es ist ein Vergnügen, die Vögel bei der Balz, dem Nestbau und schließlich bei der Jungenaufzucht zu beobachten.

Für eine erfolgreiche Zucht müssen einige grundsätzliche Voraussetzungen erfüllt sein. Die Unterbringung muss auf die jeweilige Art abgestimmt sein. Je nach Größe der Voliere und nach Vogelart kommt eine paarweise Unterbringung oder eine Vergesellschaftung mit anderen Vogelarten in Frage. Für die Zucht setzt man nur gesunde und vitale Vögel ein.

Bei Arten, die äußerlich nicht nach Geschlechtern unterschieden werden können, bei denen also kein Geschlechtsdimorphismus gegeben ist, sollte eine Geschlechtsbestimmung per DNA-Analyse durchgeführt werden.

Einige Arten kann man während der Ruhephase als Gruppe zusammenhalten. Durch Beobachten kann man feststellen, wer mit wem harmoniert, und so die Paare zusammenstellen. Diese „Liebesverpaarungen“ bringen meistens auch sehr gute Zuchtresultate hervor. Die Gruppenhaltung ist aber nicht bei allen Arten möglich. Bei den meisten Körnerfressern und beispielsweise bei Bartmeisen kann man es anwenden. Bei vielen Weichfressern ist dies kaum möglich. In diesen Fällen muss man die Paare selber zusammenstellen und hoffen, dass die Partner harmonieren.

Nistgelegenheiten

Die meisten Vogelarten mögen geschützte Nester mit einem freien Blickfeld.

Brütendes Schwarzkehlchen in einem Holzkaisernest.

Bruthöhlen mit zwei ovalen Einfluglöchern werden gerne von Gartenrotschwänzen angenommen.

Viele europäische Vogelarten nehmen Nisthilfen an, um ihr Nest zu erstellen. Pro Paar sollte man immer drei bis vier Nisthilfen anbieten. Mit einer natürlichen Bepflanzung und einer Ausstattung mit Koniferenzweigen schafft man Gelegenheiten zum Bau von freistehenden Nestern. Alle Freibrüter, das heißt Vogelarten, die ihre Nester in Büschen oder im Gestrüpp anlegen, nehmen auch sehr gerne im Gezweig angebrachte Körbchen aus Draht, Bast oder anderen Materialien an. Weitere gern angenommene Nisthilfen sind Nistklötze, Ginstertaschen und Kaisernester. Für Höhlen- und Halbhöhlenbrüter sind entsprechende Nisthöhlen aus Holz- oder Holzbeton anzubieten.

Halbhöhlen aus Holzbeton sind langlebig und werden von verschiedenen Insektenfressern gerne als Nistplatz ausgewählt (im Bild ein brütendes Rubinkehlchen).

Kaisernest aus Kunststoff.

Sogenannte Kapellchen werden gerne von Stieglitzen und Gimpeln angenommen.

Nistkörbchen werden von den meisten Freibrütern gerne als Nestunterlage benutzt.

Auch Drahtkörbchen werden gerne als Nisthilfe angenommen.

Die Nisthilfen müssen so angebracht werden, dass sie vor Witterungseinflüssen geschützt sind. Dazu gehören nicht nur Regen und Wind, sondern auch direkte Sonneneinstrahlung.

Bau einer Brutwand für Eisvögel und Bienenfresser

Manche Vogelarten stellen besondere Ansprüche an die Haltung. Um Eisvögel und Bienenfresser überhaupt vermehren zu können, benötigt man eine Brutwand, in die die Vögel ihre Brutröhren und Brutkessel graben können. Nachfolgend beschriebene Bauweise hat sich dabei bewährt.

Natürliche Bienenfresser-Bruthöhlen in einer Abbruchkante.

Künstliche Brutwand.

Hinter der Brutwand sind die Nistkästen angebracht.

Die Brutwand besteht aus einer Siebdruckplatte. In diese werden die vorgesehenen Einfluglöcher für die Brutröhren gesägt. Auf die Siebdruckplatte wird stabiler Volierendraht geschraubt, der als Halt für den aufgetragenen Zementmörtel dient. Nach dem Durchtrocknen des Mörtels wird die Brutwand mit sandfarbener Fassadenfarbe gestrichen. Damit die Vögel selbst entscheiden können, wie lang die Brutröhren werden, erstellt man längliche „Brutkästen" aus Siebdruckplatten. Diese sind 1,20 lang, 25 cm breit und 15 cm hoch. Die Oberseite wird mit zwei Klappen von je 60 cm Länge versehen, so dass die Brutröhre komplett von oben zu öffnen ist. Diese Brutkästen werden mit einem Sand-/Lehmgemisch vollständig gefüllt. Da Bienenfresser und Eisvögel gradlinig oder nur leicht ansteigend graben, wird der Brutkasten so hinter die modellierte Brutwand angebracht, dass die Vögel direkt unter dem Deckel graben müssen. So hat man die Möglichkeit, die Brutröhre und den Brutkessel ständig kontrollieren zu können. Bei diesen Brutkästen können die Vögel selber entscheiden, an welcher Stelle sie den Brutkessel anlegen. Vielleicht schon bei 80 cm oder doch erst bei 1,20 m.

Von Bienenfressern gegrabene Bruträhre und Brutkessel. Durch den aufklappbaren Deckel kann man in die Brutröhre und in den Brutkessel einsehen.

Mit einem Lehm-Sand-Gemisch befüllter Nistkasten.

Einflug zur Brutröhre.

Nistmaterial

Zum Nestbau sollte man seinen Pfleglingen möglichst viele verschiedene Materialien anbieten. Vieles kann man in der Natur finden. Darunter sind trockene Gräser, Wurzelfasern, Tierhaare, Pflanzenwolle, Blätter, feine Birken- und Fichtenzweige, Moose, Flechten, Spinnenweben und Federn.

Der Fachhandel bietet zudem eine Fülle an brauchbaren Materialien an, wie etwa Kokos-, Sisal- und Jutefasern sowie Scharpie. Einige Arten verbauen auch Aquarienfilterwatte.

Einige wenige Arten, wie beispielsweise Wiedehopf und Blauracke, tragen gar kein Nistmaterial in die Bruthöhle ein. In diese Bruthöhlen für diese Arten füllt man eine flache Schicht feines Holzgranulat.

Scharpie.

Kokosfasern.

Tierhaare.

Käufliches Nistmaterial.

Aquarienfilterwatte.

Rubinkehlchen mit unterschiedlichen Baumaterialien.

1.8 Krankheiten und Verletzungen vorbeugen und heilen

Bei artgerechter Fütterung und Unterbringung, in Verbindung mit entsprechender Hygiene, können viele Krankheiten und Verletzungen von vornherein minimiert oder ausgeschlossen werden. Doch bei aller Sorgfalt kann es hin und wieder zu Verletzungen, Krankheiten oder Unwohlsein bei den Vögeln kommen.

Wichtig ist das regelmäßige Beobachten. Der erfahrene Züchter kennt das Verhalten seiner Pfleglinge und kann einschätzen, wann er einschreiten muss. Dazu gehört auch das Trennen von aggressiven Exemplaren von einer Gruppe, das zeitgerechte Absetzen der Jungvögel oder das Kränkeln eines Vogels. Es ist immer schnelles Eingreifen erforderlich, sonst kann es zu unnötigen Verlusten führen. Sobald man feststellt, dass ein Vogel nicht gesund oder verletzt ist, muss gehandelt werden. Optimal ist ein auf Kleinvögel oder zumindest auf Geflügel spezialisierter Tierarzt in der Nähe. Nur der Tierarzt sollte eine Diagnose und eine entsprechende Behandlung vornehmen. Zwar kann man mit etwas Erfahrung die eine oder andere Krankheit oder Verletzung selbst behandeln, aber ein Herumexperimentieren sollte tunlichst unterbleiben.

Vorbeugung

Zur Vorbeugung von Krankheiten und Verletzungen gehört das Sauberhalten der Volieren, Käfige, Näpfe, Wasserbecken und all des anderen Zubehörs. Auch das Absichern der Volieren gegen Schadnager und Raubzeug verhindert Verluste. Es dürfen nur untereinander verträgliche Arten gemeinsam in einer Voliere leben. Ebenso ist darauf zu achten, dass bei manchen Arten die Partner außerhalb der Brutphase getrennt werden müssen.

Prophylaktisch sollte man im Frühjahr und Herbst eine Wurmkur durchführen. Anzuraten sind auch Kotprobenuntersuchungen. Bei einem Befall von Bakterien oder Parasiten kann man dann seinen Bestand nach Absprache mit dem Tierarzt entsprechend behandeln.

Verletzungen

Verletzungen können beispielsweise Knochenbrüche oder blutende Wunden sein. Sofern es keine allzu großen Wunden sind, kann man sie mit Eisenchloridwatte recht schnell stillen. Wichtig ist auch das Desinfizieren der Wunde. Größere Wunden sollte man von einem Tierarzt behandeln lassen. Durch Raubzeug herbeigeführte Verletzungen sind meistens erheblich und führen oftmals zum Tode. Deshalb ist es ratsam, die Voliere mit einer Doppelverdrahtung zu versehen. Der Abstand zwischen den Drahtgeflechten sollte fünf Zentimeter betragen. Neben der Doppelverdrahtung ist ein elektrischer Weidezaun eine gute Maßnahme, um vierbeiniges Raubzeug von der Voliere abzuhalten.

Knochenbrüche bei Vögeln können leicht durch unsachgemäßes Einfangen der Vögel durch den Pfleger entstehen. Nachts aufgeschreckte Vögel können sich zudem durch den Aufprall am Volierendraht verletzen. Knochenbrüche heilen bei Vögeln sehr schnell. Gebrochene Extremitäten müssen in die Ausgangslage gebracht und fixiert werden. Gebrochene Flügel können mit Hilfe einer schmalen, dünnen Binde am Körper befestigt werden. Gebrochene Beine können mit Hilfe eines Plastikstrohhalmes fixiert werden. Der Strohhalm wird aufgeschnitten, um das Bein gelegt und anschließend mit Klebeband wieder verschlossen. Den Vogel setzt man in einen Käfig ohne Sitzstangen. Nach etwa zwei Wochen kann die Schiene oder der Verband entfernt werden. Offene Brüche sind bei Kleinvögeln schwer zu heilen. Es ist ratsam einen Tierarzt aufzusuchen.

Krallen und Schnabel kürzen

Übermäßiger Krallen- und Schnabelwuchs stellt für den Vogel eine Beeinträchtigung dar. Mit einer speziellen Krallenschere, einer Nagelschere oder einem Nagelkneifer, können die Krallen oder der Schnabel wieder auf die natürliche Länge zurückgeschnitten werden. Es ist darauf zu achten, dass die Blutbahnen nicht beschädigt werden.

Legenot

Mitunter kann es bei Weibchen zu Legenot kommen. Trotz aller Bemühungen gelingt es nicht, das Ei abzusetzen. Meistens sitzt das Weibchen aufgeplustert am Boden und der untere Bauch ist geschwollen.

Hin und wieder leiden zumeist junge Weibchen an Legenot. Wenn der Pfleger nicht rechtzeitig geeignete Maßnahmen ergreift, kann es zum Tode des Vogels führen. Man setzt den Vogel in einen separaten Käfig unter eine Infrarotlampe. Zusätzlich erhöht man die Luftfeuchtigkeit. Unterstützend massiert man den unteren Bauch des Vogels vorsichtig mit leicht erwärmtem Baby- oder Olivenöl. Um Legenot vorzubeugen, ist eine vitamin- und kalkreiche Ernährung unverzichtbar.

Parasiten

Parasiten treten als Ektoparasiten, diese Form lebt außen am Vogel, oder als Endoparasiten, diese leben im Vogelkörper, auf. Grabmilben, sie leben in den Hornteilen der Vögel, verursachen die weitläufig bekannten Kalkbeine. Einen Befall erkennt man an Krusten im Bein- und Fußbereich sowie an kahlen Stellen in der Gesichtsgegend. Besonders anfällig für Grabmilben sind Kreuzschnäbel und Gimpel. Befallene Vögel werden drei bis fünf Tage mit einem speziellen Mittel gegen Grabmilben behandelt. Anschließend reibt man die abgeheilten Bereiche mit Vaseline, Melkfett oder ähnlich hautschonenden Salben ein. Die Beine werden wieder glatt und geschmeidig. Saubere Sitzstangen beugen dem Grabmilbenbefall vor.

Milben, beispielsweise die Rote Vogelmilbe und auch die Nordische Vogelmilbe, sind nicht zu unterschätzen. Ein Befall von Nestlingen kann tödlich enden. Die Rote Vogelmilbe hält sich nur zeitweise, zum Blutsaugen, auf dem Vogel auf und versteckt sich ansonsten, beispielsweise in der Nähe des Nestes. Die Nordische Vogelmilbe lebt dauerhaft auf dem Vogel.

Über den Tierarzt kann man entsprechende Milbenmittel bekommen. Die Vögel und insbesondere die Nestlinge und Nester sollten von Zeit zu Zeit auf Milbenbefall untersucht werden. Mittlerweile gibt es Präparate, die prophylaktisch über das Trinkwasser gegeben werden können und die einen Milbenbefall verhindern. Neben den Milben, können auch Federlinge den Vögeln sehr zusetzen. Die Behandlung erfolgt durch entsprechende Mittel, die über den Tierarzt zu bekommen sind. Befall durch Federlinge und auch Milben erkennt man auch durch unruhiges Verhalten der Vögel.

Zu den Endoparasiten gehören Kokzidien, die die bekannte Kokzidiose hervorrufen. Diese protozoäre Infektion erkennt man an unterschiedlichen Symptomen. Durchfall, oft starke Abmagerung, Lustlosigkeit, gesträubtes Gefieder und teilweise geschwollene Därme zeugen von Kokzidiose. Akut erkrankte Vögel sind kaum zu retten. Eine gewisse Anzahl von Kokzidien und deren Eier hat jeder Vogel in seinem Körper. Wenn nun eine bestimmte Menge überschritten wird, bricht die Krankheit aus. Mit einer entsprechenden Kur kann man sehr gute Erfolge erzielen. Die Medikamente und eine Anweisung zur Behandlung bekommt man vom Tierarzt.

Vögel, die aufgeplustert sind und ständig fressen, aber dabei immer weiter abnehmen, sind Kandidaten für eine Kokzidiose. Durch regelmäßige Kotproben können Verluste verhindert werden, denn man kann frühzeitig eingreifen und entsprechend behandeln.

Luftsackmilben können verantwortlich sein, wenn der Vogel prustet, würgt oder hustet. Dadurch versucht er, die Milben loszuwerden. Durch das Aushusten der Milben können unter Umständen Luftsackmilben von anderen Vögeln aufgenommen werden. Auffällige Vögel mit den genannten Symptomen müssen umgehend separiert werden. Bei leichtem Befall ist der Vogel gut zu retten. Die Behandlung sollte durch einen Tierarzt vorgenommen werden.

Ähnliche Krankheitssymptome zeigen Vögel, die unter Luftröhrenwürmer leiden. Der Vogel schüttelt den Kopf, hustet oder hat Atembeschwerden. Zwischenwirte sind u. a. Regenwürmer, Schnecken und Tausendfüßer. Die Behandlung sollte vom Tierarzt durchgeführt werden.

Infektionskrankheiten

Infektionskrankheiten, beispielsweise Pilz- oder Bakterieninfektionen, können bei Vögeln nur durch einen fachkundigen Tierarzt eindeutig diagnostiziert werden. Auffallende Vögel sind umgehend vom restlichen Bestand zu separieren und es ist ein Tierarzt aufzusuchen. An sichtbaren Symptomen ist nicht eindeutig zu erkennen, welche Infektion vorliegt. Unter anderem wird ein Abstrich notwendig sein.

Glatt anliegendes Gefieder und klare Augen zeugen von guter Gesundheit eines Vogels (im Bild ein Stieglitz).

1.1. Wiedehopf *Upupa epops*

Upupa epops (Linnè, 1758) · Engl.: *Eurasien Hoopoe*

Unterarten

U. e. epops	Nordwestafrika und Europa, östlich bis Südzentralrussland, Nordwestchina und Nordwestindien
U. e. ceylonensis	Zentral- und Südindien, Sri Lanka
U. e. longirostris	Nordostindien bis Südchina, Indochina und Malaiische Halbinsel
U. e. major	Ägypten
U. e. senegalensis	Senegal und Gambia bis Somalia
U. e. waibeli	Kamerun bis Nordwestkenia und Norduganda

Kopfportrait vom Wiedehopf.

Beschreibung

Länge ca. 26 bis 28 cm. Der Wiedehopf ist mit keiner anderen europäischen Vogelart zu verwechseln. Die Männchen und die Weibchen sind gleich gefärbt. Wiedehopfe haben ein orangebraunes Gefieder. Der Rücken, die Flügel und die Schwanzfedern sind schwarzweiß quer gebändert. Die Federn der bei Erregung aufgestellten Haube zeigen schwarze Spitzen. Im Flug erinnern Wiedehopfe an riesige Schmetterlinge. Die Jungvögel ähneln den Altvögeln, besitzen aber einen wesentlich kürzeren Schnabel.

Lautäußerungen

Das Rufen der Wiedehopfe ist unverkennbar. Es besteht aus einem meist dreisilbigen „upupup", das in recht langen Serien zu vernehmen ist. Bei Erregung lassen sie ein raues Krächzen („rääh") ertönen. Die jungen Wiedehopfe betteln mit einem hohen „sieh" nach Futter.

Vorkommen / Lebensraum

Wiedehopfe bewohnen große Teile Afrikas, Asiens und Europas. Als Lebensraum bevorzugen sie weitgehend offenes Gelände mit Büschen und Bäumen. Sie besiedeln u.a. Weinberge, Streuobstwiesen, Parkanlagen und lichte Wälder.

Fortpflanzung

Als Höhlen- und Halbhöhlenbrüter nisten Wiedehopfe in Baumhöhlen, Mauerspalten und Steinhaufen. Sie nehmen auch gerne geeignete Nistkästen an. Die Bruthöhle wird, wenn überhaupt, nur mit sehr wenig Nistmaterial ausgestattet. Das Weibchen verlässt während der Brutzeit, und auch in den ersten Lebenstagen der Jungen, kaum das Nest. Es wird durchgehend vom Männchen mit Futter versorgt. Gegen Fressfeinde setzen junge Wiedehopfe, neben einem zischenden Fauchen, ihren dünnflüssigen Kot ein, den sie in Richtung des Eindringlings spritzen. Zudem sondern sie über die Bürzeldrüse ein übelriechendes Sekret ab.

Brutzeit	April - Juli	Gelegegröße	5 - 8 Eier
Gelege pro Jahr	1 - 2	Brutdauer	15 - 19 Tage
Nestlingszeit	21 - 28 Tage		

Nahrung

Wiedehopfe ernähren sich vorwiegend von größeren Insekten und Insektenlarven. Aber auch von Spinnen, Schnecken und Würmern sowie kleinen Eidechsen. Auf der Suche nach Fressbarem stochern sie unermüdlich mit dem langen Schnabel im Boden herum.

Unterbringung

Die Voliere sollte so groß bemessen sein, dass die Wiedehopfe ausreichend fliegen können. Das Gehege darf nur spärlich bepflanzt sein und es müssen freie Bodenflächen vorhanden sein. Eine trockene Sandfläche lädt die Vögel zum Sandbaden ein. Auf einer kurz gehaltenen Rasenfläche kann man die Wiedehopfe beim Stochern im Erdboden beobachten. Sofern ein frostfreier Schutzraum vorhanden ist, können die Vögel ganzjährig in der Voliere verbleiben.

Die Federhaube besteht aus etwa 5 bis 6 cm langen Federn und wird bei Erregung aufgestellt.

Vermehrung

Zur erfolgreichen Vermehrung bietet man den Wiedehopfen verschiedene Bruthöhlen in unterschiedlichen Höhen an. Den Boden der Nisthöhlen sollte man mit etwas Holzgranulat bedecken. Das Wiedehopfweibchen beginnt in der Regel bereits nach der Ablage des ersten Eies fest zu brüten. Das heißt, dass die Jungen dementsprechend versetzt schlüpfen.

Altvogel mit Nachwuchs in der Bruthöhle.

Fütterung

Die meisten Wiedehopfe nehmen kaum oder kein Weichfutter auf. Ihnen müssen ständig lebende oder gefrostete Futtertiere zur Verfügung stehen. Besonders gerne verzehren sie Mehlkäferlarven, Schwarzkäferlarven, Pinkies, Grillen und Heimchen. Ebenso gern wird Drohnenbrut aufgenommen. Weithin sind Babymäuse eine willkommene Abwechslung auf dem Speiseplan.

Jungvogel während einer Nestkontrolle.

2.1. Blauracke *Coracias garrulus*

Coracias garrulus (Linnè, 1758) · Engl.: European Roller

Unterarten

C. g. garrulus	Nordafrika sowie Zentral- und Südeuropa bis Iran und Südwestsibirien
C. g. semenowi	Irak bis Westpakistan, Westhimalaja und Zentralkasachstan

Rufender Altvogel (rechts) und Jungvogel auf der Bruthöhle.

Blauracken stoßen zwar immer wieder krächzende Laute aus, sind aber insgesamt keine lauten Vögel.

Beschreibung

Länge ca. 32 cm. Blauracken zeigen einen kastanienbraunen Rücken und ebenso kastanienfarbene Schultern. Ansonsten sind sie hell türkisblau bis grünlich verwaschen gefärbt. Der Bürzelbereich und die kleinen Flügeldecken sind violettblau. Die Handschwingen hingegen dunkelviolett. Der Schwanz ist dunkel blaugrün. Der Schnabel ist schwärzlich. Die Geschlechter sind äußerlich nicht sicher zu unterscheiden. Die Jungvögel sind insgesamt matter gefärbt.

Lautäußerungen

Der Hauptruf der Blauracke ist ein raues und krächzendes „rack", das auch mehrfach hintereinander ausgestoßen wird. Dieser Ruf ist sowohl Stimmfühlungs- wie auch Erregungsruf. Weitere Lautäußerungen sind ein an Krähen erinnerndes „kraaah" als Schrecklaut und ein warnendes „äääärrr". Blauracken sind aber insgesamt keine lauten Vögel.

Vorkommen / Lebensraum

Die Nominatform *C. g. garrulus* kommt als Brutvogel in Nordwestafrika, Südeuropa, Osteuropa und Südosteuropa vor. Des Weiteren brüten sie in Asien bis nach Mittelsibirien. Richtung Süden geht das Brutgebiet bis Nordwestiran. Die Brutgebiete der Unterart *C. g. semenowi* liegen im südwestlichen und südlichen Zentralasien, östlich bis Xinjiang und China. Blauracken leben in offenen Landschaften mit altem Baumbestand und wenig Bodenvegetation. Alte Bäume bieten ihnen Bruthöhlen. Zu ihren Lebensräumen zählen z. B. sehr lichte Wälder und Waldränder, sehr große Parkanlagen, Obst- und Weinanbaugebiete, Feldgehölze und Sandgruben. Blauracken sind in der Lage, Bruthöhlen in Löß- oder Lehmwände zu graben. Die Überwinterungsgebiete aller Blauracken liegen im südöstlichen und südlichen Afrika. Der Wegzug aus den Brutgebieten ist zwischen Mitte August bis Mitte September zu beobachten. Von Mitte April bis Mitte Mai kommen sie wieder in den Brutgebieten an.

Fortpflanzung

Als Höhlenbrüter nisten Blauracken in Spechthöhlen, natürlichen Baumhöhlen oder in selbst gegrabenen Nisthöhlen in Lehm- oder Lößabbrüchen. Manchmal wird sogar in Erdlöchern gebrütet. Auf Nistmaterial verzichtet die Blauracke gänzlich. Wie bei vielen anderen Höhlenbrütern sind die Eier fast reinweiß. Es werden vier bis sechs Eier im 2-Tages-Intervall gelegt, die von beiden Altvögeln, aber überwiegend vom Weibchen, bebrütet werden. Da die Blauracken bereits ab dem ersten, manchmal ab dem zweiten Ei fest brüten, schlüpfen dementsprechend versetzt auch die Jungen. Nach dem Ausfliegen werden die Jungracken noch etwa 30 Tage mit Futter versorgt, bevor sie selbständig Nahrung erbeuten und fressen.

Brutzeit	Mai - Juni	Gelegegröße	4 - 6 Eier
Gelege pro Jahr	1	Brutdauer	18 - 19 Tage
Nestlingszeit	26 - 30 Tage		

Nahrung

Blauracken jagen gerne größere Gliederfüßer (z. B. Insekten, Spinnentiere, Tausendfüßler). Aber auch kleine Wirbeltiere (kleinere Säugetiere, Reptilien, Amphibien) werden erbeutet. Sie sind typische Wartenjäger. Die Ansitzwarte muss den Racken freie Sicht zum Boden geben. Die erspähte und gefangene Beute wird entweder sofort gefressen oder die Racke fliegt mit der Beute zurück zur Ansitzwarte, um sie dort ggf. noch gegen eine Unterlage zu schlagen oder hin und her zu schleudern.

Unterbringung

Ideal als Unterbringung ist eine größere, geschützte und trockene Gartenvoliere mit angrenzendem Schutzhaus. Hierin können die Blauracken ganzjährig verbleiben. Als recht großer Vogel sollte ihnen genügend Raum zum Fliegen gegeben werden, da sie ansonsten leicht verfetten. Die Grundfläche von 12 qm sollte nicht unterschritten werden. In einer spärlich bepflanzten Voliere fühlen sich die Vögel wohl. Den Racken muss im trockenen Bereich die Möglichkeit zum Sandbaden gewährt werden. Die Haltung sollte paarweise erfolgen. Eine Vergesellschaftung mit artfremden, gleich großen oder größeren Vögeln ist möglich.

Blauracken im Igelstadium. Um die Nisthöhle zu reinigen, wurden die Jungen herausgenommen.

Vermehrung

Als Nisthilfen bietet man Naturstammhöhlen an, auf deren Boden man eine dünne Schicht Holzgranulat streut. Die Blauracken tragen kein Nistmaterial ein, sondern legen die Eier direkt auf den Boden der Bruthöhle. Blauracken schreiten überwiegend erst im zweiten Jahr zur Brut. Allerdings kommt es auch vor, dass sie bereits im ersten Jahr mit dem Brüten beginnen.

Fütterung

Blauracken ernährt man mit einem groben Weichfresserfutter, Mehlkäferlarven, Schwarzkäferlarven, Heimchen und Heuschrecken. Gerne werden auch Babymäuse und zerkleinerte Eintagsküken gefressen und an die Jungen verfüttert. Die zerkleinerten Eintagsküken kann man sehr gut in etwas von dem groben Weichfresserfutter wälzen, da dieses die Feuchtigkeit aufnimmt.

Altvogel mit Futterbrocken vor der Bruthöhle.

3.1. Eisvogel *Alcedo atthis*

Alcedo atthis (Linnè, 1758) · Engl.: Common Kingfisher

Unterarten

A. a. ispida	Südnorwegen, Britische Inseln und Nordspanien bis Westrussland
A. a. atthis	Südspanien und Nordafrika, östlich bis Zentralsibirien, Nordwestchina und Nordwestindien
A. a. bengalensis	Zentralindien bis Südostsibirien, Japan und Südostasien
A. a. taprobana	Südindien und Sri Lanka
A. a. floresiana	Kleine Sundainseln
A. a. hispidoides	Sulawesi, Molukken, Westpapua, Neuguinea, Bismarck Archipel und Louisiade-Archipel

Eisvögel besitzen im Verhältnis zum Körper einen sehr langen Schnabel.

Beschreibung

Länge 16,5 bis 18 cm. Eisvögel haben insgesamt einen kurzen, gedrungenen Körper. Beine, Hals und Schwanz sind kurz. Auffällig ist der etwa 5 cm lange Schnabel. Eisvögel sind auf der Oberseite türkisblau. Der Oberkopf, die Flügel und der Bartstreif sind dunkelblau gebändert. Die Kehle und der Fleck an der Halsseite sind weißlich. Die Unterseite und der Wangenstreif sind rostrot. Der Schnabel des Männchens ist oben und unten schwarz. Beim Weibchen ist die Schnabelunterseite orange gefärbt. Die Jungvögel sind matter gefärbt und zeigen dunkle Füße.

Künstliche Brutwand für Eisvögel.

Lautäußerungen

Trotz der eigentlich auffallenden Gefiederfärbung, sind Eisvögel nicht so leicht zu entdecken. Meistens nimmt man erst ihren Ruf wahr, bevor man sie sieht. Der Erregungsruf ist ein scharfes und gedehntes „tjii“ oder auch ein rauhes „ktirid rit rit“. Der Lockruf hingegen ist ein kurzes „tji“. Die Jungvögel äußern sich bei der anstehenden Futterübergabe mit einem „gred gred“.

Vorkommen / Lebensraum

Eisvögel kommen in großen Teilen Europas und Asiens vor. Weiterhin leben sie im westlichen Nordafrika. In Europa trifft man sie lediglich nicht in Island, Nordschottland und Nordskandinavien an. In Mitteleuropa ist der Eisvogel fast ausschließlich ein Standvogel. In Nord- und Osteuropa sowie in Zentralasien hingegen sind viele der Eisvögel Zugvögel. Eisvögel sind an schwach fließende oder stehende Gewässer gebunden. Die Gewässer müssen klar sein und über einen guten Bestand an Kleinfischen verfügen. In direkter Gewässernähe müssen Büsche und Bäume vorhanden sein, von denen aus sie auf Jagd gehen. Um die Brutröhren und Brutkessel zu graben, müssen Steilwände vorhanden sein.

Fortpflanzung

Die Männchen werben mit kleinen Fischen um die Gunst der Weibchen. Sobald sich beide Partner für eine Stelle entschieden haben, graden beide Partner eine Brutröhre mit anschließendem Brutkessel in eine Steilwand. Die Brutröhre kann 40 bis 100 cm lang sein. Täglich wird ein weißes und fast rundes Ei gelegt. Erst wenn das Gelege komplett ist, beginnt das Brutgeschäft, an dem sich beide Partner beteiligen. Nach dem Schlupf der Jungen müssen die Altvögel in den ersten Tagen sehr kleine Fische und Insekten herbeischaffen. Damit alle jungen Eisvögel einigermaßen gleichmäßig gefüttert werden, hat sich die Natur eine Art „Fütterungskarussell" ausgedacht. Dabei rotieren die Jungen nach der Fütterung einen Platz weiter. Da die Altvögel immer den am Eingang des Brutkessels sitzenden Jungvogel füttern, ist sichergestellt, dass alle Nestlinge gleichmäßig versorgt werden. Wenn die jungen Eisvögel ausgeflogen sind, ist das Weibchen oftmals schon wieder mit dem Brüten in einer anderen Bruthöhle beschäftigt. Dann obliegt die Versorgung der jungen Eisvögel dem Männchen. Nach dem Ausfliegen werden die Jungen noch kurze Zeit vom Männchen mit Futter versorgt. Dabei lockt das Männchen die Jungen aber immer weiter vom Nest weg. Alsbald sind die Jungvögel auf sich allein gestellt und werden von den Altvögeln vertrieben.

Brutzeit	April - Juli	Gelegegröße	5 - 8 Eier
Gelege pro Jahr	1 - 2	Brutdauer	15 - 19 Tage
Nestlingszeit	21 - 28 Tage		

Nahrung

Als Nahrung dienen in erster Linie kleine Fische. Aber auch Kaulquappen, Wasserinsekten und kleine Frösche werden nicht verschmäht.

Unterbringung

Da Eisvögel außerhalb der Brutphase Einzelgänger sind, sollte den Vögeln ein aus zwei Volieren bestehendes Gehege zur Verfügung gestellt werden. Auf diese Weise kann man die Partner behutsam aneinander gewöhnen. Man kann die Partner in so einer Volierenanlage leicht zusammen lassen und ggf. auch wieder trennen. In eine Eisvogelvoliere gehört zwangsläufig Wasser. Optimal ist ein leicht zu reinigender Teich, aus dem die Eisvögel lebende Fische erbeuten können. Weiterhin sollte in die Voliere eine künstliche Brutwand integriert werden. Der Bau einer künstlichen Brutwand wird im Kapitel „Zucht" ausführlich beschrieben.

Vermehrung

Man muss die Vögel viel beobachten, um den richtigen Zeitpunkt für das Zusammenführen zu wählen. Sobald das Männchen versucht, dem Weibchen ein Futtertier zu übergeben, sollten die Vögel zusammen gelassen werden. Aber auch hier gilt, dass weiterhin beobachtet werden muss, um bei zu hoher Aggressivität ggf. einzuschreiten. Wenn das Zusammenbringen der Partner funktioniert hat, steht der erfolgreichen Vermehrung nichts im Weg. Nach dem Ausfliegen der Jungvögel müssen die Jungen recht zeitig aus der Voliere entfernt werden, da die Altvögel die Jungen auch in der Natur aus dem Revier vertreiben. Wenn man den richtigen Zeitpunkt verpasst, kann dies tödliche Folgen für den Nachwuchs haben. Es ist zu bedenken, dass die Jungvögel getrennt voneinander untergebracht werden müssen, da auch sie sich bekämpfen würden.

Fütterung

Wer Eisvögel halten möchte, sollte sich im Klaren sein, dass man ständig Lebendfisch zur Verfügung haben sollte. Natürlich kann man seine Eisvögel auch mit gefrosteten Stinten ernähren. Ich habe allerdings die Erfahrung gemacht, dass Eisvögel, die mit lebenden Fischen ernährt werden, weitaus vitaler wirken. Man sollte zumindest hin und wieder Lebendfisch zur Verfügung stellen. Zur Abwechslung nehmen Eisvögel auch Insekten, Insektenlarven und andere Wirbellose auf.

Geöffneter Brutkessel.

Speiballen vom Eisvogel mit unverdaulichen Speiseresten. Gut zu erkennen sind die Fischgräten.

4.1. Bienenfresser *Merops apiaster*

Merops apiaster (Linnè, 1758) · Engl.: European Bee-eater

Unterarten
keine

Bienenfresser mit Biene im Schnabel kurz vor dem Verfüttern an den Nachwuchs.

Beschreibung

Länge ca. 27 bis 29 cm. Der Bienenfresser gehört zu den farbenprächtigsten und buntesten Vögeln Europas. Die Stirn ist weiß und der Überaugenstreif grünblau. Der Scheitel und der Nacken sind kastanienbraun, der Rücken und der Bürzel sind goldgelb gefärbt. Die Flügeldecken sind rotbraun, der Flügelbug blaugrün mit schwarzen Spitzen, die Armschwingen rotbraun mit schwarzer Spitze. Vom Zügel bis in die Ohrregion zieht sich ein breiter, schwarzer Streifen. Kinn und Kehle sind gelb mit schwarzem Kehlband. Die Unterseite ist grünblau bis türkis. Der Schwanz ist dunkel grünblau und zeigt verlängerte mittlere Schwanzfedern. Die Geschlechter sind gleichgefärbt; Jungvögel mit grüner Oberseite und ohne Verlängerung der mittleren Schwanzfedern.

Weitere Merkmale sind der lange, leicht gebogene Schnabel und die spitzen Flügel. Die Füße der Bienenfresser sind dunkel und sehr klein. So sind sie bestens

Trupp Bienenfresser am Abend in einer Innenvoliere.

an das Laufen in engen Brutröhren angepasst. Die Zehen sind an der Basis etwas verwachsen, wobei die mittlere und äußere Zehe stärker als die mittlere und die innere Zehe verwachsen sind. An der Rückseite des Intertarsalgelenkes („Knie“) befindet sich eine Art Polster.

Lautäußerungen

Bienenfresser sind recht ruffreudige Vögel. Der häufigste Ruf ist ein „rüpp“, der mehrfach hintereinander ausgestoßen wird. Bevor man Bienenfresser sieht, wird man sie in aller Regel hören. Denn schon von Weitem machen sie durch dieses charakteristische Rufen auf sich aufmerksam. Zur Balzzeit hört man von beiden Partnern „dirup“ und „drüü“ in Form von Balzduetten. Der Alarmruf ist „dickdickdick“. Gedroht wird mit einem langgezogenen „dääää“.

Vorkommen / Lebensraum

Die Wärme liebenden Bienenfresser haben ein sehr großes Verbreitungsgebiet. Sie brüten vorwiegend in Süd- und Osteuropa sowie in Nordafrika. Sie erweitern allerdings zunehmend ihre Brutareale. So gibt es auch in Mitteleuropa einige Brutkolonien. In Deutschland liegt das bekannteste Vorkommen in der wärmsten Region, nämlich am Kaiserstuhl bei Freiburg in Baden-Württemberg. Aber auch aus anderen Bundesländern, wie z. B. Sachsen-Anhalt und Rheinland-Pfalz, werden Bienenfresserkolonien gemeldet. Als Langstreckenzieher überwintern Bienenfresser in Südafrika und teilweise auch in Südasien. In den Brutgebieten sind sie von Mai bis September anzutreffen.

Das Habitat des Bienenfressers sind offene, trockene und sonnige Landschaften mit einzelnen Bäumen, Baumgruppen und Gebüsch. Zum Anlegen der Brutröhren benötigen sie Erdhänge, Sandgruben und sonstige Steilwände.

Fortpflanzung

Bienenfresser leben und brüten in Kolonien. Sie graben lange Brutröhren mit einem sich anschließenden Brutkessel in Uferböschungen oder Steilwände in Löß- oder Sandgruben. Die Röhren sind durchschnittlich 1,5 m lang, können aber durchaus 2,5 m lang sein. Je nach Material können die Grabtätigkeiten zwei bis drei

Verpaarte Bienenfresser sitzen oft nebeneinander.

Kopfportrait eines Jungvogels.

Wochen andauern. Der Schnabel nutzt beim Graben sichtlich ab. Am Brutgeschäft beteiligen sich beide Partner, die größeren Anteile liegen allerdings bei den Weibchen. Bienenfresser tragen kein Nistmaterial in die Bruthöhle. Der Boden des Brutkessels enthält bald eine Schicht aus Speiballen, Kot und Insektenresten. Die Eier werden im Abstand von 24 bis 48 Stunden gelegt. Die Nestlinge zeigen eine rosafarbene Haut. Sie werden rund 30 Tage von den Eltern mit Futter versorgt. Nach dem Ausfliegen sind die Jungvögel sofort in der Lage Beutetiere zu fangen. Allerdings werden sie noch zwei bis drei Wochen von den Altvögeln mit Futter versorgt.

Brutzeit	Mai - Juli	Gelegegröße	5 - 7 Eier
Gelege pro Jahr	1	Brutdauer	20 - 22 Tage
Nestlingszeit	30 - 33 Tage		

Kopfportrait eines Bienenfressers.

Nahrung

Bienenfresser erbeuten u.a. Bienen, Wespen, Hummeln, Hornissen, Käfer, Libellen, Schmetterlinge und Heuschrecken. Die kleineren Insekten werden direkt gefressen. Stechenden Insekten wird auf einer Ansitzwarte das Gift aus der Giftdrüse gedrückt. Bienenfresser sind gegen Insektengift nicht immun.

Unterbringung

Bienenfresser sollten zumindest in kleinen Kolonien gehalten werden. Überzählige Vögel, also Bienenfresser ohne Partner, betätigen sich häufig als Bruthelfer und unterstützen die Brutpaare bei der Aufzucht der Jungen. Für eine kleine Kolonie von drei Paaren halte ich eine Voliere von mindestens 4 m x 10 m für angemessen. Die Außenvoliere muss zumindest zum Teil überdacht sein. Im überdachten Bereich sollte sich auch die Brutwand befinden. Der Bau einer künstlichen Brutwand wird im Kapitel "Zucht" ausführlich beschrieben. Damit die Bienenfresser ausreichend Platz zum Fliegen haben, ist Wert auf eine nur spärliche Bepflanzung zu legen.

Vermehrung

Wenn die Brutröhre und der Brutkessel fertiggestellt sind, beginnt das Weibchen alsbald mit der Eiablage. Bienenfresser polstern das Nest nicht mit Nistmaterial aus. Mit der Zeit befinden sich aber immer mehr Insektenreste, Speiballen und Kot im Brutkessel. Bereits nach der Ablage des ersten oder zweiten Eies wird mit dem Brüten begonnen. Demnach schlüpfen die Jungen Bienenfresser nach und nach.

Fütterung

Bienenfresser ernährt man mit allen zur Verfügung stehenden Futtertieren. Sie nehmen lebende und gefrostete Futtertiere auf. Dazu gehören u.a. Mehlkäferlarven, Schwarzkäferlarven, Heimchen, Getreideschimmelkäferlarven, Pinkies und Wachsmottenlarven. Durch geeignete Bepflanzung kann man eine Vielzahl von Insekten in die Voliere locken. Wenn man die Möglichkeit hat, kann man ein Bienenvolk neben die Voliere stellen und mit geeigneten Lockmitteln Bienen in die Voliere lotsen.

Brutwand für Bienenfresser.

Frisch geschlüpfter Bienenfresser.

Bienenfresser an der Brutwand.

5.1. Wendehals *Jynx torquilla*

Jynx torquilla (Linnè, 1758) · Engl.: Eurasien Wryneck

Unterarten

J. t. torquilla	Westeuropa bis Bulgarien und Kaukasus
J. t. sarudnyi	Westsibirien
J. t. chinensis	Ostsibirien und Nordost,- sowie Zentralchina
J. t. himalayana	Nordpakistan und Nordwesthimalaja
J. t. tschusii	Südeuropa
J. t. mauretania	Nordwestafrika

Aufgrund ihrer Gefiederfärbung sind Wendehälse sehr gut getarnt.

Beschreibung

Länge ca. 16 bis 17 cm. Die Oberseite ist hellgrau mit graubrauner Marmorierung und schwarzbraunen Flecken auf dem Kopf und den Schultern sowie breiter ausgeprägt auf dem Nacken und dem Rücken. Der Kinnbereich und die Unterseite sind weißlich. Die Kehle und die Kropfgegend sind blass rostgelb mit schwarzbraunen Querwellen. Die Schwingen sind dunkelbraun mit rostbraunen Querbinden, der Schwanz ist graubraun mit rostfarbenen Querbinden. Die Männchen und Weibchen sind gleich gefärbt. Die Jungvögel erscheinen etwas matter und insgesamt bräunlicher gefärbt.

Lautäußerungen

Wendehälse können durch ihr Rufen recht auffällig sein. Das Rufen besteht aus einem lauten „gäh", das schnell, etwa 20mal hintereinander, ausgestoßen wird und durchaus an einen Baumfalken erinnert. Hin und wieder rufen beide Partner im Duett. Der Warnruf ist ein hartes „teck". Bei Bedrohung zischen die Jung- und Altvögel bei schlangenähnlichen Bewegungen.

Vorkommen / Lebensraum

Wendehälse brüten in der gesamten eurasischen Paläarktis. In Europa sind sie lediglich nicht in England, Irland, Island, Nordfrankreich und in Teilen Südspaniens anzutreffen. Das Verbreitungsgebiet erstreckt sich vom Mittelmeerraum bis in den Norden Skandinaviens. Im Osten reicht das Verbreitungsgebiet bis nach Ostasien und Japan. Im Nordwesten des Himalaja lebt eine kleine Population. Ebenso kommen in Algerien und in Tunesien kleine, isoliert lebende Populationen vor. In Nordafrika ist der Wendehals Standvogel. Ansonsten ist der Wendehals ein Zugvogel. Die Überwinterungsgebiete liegen in West- und Ostafrika sowie in Südostasien.

Der Lebensraum sind Parks, Gärten, lichte Wälder, Feldgehölze und Streuobstwiesen sowie ähnlich strukturierte Landschaften.

Fortpflanzung

Wendehälse beginnen mit dem Brutgeschäft Ende April bzw. Anfang Mai. Als Niststätte nutzen sie Baumhöhlen. Bereits vorhandene Gelege anderer Arten werden ggf. entfernt. Nistmaterial wird nicht eingetragen. Nach dem Ausfliegen wird der Nachwuchs noch zwei bis drei Wochen von den Altvögeln mit Futter versorgt. Unter guten Umständen führen Wendehälse noch eine weitere Jahresbrut durch.

Brutzeit	April - Juli	Gelegegröße	8 - 10 Eier
Gelege pro Jahr	1 - 2	Brutdauer	13 - 14 Tage
Nestlingszeit	14 - 21 Tage		

Wendehals bei der Jagd nach Insekten.

Nahrung

Die Nahrung besteht in erster Linie aus Ameisen. Bevorzugt werden Wiesen-, Rasen- und Wegameisen. Neben den Ameisen selbst, werden auch die Larven und Puppen verzehrt. Ansonsten werden gerne Insekten, deren Larven und Spinnen erbeutet. Die Beutetiere werden meistens mit Hilfe der langen, klebrigen Zunge vom Boden aufgenommen.

Fütterung

Als Nahrung reicht man ein gutes Insektenfresserfutter und verschiedene Futtertiere. Mehlkäferlarven, Soldatenfliegenlarven, Pinkies, Buffalos und Heimchen. Ideal sind Ameisen sowie deren Larven und Puppen. Meistens sind sie sogar der Auslöser für das Brutgeschäft.

Unterbringung

Eine kombinierte Innen- / Außenvoliere mit einer natürlichen Bepflanzung und freien Flächen ist für die Haltung von Wendehälsen am geeignetsten. Wenn man die Möglichkeit hat, sollte in der Voliere auch eine kurz gehaltene Rasenfläche vorhanden sein. Wendehälse können durchaus in Gemeinschaft mit anderen Vogelarten gehalten werden. Allerdings inspizieren sie gerne andere Bruthöhlen und können so eine Gefahr für kleinere Höhlenbrüter sein.

Vermehrung

Den Wendehälsen sollten mehrere Bruthöhlen zur Auswahl angeboten werden. Bewährt haben sich Holzbeton- und Naturstammnisthöhlen. Es wird kein Nistmaterial eingetragen. Die Eier werden direkt auf den Boden der Bruthöhle gelegt. Man sollte etwas Buchen- oder Nadelholzgranulat in die Nisthöhlen geben.

Wendehälse bewegen sich am Boden sehr flink fort.

5.2. Kleinspecht *Dryobates minor*

Dryobates minor (Linnè, 1758) · Engl.: Lesser Spotted Woodpecker

Unterarten

D. m. comminutus	England und Wales
D. m. minor	Skandinavien und Nordostpolen bis zum Uralgebirge
D. m. kamtschatkensis	Uralgebirge bis Ochotskisches Meer und Nordmongolei
D. m. immaculatus	Anadyrgebiet und Kamtschatka
D. m. amurensis	Nordostchina, Sibirien, Koreanische Halbinsel und Hokkaidō
D. m. hortorum	Zentraleuropa
D. m. buturlini	Südeuropa
D. m. danfordi	Zentral- und Ostgriechenland sowie Türkei
D. m. colchicus	Kaukasus und Transkaukasus
D. m. quadrifasciatus	Südostaserbaidschan
D. m. hyrcanus	Nordiran
D. m. morgani	Südwestiran
D. m. ledouci	Nordwestafrika

Beschreibung

Länge je nach Unterart ca. 14 bis 16 cm. Der Kleinspecht gehört zur Gattung der Buntspechte (*Dendrocopos*) und zeigt ein insgesamt schwarz-weißes Gefieder. Allein aufgrund seiner geringen Größe ist er gut von anderen Spechten zu unterscheiden. Der Rücken ist schwarz-weiß gebändert und ohne weiße Schulterflecken. Die Männchen zeigen eine rote Stirnplatte, die beim Weibchen kleiner und weißlich ist. Die Unterseite ist weißlich bis isabellbraun mit schwärzlicher Strichelung im Flankenbereich. Die Unterarten variieren nur leicht in der Gefiederfärbung.

Lautäußerungen

Die Lautäußerungen sind ein sehr helles „kikikikiki", das zum Ende des Winters und im Frühjahr oft und lange vorgetragen wird. In typischer Spechtmanier wird auch „getrommelt". Besonders häufig ist das kurze und schnelle „Trommeln" im Frühjahr zu vernehmen.

Vorkommen / Lebensraum

Der Kleinspecht besiedelt mit seinen Unterarten ein riesiges Gebiet. Er kommt fast in ganz Europa vor (außer Island, Schottland, Irland, kleine Gebiete Südeuropas). Ostwärts reicht das Verbreitungsgebiet bis nach Nordkorea, südlich bis zur Mongolei und Kasachstan. Im Norden lebt er bis zur Waldgrenze. In Nordafrika brütet er in Ostalgerien und Tunesien. Je nach Vorkommen ist der Kleinspecht Zug-, Stand- oder Strichvogel. Kleinspechte besiedeln gerne Laub- und Mischwälder mit Weichhölzern, wie z.B. Weiden, Pappeln und Erlen. Weiterhin bewohnt er Auenwälder, große Parks, große Gärten, Streuobstwiesen und ähnlich strukturierte Lebensräume.

Fortpflanzung

In ihrem Revier benötigen die Kleinspechte tote bzw. morsche Bäume, damit sie Bruthöhlen zimmern können. Sowohl Männchen als auch Weibchen arbeiten an der Niststätte. Die Nisthöhlen werden ab einen Meter aufwärts in allen Höhen angelegt. Überwiegend aber in mindestens fünf Metern Höhe. Es wird kein Nistmaterial eingetragen. Auf dem Boden befindet sich meistens nur etwas Holzmulm. Beide Partner beteiligen sich am Brutgeschäft. Nachts sitzt meistens das Männchen auf dem Gelege. Ab etwa dem 14. Lebenstag übernehmen die Jungen bereits am Einflugloch das Futter von den Altvögeln.

Brutzeit	April - Mai	Gelegegröße	5 - 6 Eier
Gelege pro Jahr	1	Brutdauer	11 - 13 Tage
Nestlingszeit	18 - 21 Tage		

Nahrung

Die Nahrung besteht fast ausnahmslos aus Insekten und deren Larven und wird überwiegend in Baumkronen gesucht. Hin und wieder werden auch Beeren und Obst aufgenommen.

Unterbringung

Die Unterbringung sollte in einer Voliere aus Metall oder hartem Holz erfolgen. Eine natürliche Bepflanzung und das Einbringen von morschen Baumstämmen sorgen für einen nachgebildeten Lebensraum. Die Voliere muss einen wind- und wettergeschützten Bereich aufweisen. Ein Schutzhaus ist nicht erforderlich.

Vermehrung

Man muss den Kleinspechten mehrere Nisthöhlen anbieten. Einige sollten mit morschem Holz aufgefüllt werden, damit die Spechte selber ihre Niststätte aushöhlen können. Nachdem die Jungspechte selbständig geworden sind, sollten sie getrennt werden, da sie untereinander aggressiv sein können, was im weiteren Verlauf zu Verlusten führen würde.

Fütterung

Neben einem Weichfutter stellt man den Kleinspechten alles Beschaffbare an Lebend- und Frostfutter zur Verfügung. Mehlkäfer, Mehlkäferlarven, Soldatenfliegenlarven, Pinkies, Getreideschimmelkäferlarven, Grillen und Heimchen. Besonders im Winter können auch Sonnenblumenkerne und Nüsse gereicht werden. Obst sollte immer mal wieder angeboten werden.

Der Kleinspecht benötigt morsche Bäume, damit er seine Bruthöhle zimmern kann.

6.1. Neuntöter *Lanius collurio*

Lanius collurio (Linnè, 1758) · Engl.: Red-backed Shrike

Unterarten
keine

Neuntöter-Männchen zeigen einen charakteristischen schwarzen Augenstreif.

Neuntöter-Weibchen.

Beschreibung

Länge ca. 17 cm. Der Neuntöter oder Rotrückenwürger ist die einzige Würgerart ohne weiße Flügelbinde. Die Männchen zeigen den charakteristisch schwarzen Augenstreif. Der Oberkopf, Nacken und Bürzel sind grau gefärbt. Der Rücken und die Flügel sind braun. Der schwarz gefärbte Schwanz besitzt weiße Außenkanten. Das Kinn, die Kehle und die Wangen sind weißlich. Die Unterseite hingegen ist hell rahmfarben mit manchmal bräunlichem bis rötlichem Anflug. Die Weibchen besitzen nicht den schwarzen Augenstreif. Bei ihnen sind der Oberkopf, der Rücken, der Schwanz und die Flügel graubraun. Die Brust und die Seiten zeigen eine dunkle Wellenzeichnung. Jungvögel ähneln dem Weibchen, nur besitzt die Oberseite eine deutlich sichtbare Wellenzeichnung. Der Geschlechtsunterschied bei jungen Neuntötern ist erst nach der ersten Vollmauser im zeitigen Frühjahr erkennbar.

Lautäußerungen

Die Neuntöter stoßen bei Erregung ein „dschä“ und ein aneinandergereihtes „teck teck teck“ aus. Der Angriffslaut, durchaus auch gegen den Pfleger während der Brutphase, ist ein knarrendes „trrrt trrrt“ in Verbindung mit Schnabelklappern. Der Gesang des Neuntöters ist leise schwätzend und mit zahlreichen Imitationen durchsetzt.

Vorkommen / Lebensraum

Neuntöter kommen in Teilen Europas und Asiens vor. In Mitteleuropa ist er die häufigste Würgerart. Er kommt vornehmlich dort vor, wo offenes Gelände mit Gebüsch und Hecken durchsetzt ist. So ist er u.a. in Feldgehölzen, in alten Obstgärten, in Heide und Moorlandschaften sowie in ähnlich strukturierten Biotopen anzutreffen. Im Lebensraum müssen Bäume und Sträucher mit Dornen und Stacheln vorhanden sein (gerne Weißdorn, Brombeere, Schlehe oder Heckenrose), da er seine Beute nach Würgermanier aufspießt und sich so einen Nahrungsvorrat anlegt.

Fortpflanzung

Im Regelfall wird nur eine Jahresbrut durchgeführt. Bei Verlust des Geleges oder der Brut wird ein Nachgelege gezeitigt. Das Nest wird gerne, nicht sonderlich hoch, im Dornengebüsch errichtet. Beide Partner sind am Nestbau beteiligt. Dabei obliegt der reine Nestbau dem Weibchen, das Männchen schafft nur das Baumaterial heran. Das recht großzügige Nest wird unter anderem aus Zweigen, Tierhaaren, Wurzelfasern und Moos erbaut. In den ersten Lebenstagen der Jungen wird das Futter nur vom Weibchen an die Jungen übergeben. Das Männchen übergibt dem Weibchen Futter am Nest. Die Jungvögel beginnen etwa im Alter von dreieinhalb Wochen selbständig zu fressen. Futterfest sind sie aber erst mit fünf bis sechs Wochen. Ab Ende August beginnt der Zug dieses Langstreckenfliegers ins tropische Afrika. Der Winter wird vor allem in Ost- und Südafrika verbracht. Die Altvögel treten den Wegzug eher an als die Jungvögel. Jungvögel werden vereinzelt noch bis Ende September in Mitteleuropa beobachtet. Im Brutgebiet treffen sie Ende April bis Mitte Mai ein.

Brutzeit	Mai - Juli	Gelegegröße	5 - 7 Eier
Gelege pro Jahr	1 - 2	Brutdauer	14 - 16 Tage
Nestlingszeit	13 - 15 Tage		

Nahrung

Neuntöter ernähren sich in erster Linie von größeren Insekten, Insektenlarven und Spinnen. Es werden aber auch Mäuse, junge Vögel, Reptilien und Amphibien erlegt. Ihre Beute suchen sie am Boden oder verfolgen sie in der Luft. Aber auch im Rüttelflug, ähnlich wie man es von Falken kennt, wird gejagt. Sie spießen Beu-

Neuntöter im ersten Herbst. Das Geschlecht ist noch nicht zu erkennen.

Flügge Neuntöter.

tetiere zur Vorratshaltung auf Pflanzendornen oder Stacheldraht auf. Manchmal werden Beutetiere auch in Astgabeln geklemmt. Im Spätsommer und Herbst nehmen sie auch Beeren und zuweilen sogar Obst auf.

Unterbringung

Männchen und Weibchen sollten außerhalb der Brutphase getrennt untergebracht werden. Am geeignetsten ist die Unterbringung in nebeneinanderliegenden Volieren, die mittels einer Öffnung oder Tür miteinander verbunden werden können. Auf diese Weise kann man die Partner gut aneinander gewöhnen und zu gegebener Zeit zusammenführen. Bei Streitigkeiten können die Vögel recht einfach wieder getrennt werden. Die Voliere für einen Vogel sollte 2 m x 1 m x 2 m nicht unterschreiten. An die Außenvoliere sollte ein frostfreier Schutzraum grenzen. Auf eine Vergesellschaftung mit kleineren Arten muss verzichtet werden, da sie den Neuntötern durchaus zum Opfer fallen könnten. Eine Bepflanzung mit Laub- und Nadelgehölzen ist empfehlenswert. Zudem kann man die Voliere mit Koniferenzweigen ausstatten, so dass Versteck- und Nistmöglichkeiten entstehen

Vermehrung

Neuntöter errichten ihre Nester gerne freistehend, allerdings nehmen sie auch dankbar Nisthilfen in Form von Körbchen, Kaisernestern und Nistklötzen an. Als Nistmaterial bietet man kleine Zweige, Wurzelfasern, Grasstängel, Kokosfasern, Moos und Tierhaare an.

Fütterung

Neben einem groben Weichfresserfutter reicht man Mehlkäferlarven, Mehlkäfer, Heimchen, Schwarzkäferlarven, Pinkies, Soldatenfliegenlarven und Schaben. Junge Mäuse sind eine Abwechslung auf dem Speiseplan.

7.1. Pirol *Oriolus oriolus*

Oriolus oriolus (Linnè, 1758) · Engl.: Eurasien Golden Oriole

Unterarten
keine

Pirole sind erst im dritten Lebensjahr voll ausgefärbt.

Beschreibung

Größe 24 cm. Die Männchen zeigen schwarze Flügel (mit einem gelben Fleck) und Zügel. Auch der Schwanz ist weitestgehend schwarz gefärbt (außen gelb). Das restliche Gefieder ist kräftig gelb. Weibchen hingegen zeigen eine weißliche, gestrichelte Unterseite, die schwarzen Gefiederpartien der Männchen sind bräunlich, die gelben Partien grünlich gefärbt. Der Schnabel ist bei den Männchen und Weibchen rot. Die Jungvögel ähneln den Weibchen, zeigen allerdings einen schwarzen Schnabel. Erst im 3. Lebensjahr sind Pirole voll ausgefärbt.

Lautäußerungen

Trotz ihrer auffälligen Gefiederfärbung sind Pirole schwer zu entdecken, da sie sehr versteckt leben und sich meistens in den Baumkronen hoher Bäume aufhalten. Der charakteristische Gesang hingegen verrät ihre Anwesenheit. Es ist ein klangvoll flötendes Gezwischter, das von Individuum zu Individuum variabel vorgetragen wird. Ein geübtes Ohr kann am Gesang sogar einzelne Männchen unterscheiden. Der Gesang ist ein „düdlio" oder auch „düdlio-lui". Die Weibchen tragen den Gesang etwas höher vor.

Vorkommen / Lebensraum

Der Pirol kommt während der Brutphase von Nordwestafrika und Westeuropa über Südschweden und Südostfinnland bis Westsibirien vor. Von den Mittelmeerinseln sind nur Korsika und Sizilien von ihm besiedelt. Den Winter verbringen die Pirole im südlichen Teil Afrikas.

Pirole sind Bewohner lichter Wälder. Gerne leben sie in Auwäldern oder ähnlichen Laubwäldern mit feuchtem Grund. Allerdings bewohnen sie auch Streuobstwiesen, Alleen sowie Parks und große Gärten mit alten Laubbäumen. Pirole halten sich kaum in Bodennähe auf, vielmehr leben sie in den Baumkronen.

Fortpflanzung

Im Mai kommen die Pirole im Brutgebiet an. Die Männchen treffen im Regelfall einige Tage vor den Weibchen ein und besetzen die Reviere. Nach dem Eintreffen der Weibchen und der erfolgreichen Balz beginnen die Vögel mit dem Nestbau. Das Napfnest wird kunstvoll in eine Astgabel gebaut. Dabei dient der Speichel der Pirole als Klebstoff. Dieser verleiht dem Nest eine hohe Stabilität. Es beteiligen sich beide Partner am Brutgeschäft, allerdings übernimmt das Weibchen den größeren Anteil. Nach dem Schlupf der Jungvögel versorgen beide Elterntiere den Nachwuchs mit Futter. Pirole sind frühestens im zweiten Jahr geschlechtsreif, meistens paaren sie sich aber erst im dritten Jahr.

Brutzeit	Mai - Juli	Gelegegröße	2 - 5 Eier
Gelege pro Jahr	1 - 2	Brutdauer	15 - 18 Tage
Nestlingszeit	14 - 20 Tage		

Nahrung

Pirole ernähren sich in erster Linie von Insekten und deren Larven. Insbesondere fressen sie sehr gerne Schmetterlinge, Raupen, Käfer und auch Hummeln. Es werden sogar stark behaarte Raupen gefressen, die von anderen Vogelarten in der Regel verschmäht werden. Im weiteren Verlauf des Jahres nehmen Pirole sehr gerne verschiedenste süße Früchte und Beeren auf. Vorrangig stehen Kirschen, Feigen und Weintrauben auf dem Speiseplan.

Unterbringung

Am besten bringt man Pirole in kombinierten Innen- und Außenvolieren unter. Da Pirole sich gerne in Baumkronen aufhalten, sollte das Gehege möglichst hoch sein. Allerdings gelingt die Haltung und Vermehrung auch in Volieren von 2,00 m bis 2,20 Höhe. Eine dichte Bepflanzung der Voliere garantiert den Vögeln Schutz und Nistmöglichkeiten zugleich. Das Futter und Wasser sollte den Pirolen etwas erhöht angeboten werden, da sie ungerne auf den Boden kommen. Pirole können mit tieferen Temperaturen leben, sofern das Gehege vor Wind und Feuchtigkeit geschützt ist.

Vermehrung

Pirole bauen in Menschenobhut oftmals instabile Nester. Wenn dies der Fall ist, sollte man an der Stelle, wo die Vögel ihr Nest bauen wollen, Bastkörbchen befestigen. Die Pirole nehmen diese Unterlage dann meistens an. An Nistmaterial Grashalme, Rindenstreifen, Wollfäden, Schilfhalme, Kokosfasern, Papierstreifen und Bastfäden. Nach dem Schlupf der Jungen verlässt das Weibchen in den ersten Tagen kaum das Nest. In dieser Zeit versorgt das Männchen das Weibchen mit Futter auf dem Nest. Das Weibchen gibt dann das ihm überreichte Futter an die Jungen weiter. Die Jungen verlassen noch mehr oder weniger flugunfähig das Nest und klettern im Gezweig umher. Je nach Größe der Voliere können die jungen Pirole bis zum Ende des Winters bei den Eltern bleiben.

Der Gesang des Pirols ist klangvoll und flötend.

Fütterung

Pirole ernährt man abwechslungsreich mit Pinkies, Mehlkäferlarven, Drohnenbrut, Getreideschimmelkäferlarven, Grillen, Heuschrecken und Schwarzkäferlarven. Ameisenpuppen, Falter, Raupen und andere Insekten erweitern den Speiseplan. Mit einer entsprechenden Bepflanzung kann man Insekten in die Voliere locken. Während der Ruhephase nehmen Pirole auch von einem guten Weichfresserfutter. Süßes Obst, u.a. Äpfel, Birnen, Kirschen sowie Beeren werden ganzjährig gerne aufgenommen.

8.1. Eichelhäher *Garrulus glandarius*

Garrulus glandarius (Linnè, 1758) · Engl.: Eurasien Jay

Unterarten

G. g. hibernicus	*Irland*
G. g. rufitergum	*Schottland, England, Wales und Nordwestfrankreich*
G. g. glandarius	*Nord-, Zentraleuropa bis zum Uralgebirge*
G. g. fasciatus	*Iberische Halbinsel*
G. g. corsicanus	*Korsika*
G. g. ichnusae	*Sardinien*
G. g. albipectus	*Italien, Sizilien, Dalmatinische Küste*
G. g. graecus	*Westbalkan und Griechenland*
G. g. ferdinandi	*Ostbulgarien und Nordtürkei*
G. g. cretorum	*Kreta*
G. g. glaszneri	*Zypern*
G. g. whitakeri	*Nordmarokko, Nordwestalgerien*
G. g. minor	*Zentralmarokko und Atlasgebirge in Nordalgerien*
G. g. cervicalis	*Nord-, Nordostalgerien und Tunesien*
G. g. samios	*Samos*
G. g. anatoliae	*Westtürkei bis Westiran und Nordirak*
G. g. iphigenia	*Krim*
G. g. krynicki	*Nordosttürkei und Kaukasus*
G. g. atricapillus	*Westsyrien, Westjordanien und Israel*
G. g. hyrcanus	*Südostaserbaidschan und Nordiran*
G. g. brandtii	*Südsibirien, Nordmongolei, Nordwest-, Nordostchina, Koreanische Halbinsel, Nordjapan*
G. g. kansuensis	*Zentralchina*
G. g. pekingensis	*Ostchina*
G. g. japonicus	*Honschu, Oshima, Kyūshū (Zentral-, Südjapan)*
G. g. tokugawae	*Sado*
G. g. orii	*Yakushima*
G. g. sinensis	*Nordmyanmar, Süd-, Ostchina*
G. g. taivanus	*Taiwan*
G. g. bispecularis	*Westhimalaja und Westnepal*
G. g. interstinctus	*Osthimalaya*
G. g. persaturatus	*Nordostindien*
G. g. oatesi	*Nordwestmyanmar*
G. g. haringtoni	*Westmyanmar*
G. g. leucotis	*Zentralmyanmar bis Zentral-, Südindochina*

Beschreibung

Größe 33 bis 34 cm. Der Gesichtsbereich ist weiß. Die Oberseite ist je nach Unterart grau bis rötlich grau, zimtbraun oder rostbraun. Die Kopfplatte ist schwarz, rötlich grau oder fuchsrot mit oder ohne weißlichen und dunkel längsgestreiften Federn. Die Kopffedern können die Eichelhäher aufstellen. Die Oberflügeldecken sind auffallend blau mit schwarzen Querbändern. Der untere Bürzelbereich sowie die Ober- und Unterschwanzdecken sind weiß. Die Schwanzfedern sind schwarz und undeutlich blau gebändert. Die Schwingen sind schwarz mit weißem Band. Die weißlichen Wangen zeigen breite, schwarze Bartstreifen. Kinn und Kehle sind weiß. Die Unterseite ist weiß bis rötlich grau. Jungvögel sind oberseits rotbrauner und mit weniger gestricheltem Oberkopf.

Eichelhäher besitzen die Gabe, andere Vogelstimmen und sonstige Geräusche nachzuahmen.

Lautäußerungen

Der Eichelhäher ist ein sehr wachsamer Vogel, der durch sein ausgeprägtes Warnverhalten nicht nur Artgenossen, sondern auch andere Vogelarten und Säugetiere warnt. Der häufigste Ruf ist ein lautes Rätschen, das bei Erregung oder als Alarmruf ausgestoßen wird. Meistens ist ein „schräit" oder „rätch" zweimal kurz hintereinander zu hören. Weiterhin kann man ein hohes „hijäh" vernehmen, dass an einen Mäusebussard erinnert. Auch ein krähenartiges

„kraah“ ist immer wieder zu hören. Ansonsten singt der Eichelhäher schwätzend vor sich hin, dabei imitiert er die unterschiedlichsten Stimmen anderer Vögel sowie sonstige Geräusche.

Vorkommen / Lebensraum

Eichelhäher kommen in zahlreichen Unterarten von Nordwestafrika und Westeuropa bis Japan, Taiwan und Indochina vor. Die Nordgrenze ist von Westschottland über Fennoskandien bis knapp über den Polarkreis. Die Südgrenze sind der Irak, Iran und die großen Mittelmeerinseln. Eichelhäher kommen in Höhen bis 1.500 Metern vor. Je nach Vorkommen ist der Eichelhäher Stand- oder Strichvogel. Die bevorzugten Lebensräume sind Laub-, Misch- und Nadelwälder. Weiterhin besiedelt er auch nicht zu kleine Feldgehölze, Parks und Gärten. Immer häufiger kann man den Eichelhäher auch in Ortschaften beobachten.

Fortpflanzung

Die Wahl des Niststandortes obliegt dem Männchen. Das Nest wird gut versteckt in Bäumen oder in hohen Büschen angelegt. Im Verhältnis zur Größe des Vogels ist es ein relativ kleines Nest, das aus Zweigen und Ästen gebaut wird. Für die Innenauspolsterung verwenden die Eichelhäher u.a. Moos, Gräser, Haare, Federn, Wurzelfasern und andere feine Materialien. Nach dem Ausfliegen werden die Jungvögel noch etwa vier Wochen von den Eltern mit Nahrung versorgt.

Brutzeit	April - Juni	Gelegegröße	4 - 7 Eier
Gelege pro Jahr	1	Brutdauer	16 - 19 Tage
Nestlingszeit	21 - 23 Tage		

Nahrung

Als Rabenvogel ist der Eichelhäher ein Allesfresser. Sie fressen sehr gerne verschiedene Samen und Früchte. Sie zeigen eine Vorliebe für Haselnüsse, Bucheckern und, wie der Name verrät, Eicheln. An tierischer Kost stehen Insekten, Insektenlarven, Würmer, Schnecken, kleine Reptilien, kleine Säuger, Eier und Jungvögel auf dem Speiseplan. Eichelhäher legen Vorräte an. Dazu verstecken sie Eicheln im Boden. Sie können in ihrem Kehlsack bis zu zehn Eicheln transportieren. Da sie nicht alle Verstecke wiederfinden, gelangen viele der Eicheln zum Keimen und somit trägt der Eichelhäher zur natürlichen Aufforstung bei.

Als Allesfresser nehmen sie verschiedene Arten von Nahrung auf. Dies sollte auch bei der Fütterung in Menschenobhut berücksichtigt werden.

Eichelhäher wirken durch ihr buntes Federkleid recht exotisch.

Unterbringung

Eichelhäher benötigen keinen geschlossenen Schutzraum. Ihnen reicht eine Gartenvoliere mit einem trockenen und windgeschützten Bereich. Da sich die Häher gerne im Blattwerk aufhalten, sollte die Voliere gut bepflanzt werden. Fichten und Holunder haben sich besonders bewährt. Eine paarweise Unterbringung ist am sinnvollsten. Auf eine Vergesellschaftung mit anderen Arten sollte verzichtet werden

Vermehrung

Als Nistunterlage kann man entsprechend große Körbchen oder auch Holzkisten anbieten. Diese können mit Koniferenzweigen getarnt werden. Als Baumaterial reicht man u.a. Zweige, kleine Äste, Wurzelfasern, Tierhaare, Federn und trockene Gräser sowie Moos.

Fütterung

Die Ernährung erfolgt mit einem groben Weichfresserfutter, Hunde- und Katzenfutter, zerkleinerten Eintagsküken, Mäusen, Mehlkäferlarven, Pinkies und anderen beschaffbaren Futtertieren. Weiterhin reicht man Beeren, Samen und Früchte der Saison.

8.2. Blauelster *Cyanopica cooki*

Cyanopica cooki (Linnè, 1758) · Engl.: Iberian Magpie

Unterarten
keine

Bisher unterschied man bis zu neun Unterarten der Blauelster. Davon lebt nur eine in Europa. Alle anderen Unterarten kommen in Südostasien vor. Mittlerweile gilt die in Europa vorkommende Blauelster als eigene Art. Die in Südostasien lebende Blauelster trägt den Namen Azurelster (*Cyanopica cyanus*) und kommt in zwei Unterarten vor.

Beschreibung

Länge ca. 34 bis 35 cm. Der etwa 20 cm lange Schwanz ist blau gefärbt und zeigt eine weißliche Schwanzspitze. Die Flügel sind blau, die Handschwingen haben schwarze Spitzen und sind außen weiß gesäumt. Der Kopf, der Nacken und die Wangen sind schwarz. Das Kinn, die Kehle und der Hals sind weiß gefärbt. Die Oberseite ist graubraun und die Unterseite sandfarben. Die Augen sind kaffeebraun. Der Schnabel und die Füße sind schwarz. Die Geschlechter sind gleich gefärbt. Die Jungvögel zeigen insgesamt mattere Farben.

Lautäußerungen

Die Rufe sind oftmals gedehnt und heiser trillernd oder schreiend „kschrrrie“. Hin und wieder ist das Rufen trocken klappernd, gefolgt von einem kurzem „küit“. Bei Erregung lassen sie ein raues „krärärä“ ertönen.

Vorkommen / Lebensraum

Die Blauelster kommt im Süden Spaniens und in Portugal vor. Dort bewohnt sie lichte Korkeichenwälder, Obstgärten, Pinien- und Ölbaumhaine sowie lichte Kiefernwälder. Sie kommt aber auch in Kultur- und Steppenlandschaften vor.

Fortpflanzung

Als gesellige und soziale Vögel brüten Blauelstern in lockeren Kolonien. Das Nest wird aus Zweigen und Wurzeln erstellt. Dieses Grundgerüst wird mit Schlamm, Lehm und Dung verschmiert. Der Innenausbau erfolgt mit einer weichen Polsterung aus Wurzelfasern, Moos, Tierhaaren, Halmen und Federn. Das Nest wird so angelegt, dass es von oben durch überragende Äste geschützt ist. Nur das Weibchen brütet. Nach dem Ausfliegen werden die jungen Blauelstern noch einige Zeit von den Eltern mit Futter versorgt.

Blauelstern sind recht gesellig und brüten sogar in lockeren Kolonien.

Nach der Brutphase tun sich die Familien der Kolonie zusammen und streifen umher.

Brutzeit	April - Juni	Gelegegröße	5 - 7 Eier
Gelege pro Jahr	1	Brutdauer	15 - 16 Tage
Nestlingszeit	18 - 22 Tage		

Flügge Blauelster.

Nahrung

Die Nahrung besteht aus größeren Insekten und deren Larven. Hin und wieder werden auch Eidechsen und Mäuse erbeutet. Sie suchen selbst in Abfällen nach Fressbarem. Sie fressen auch Aas. Daneben verzehren sie auch allerlei pflanzliche Kost, u.a. Beeren, Obst und Früchte. Sehr gerne fressen sie Oliven.

Unterbringung

Blauelstern bringt man paarweise in geschützten Außenvolieren unter. Das Gehege sollte gut bepflanzt und mit Koniferenzweigen ausgestattet sein, da sich die Blauelstern darin gerne zurückziehen. Die Bepflanzung und die Koniferenzweige bieten den Vögeln Schutz und Sicherheit. Weiden, Fichten und Holunder haben sich als Volierenbepflanzung sehr bewährt.

Vermehrung

Die Blauelstern bauen gerne freistehende Nester. Darum ist eine dichte Bepflanzung von Vorteil. Weiterhin sollte der geschützte Bereich der Voliere gut mit Koniferenzweigen ausstaffiert werden. Hier finden die Vögel gute Nistmöglichkeiten. Daneben sollte man Körbchen als Nisthilfe anbieten. An Nistmaterial bringt man Zweige, kleine Äste, trockene Grashalme und allerlei Polstermaterial ein. Weiterhin muss eine feuchte Stelle am Boden angelegt werden, damit die Blauelstern genügend Material zum Verschmieren der Zweige und Äste finden.

Blauelstern bauen, im Gegensatz zu den Elstern, nach oben offene Nester.

Fütterung

Man bietet den Blauelstern ein grobes Weichfutter. Dazu Mehlkäferlarven, Heimchen, Schwarzkäferlarven, zerkleinerte Eintagsküken und auch Eier. Weiterhin reicht man Obst, Früchte, Rosinen und Beeren.

Gelege der Blauelster.

8.3. Dohle *Coloeus monedula*

Coloeus monedula (Linnè, 1758) · Engl.: Western Jackdaw

Unterarten

C. m. monedula	Skandinavien
C. m. spermologus	West-, Südeuropa und Nordwestafrika
C. m. Soemmerringii	Ost, Südosteuropa bis Südzentralsibirien und Westchina
C. m. cirtensis	Nordalgerien

Beschreibung

Länge ca. 33 bis 34 cm. Die Dohle ist unter den heimischen Rabenvögeln ein recht kleiner Vertreter. Insgesamt ist sie schwarz gefärbt. Die Na ckenfärbung ist heller und setzt sich vom Rücken ab. Die weißblaue Iris ist sehr auffallend. Die Geschlechter sind gleich gefärbt. Die Gefiederfärbung der Jungvögel erscheint matter und leicht bräunlich-schwarz mit weniger Glanz als bei den Altvögeln. Die Iris der Jungvögel ist hellblau und verfärbt sich nach der Jugendmauser dunkelbraun. Nach etwa einem Jahr färbt sie von außen her wieder heller und ist erst ab dem dritten Lebensjahr vollständig weißblau.

Durch den kurzen Hals und die kurzen Beine haben Dohlen eine eher gedrungene Gestalt.

Lautäußerungen

Der häufigste Ruf der Dohle ist ein helles „kja“. Je nach Situation rufen sie zudem „kjarr“, kjer“, „kji“ oder „tschack“. Bei Gefahr oder Erregung schnarren Dohlen „errr“ oder „ärrr“. In Menschenobhut imitieren sie durchaus andere Geräusche. Eine von mir über viele Jahre gehaltene Dohle rief deutlich „Papa“, wenn sie mich sah. Dieses Rufen hatte sie von meinen Kindern übernommen.

Vorkommen / Lebensraum

Das Vorkommen der Dohle erstreckt sich vom Nordwesten Afrikas über fast ganz Europa, den Iran, den Nordwesten Indiens bis nach Sibirien. Dohlen sind Brutvögel in der borealen, gemäßigten, mediterranen, Steppen- und Wüstenzone der West- und Zentralpaläarktis. Die Verbreitung ist teilweise recht lückenhaft. Dohlen sind überwiegend Standvögel. Einige nord- und nordosteuropäische Populationen ziehen Richtung Südwesten. Sie bewohnt bewaldete Steppen, Wald- und Grasland, Kulturlandschaften, Ruinen, Schluchten, Küstenklippen, Dörfer und Städte.

Fortpflanzung

Dohlen brüten in der Regel in Kolonien. Die Partner leben in einer Dauerehe. Sie brüten u.a. in alten Schwarzspechthöhlen, in Felsspalten, in Mauerlöchern

Brütende Dohle.

sowie in Nischen und Lücken an alten Gebäuden, Ruinen und Kirchen. Gerne werden auch Nester angenommen. Der Unterbau des Nestes besteht aus groben Reisern. Die Innenauspolsterung wird aus feinen Materialien gebaut. Weiche Pflanzenfasern, Tierhaare und Wolle werden besonders gerne verbaut. Sie zupfen Weidetieren Haare aus, um damit das Nest auszupolstern. Jedes Jahr konnte ich einige Dohlen beobachten, wie sie auf dem Rücken unserer Ponys saßen und diese von ihrem Winterfell befreiten. Nachdem die Jungdohlen das Nest verlassen haben, werden sie noch etwa vier Wochen von den Eltern mit Futter versorgt.

Brutzeit	April - Juni	Gelegegröße	4 - 7 Eier
Gelege pro Jahr	1	Brutdauer	16 - 19 Tage
Nestlingszeit	30 - 35 Tage		

Nahrung

Sie sind Allesfresser und suchen ihre Nahrung sehr gern auf offenen Flächen. Sie vertilgen Insekten und deren Larven, Schnecken, Mäuse, Jungvögel, Eier und Aas. In menschlicher Nähe suchen sie auch in Abfällen nach Fressbarem. Im Verlauf des Jahres werden auch Beeren, Obst und Getreide aufgenommen.

Dohlengelege.

Unterbringung

Dohlen sind Koloniebrüter. Je nach Größe des Geheges können sicherlich mehrere Paare zusammengehalten werden. Allerdings rate ich zu einer paarweisen Haltung. Eine Freivoliere mit einem wind- und wettergeschützten Bereich ist wohl optimal. Ein geheizter Innenraum ist nicht notwendig. Als Sitzgelegenheiten dienen verschiedene, bis armdicke Äste. Der Außenbereich sollte nach Möglichkeit auch eine Grasfläche bieten, da Dohlen gerne im Gras nach Fressbarem suchen.

Bruthöhle für Dohlen.

Vermehrung

Man bietet den Dohlen mehrere Bruthöhlen an. Es eignen sich Naturstammnisthöhlen sowie Holz- und Holzbetonnistkästen. An Nistmaterial reicht man Reisig für den Nestunterbau und allerlei feines Material für die Auspolsterung.

Fütterung

Als Grundfutter reicht man ein grobes Weichfutter, das mit Hüttenkäse, Honig und etwas Olivenöl angemacht wird. Gerne wird auch Welpenfutter (Pellets, in Wasser eingeweicht) gefressen. Obst und Beeren der Saison müssen ebenfalls gegeben werden. Ebenso sollte ein Napf mit einer guten Waldvogelsämereienmischung und Getreide parat stehen. An Lebend- und Frostfutter wird alles Mögliche gefressen. Ob Mehlkäferlarven, Schwarzkäferlarven, Pinkies oder Heimchen. Alles wird sehr gerne aufgenommen.

9.1. Seidenschwanz *Bombycilla garrulus*

Bombycilla garrulus (Linnè, 1758) · Engl.: Bohemian Waxwing

Unterarten

B. g. garrulus	Nordeuropa und Nordasien
B. g. pallidiceps	Westkanada und Nord-, West-USA

Wie viele andere nordische Vögel auch, zeigen Seidenschwänze kaum Scheu vor dem Pfleger.

Beschreibung

Länge 18 cm. Seidenschwänze sind eine exotische Erscheinung. Neben dem seidigen Gefieder, ist die rötlichbraune Federhaube besonders markant. Die Oberseite ist braun und die Unterseite graubraun. Am Kopf sind weiterhin das schwarze Stirnband, der schwarze Augenstreif und der schwarze Kehlfleck auffällig. Die braunschwarzen Flügel zeigen weiße Abzeichen. An den Spitzen der Armschwingen sind leuchtend rote Hornplättchen zu sehen. Im Bereich der Handschwingen befindet sich ein gelblichweißer Längsstreif. Die Schwanzfedern sind schwarz und zeigen eine gelbe Endbinde. Die Unterschwanzdecken sind zimtbraun. Die Weibchen besitzen weniger und auch kleinere rote Hornplättchen. Die Endbinde am Schwanz ist schmaler als bei den Männchen. Zudem ist die Haube etwas zierlicher. Jungvögel sind insgesamt blasser gefärbt und ohne schwarzen Kehlfleck. Unterseits sind sie leicht gestreift.

Lautäußerungen

Der Stimmfühlungsruf ist ein recht hohes, feines und leicht schwirrendes „srii“. Der eigentliche Gesang ist ein gedämpftes, quäkendes Rätschen in Verbindung mit dem „srii“.

Vorkommen / Lebensraum

Seidenschwänze brüten von Nordeuropa und dem nördlichen Asien bis zur Pazifikküste. Auch im nördlichen Nordamerika sind die Seidenschwänze Brutvögel. In ihren Brutgebieten leben sie in unterholzreichen Fichten- und Birkenwäldern. Bevorzugt werden feuchte Gebiete oder Lebensräume in Gewässernähe. Seidenschwänze sind Invasionsvögel, die in manchem Winter, je nach Nahrungsangebot, in großer Zahl in Mitteleuropa einfliegen

Fortpflanzung

Das Nest bauen die Seidenschwänze gerne in nicht zu hohen Fichten. Bevorzugt werden Fichten, die mit Bartflechten behangen sind. Aber auch andere Laub- und Nadelhölzer können als Nistplatz dienen. Das Nest wird u.a. aus kleinen Nadelbaumzweigen, Halmen, Moos und Tierhaaren gebaut. Sie brüten oftmals in lockeren Kolonien.

Brutzeit	Mai - Juli	Gelegegröße	4 - 6 Eier
Gelege pro Jahr	1	Brutdauer	13 - 14 Tage
Nestlingszeit	15 - 17 Tage		

Nahrung
Im Sommerhalbjahr ernähren sich die Seidenschwänze von tierischer Nahrung, wie z. B. von Insekten und deren Larven. Im Herbst und Winter dagegen stehen Beeren und Obst auf dem Speiseplan. Besonders gerne werden Ebereschenbeeren und Misteln vertilgt. Dabei verspeisen Seidenschwänze täglich etwa das Doppelte ihres eigenen Körpergewichtes.

Unterbringung
Empfehlenswert ist die ganzjährige Unterbringung in einer geschützten Freivoliere. Die Voliere sollte vor großer Sonneneinstrahlung geschützt sein. Je nach Größe der Voliere können mehrere Paare vergesellschaftet werden. Es hat sich bewährt, dass sich die Paare in einer Gruppenhaltung selber finden können. Sollte es dennoch zu Stress unter den Paaren kommen, sollten diese getrennt werden. Die Voliere kann mit Laub- und Nadelgehölzen bepflanzt werden.

Vermehrung
Wenn im Gehege Fichten gepflanzt sind, haben die Seidenschwänze die Möglichkeit freistehende Nester zu bauen. Es werden aber auch Nisthilfen in Form von Körbchen, großen Holzkaisernestern oder Kapellchen angenommen. An Nistmaterial reicht man u.a. kleine Fichtenreiser, die dem Nestunterbau einen gewissen Halt geben, Moos, Tierhaare, Kokosfasern und Scharpie.

Seidenschwänze bestechen durch ein geradezu seidiges Gefieder.

Seidenschwänze kommen in manchen Wintern invasionsartig nach Mitteleuropa.

Fütterung
Während des Sommerhalbjahres bietet man den Vögeln Mehlkäferlarven, Pinkies, Heimchen, Soldatenfliegenlarven und sonstiges beschaffbare Lebend- und Frostfutter. Während des Winterhalbjahres gibt man verschiedene Beerenfrüchte und Obst. Auch ungeschwefelte Rosinen sind sehr beliebt. Dabei kann man für seine Seidenschwänze Vorräte sammeln und diese einfrieren. Zudem bietet der Handel getrocknete und gefrostete Beeren an, die ebenfalls sehr gerne verzehrt werden. Ein Weichfresserfutter sowie kleine Welpenpellets sollten ganzjährig zur Verfügung stehen.

10.1. Haubenmeise *Lophophanes cristatus*

Lophophanes cristatus (Linnè, 1758) · Engl.: European Crested Tit

Unterarten

L. c. scoticus	Nordzentralschottland
L. c. abadiei	Westfrankreich
L. c. weigoldi	Westliche und Südliche Iberische Halbinsel
L. c. cristatus	Nord-, Osteuropa bis zu den Karpaten
L. c. baschkirikus	Südwest-, Zentralural
L. c. mitratus	Zentraleuropa bis Nordostspanien, Alpen und Nordbalkan
L. c. bureschi	Albanien bis Bulgarien und Griechenland

Kennzeichnend und namensgebend ist die Federhaube.

Beschreibung

Länge 12 cm. Charakteristisch für diese hübsche Meise ist die schwarz-weiß melierte Federhaube. Die Oberseite der Haubenmeise ist graubraun. Der Kopf und die Halsseiten sind weiß und schwärzlich überhaucht. Der Oberkopf ist schwarz und mit weißen Federsäumen versehen. Im Bereich der Ohrgegend befindet sich ein schwarzes, halbmondförmiges Band. Die Kehle ist schwarz. Die Unterseite ist schmutzig weiß und die Flanken cremefarben gefärbt. Die Haube bei den Weibchen ist geringfügig kleiner als bei den Männchen. Die Jungvögel zeigen nur einen angedeuteten Federschopf.

Lautäußerungen
Bei Erregung lassen die Haubenmeisen ein mehrmaliges „gürr“ ertönen. Der Stimmfühlungslaut ist ein „hohes „zizi“. Der Gesang klingt wie eine Aneinanderreihung der Erregungs- und Stimmfühlungslaute.

Vorkommen / Lebensraum
Die Haubenmeise kommt von der Iberischen Halbinsel bis Nordskandinavien und ostwärts bis zum Ural vor. Auf Island findet man keine Haubenmeisen. In Großbritannien ist sie nur in Schottland anzutreffen. Im Süden verläuft die Verbreitungsgrenze durch den Süden Frankreichs entlang der Südalpen und der Gebirge in Griechenland, Bulgarien und der Ukraine.

Haubenmeisen sind in erster Linie Bewohner der Nadelwälder. Mischwälder mit hohem Nadelholzanteil werden ebenso angenommen. In ihrem Lebensraum muss Alt- und Totholz vorhanden sein, da sie in der Regel darin ihre Nester selber meißeln.

Fortpflanzung
Als Nisthöhle dienen den Haubenmeisen oftmals natürliche Höhlungen in morschen Bäumen, die von den Vögeln selber etwas erweitert werden. Häufig werden die Höhlen allerdings komplett selbst gemeißelt. Dazu ist ein Vorkommen von Alt- und Totholz unabdingbar. Die Bruthöhle wird mit Tier- und Pflanzenwolle sowie mit Moos, Federn, Spinnweben und Flechten ausgepolstert. Nisthöhlen werden selten angenommen und nur dann, wenn die Haubenmeisen die Möglichkeit haben, Material herauszumeißeln.

Brutzeit	April - Juli	Gelegegröße	4 - 9 Eier
Gelege pro Jahr	1 - 2	Brutdauer	15 - 17 Tage
Nestlingszeit	20 - 22 Tage		

Nahrung
Im Sommerhalbjahr besteht die Nahrung überwiegend aus Insekten, Insektenlarven und Spinnen. Im Winterhalbjahr fressen sie zusätzlich und durchaus überwiegend Baumsämereien. Sie verstecken Futter als Vorrat z. B. zwischen Baumflechten und sind sogar in der Lage, diese z. B. mit Rinden- oder Flechtenstückchen zu tarnen.

Unterbringung
Haubenmeisen kommen auch im Winter gut in geschützten Freivolieren klar. Man kann sie darin paarweise ganzjährig halten. Das Gehege sollte mit Koniferen bepflanzt sein. Eine Vergesellschaftung mit anderen Meisenarten muss unterbleiben.

Vermehrung
Da sich Haubenmeisen ihre Nisthöhlen selber meißeln, steht der Pfleger vor dem Problem, geeignete Nisthilfen anzubieten. Um dieses Problem leicht zu lösen, kann man Naturstammnisthöhlen aus Birke anbieten. In diese stopft man einen passenden morschen Birkenstamm. Auf diese Weise können die Haubenmeisen

Haubenmeisen sind auffallend an dichte Fichtenwälder gebunden. Dementsprechend sollte auch das Gehege strukturiert sein.

ihrem natürlichen Instinkt folgen und ihre Bruthöhle selber aushacken. Es wurden auch schon mit Styropor oder Bauschaum ausgefüllte Nistkästen angeboten und erfolgreich angenommen, allerdings erscheint die Nisthilfe mit dem morschen Birkenstamm die geeignetste Lösung zu sein. Man sollte zwei bis drei Nisthöhlen zu Auswahl anbieten.

Fütterung
Man bietet ganzjährig ein Weichfresserfutter an. Dazu reicht man lebende oder gefrostete Mehlkäferlarven, Getreideschimmelkäferlarven, Pinkies und andere tierische Kost. Weiterhin stellt man ein gutes Waldvogelfutter mit einem hohen Anteil an Koniferensamen zur Verfügung. Der Handel bietet spezielle Sämereienmischungen für Kreuzschnabelarten an, die einen hohen Anteil an Koniferensamen beinhalten. Diese Mischungen kann man auch den Haubenmeisen zur Verfügung stellen.

10.2. Blaumeise *Cyanistes caeruleus*

Cyanistes caeruleus (Linnè, 1758) · Engl.: Eurasien Blue Tit

Unterarten

C. c. obscurus	Britische Inseln
C. c. caeruleus	Nord-, Zentral-, Osteuropa bis West-, Nordkleinasien
C. c. balearicus	Mallorca
C. c. ogliastrae	Iberische Halbinsel, Korsika und Sardinien
C. c. calamensis	Südgriechenland, Kykladen, Kreta und Rhodos
C. c. orientalis	Südöstliches, europäisches Russland
C. c. satunini	Krim, Kaukasus, Osttürkci und Nordwestiran
C. c. raddei	Nordiran
C. c. persicus	Südwestiran

Blaumeisen sind sehr agile Vögel. Die Geschlechter sind äußerlich nicht zu unterscheiden.

Beschreibung

Länge 11 bis 12 cm. In der Mitte des Oberkopfes hellblau gefärbt, wobei das Blau zur Stirn hin heller wird. Die Stirn und der restliche Kopf sind weiß. Der Augen- und Halsstreif, das Kinn sowie die Kehle sind schwarzblau. Der Rücken ist grüngelblich bis olivgrün, blaugrün oder blaugrau. Der Schwanz und die Schwingen sind blau mit einer weißen Flügelbinde. Die Unterseite ist mehr oder weniger intensiv gelb. Die Jungvögel sind wesentlich matter gefärbt.

Die ehemaligen Unterarten, die auf den Kanarischen Inseln und in Nordafrika vorkommen, gelten mittlerweile als eigene Art. Die Kanarenmeise (*Cyanistes teneriffae*) umfasst sieben Unterarten.

Lautäußerungen

Als Kontaktruf dient ein leises „tii ti ti" oder ein hohes „sisi". Bei Alarm stoßen sie ein langgezogenes „ii" aus. Der Gesang ist recht einfach. Nach zwei bis drei hohen Lauten folgt ein tieferes Trillern.

Vorkommen / Lebensraum

Die Blaumeise kommt mit ihren Unterarten von der Iberischen Halbinsel bis zum Südural, Kaukasus und Nordirak vor. Auf Island, in Nordskandinavien und in Nordschottland ist sie jedoch nicht zu finden.

Blick in den Nistkasten.

Sie bewohnt allerlei Lebensräume. Gerne bewohnt sie Laub- und Mischwälder, Obstgärten, Auwälder, Heckenlandschaften, Feldgehölze, Parks und Gärten.

Fortpflanzung

Bereits früh im Jahr, Ende Januar bzw. Anfang Februar, zeigen Blaumeisen Revierverhalten und vertreiben Konkurrenten. Im weiteren Verlauf zeigt das Männchen dem Weibchen Bruthöhlen. Wenn sie sich für einen Brutplatz entschieden haben, trägt das Weibchen viel Moos, Halme, Tierhaare und Federn ein. Wenn Eier im Nest liegen, werden diese vor dem Verlassen mit Nistmaterial abgedeckt. Nur das Weibchen brütet, während das Männchen für die Verteidigung des Reviers zuständig ist. Neben natürlichen werden sehr gerne künstliche Bruthöhlen angekommen.

Brutzeit	April - Juli	Gelegegröße	6 - 14 Eier
Gelege pro Jahr	2	Brutdauer	13 - 15 Tage
Nestlingszeit	19 - 21 Tage		

Nahrung

Blaumeisen leben in den Sommermonaten überwiegend von Insekten, Insektenlarven und Spinnen. Blattläusen kommt bei der Ernährung eine besondere Rolle zu. Gerne nehmen sie auch Blütenpollen und Nektar auf. Im Spätsommer und Herbst werden auch Beeren und Früchte aufgenommen. Im Winter fressen sie zudem ölhaltige Sämereien und Knospen.

Unterbringung

Eine geschützte Außenvoliere ist völlig ausreichend für die Blaumeisen. Die Bepflanzung mit verschiedenen Laub- und Nadelgehölzen ist empfehlenswert. Die Partner können ganzjährig beisammen bleiben. Eine Vergesellschaftung mit anderen Vogelarten ist kein Problem. Lediglich auf eine gemeinsame Unterbringung mit anderen „echten" Meisenarten, also mit Vertretern aus der Familie Paridae, muss verzichtet werden.

Vermehrung

Zur freien Auswahl sollten mehrere Nisthöhlen aus Holz und Holzbeton im Gehege angebracht werden. Zum Nestbau gibt man den Blaumeisen trockenes Moos, Pflanzenwolle, Tierhaare, Flechten, Federn und Scharpie.

Fütterung

An tierischer Nahrung reicht man lebend oder gefrostet u.a. Pinkies, Heimchen, Getreideschimmelkäferlarven und Mehlkäferlarven. Zur Abwechslung gibt man Beeren, Früchte und Zweige mit Knospen. Von einem guten Waldvogelfutter mit einem hohen Anteil Koniferensamen wird ganzjährig genommen. Stängel mit Blattläusen sind eine weitere Möglichkeit, die Blaumeisen abwechslungsreich zu ernähren.

10.3. Lasurmeise *Cyanistes cyanus*

Cyanistes cyanus (Pallas, 1770) · Engl.: Azure Tit

Unterarten

C. c. cyanus	Belarus, westliches und zentrales europäisches Russland bis zum zentralen Ural
C. c. hyperrhiphaeus	Südwestural, Südwestsibirien und Nordkasachstan
C. c. yenisseensis	Südzentral- bis Ostsibirien, Nordmongolei und Nordostchina
C. c. tianschanicus	Gebirge in Südostkasachstan, Kirgistan und Nordwestchina
C. c. koktalensis	Tiefland Südostkasachstan
C. c. carruthersi	Kirgistan bis Nordtadschikistan
C. c. flavipectus	Südkirgistan bis Nordafghanistan
C. c. berezowskii	Nordzentralchina

Beschreibung

Länge 12 cm. Der Oberkopf der Lasurmeise ist hellbläulich. Der Rücken ist graublau. Der Augenstreif und das Nackenband sind schwarzblau. Die Schwung- und Schwanzfedern zeigen ein kräftiges Blau. In den Flügeln befindet sich ein weißliches Flügelband. Die Unterseite ist weißlich. Der Schnabel, die Füße und die Beine sind schwarz. Bei Jungvögeln sind die Blautöne eher gräulich.

Die Unterarten unterscheiden sich in der Intensität und Ausdehnung der Farben. Die Unterarten *C. c. carruthersi*, *C. c. flavipectus* und *C. c. berezowskii* zeigen eine schwefelgelbe Brust und wurden in der Vergangenheit Gelbbrust-Lasurmeise genannt.

Die hübsche weiß-blaue Gefiederfärbung macht die Lasurmeise zu einem Blickfang in der Voliere.

Lautäußerungen

Die Lautäußerungen ähneln sehr stark den Blaumeisen. Typisch ist das „tii ti ti“ und das hohe „sisi“.

Vorkommen / Lebensraum

Die Lasurmeise bewohnt die Zentral- und Ostpaläarktis in der borealen Zone. Sie vertritt die Blaumeise in östlicher Richtung. In manchen Gebieten überlappen sich die Vorkommen der Blau- und Lasurmeise. Als Standvogel sind nur selten auffallende Wanderungen zu beobachten. Die Lasurmeise mag vor allem lichte Laub- und Mischwälder sowie Flussauen.

Fortpflanzung

Lasurmeisen brüten in Baumhöhlen, in erster Linie in alten Weiden.

Brutzeit	Mai - Juli	Gelegegröße	8 - 11 Eier
Gelege pro Jahr	1	Brutdauer	13 - 14 Tage
Nestlingszeit	18 - 20 Tage		

Nahrung

Insekten, Insektenlarven, Spinnentiere, Knospen, Sämereien, Beeren, Früchte.

Lasurmeisen leben gerne in Laub- und Mischwäldern. Dementsprechend sollte man die Voliere einrichten.

Unterbringung

Lasurmeisen können das ganze Jahr über paarweise in geschützten Freivolieren untergebracht werden. Eine Bepflanzung oder Ausstattung der Voliere mit Weiden und Birken kommt dem natürlichen Lebensraum sehr nahe.

Vermehrung

Lasurmeisen nehmen Nisthilfen in Form von Bruthöhlen an. Unter anderem haben sich Naturstammnisthöhlen aus Birke bewährt. An Nistmaterial bietet man ihnen Moos, Pflanzenwolle, Tierhaare, Flechten, Federn und Scharpie.

Fütterung

Ganzjährig gibt man den Lasurmeisen ein gutes Weichfresserfutter und dazu lebende oder gefrostete Mehlkäferlarven, Getreideschimmelkäfer, Heimchen und Pinkies. Dazu stellt man ihnen ein Schälchen mit einem guten Waldvogelfutter mit einem hohen Anteil Koniferensamen in das Gehege.

Der Gesang und die Rufe sind denen der Blaumeise sehr ähnlich.

11.1. Bartmeise *Panurus biarmicus*

Panurus biarmicus (Linnè, 1758) · Engl.: Bearded Reedling

Unterarten

P. b. biarmicus	West-, Mittel- und Südeuropa bis Südwestrussland, Balkan und Westtürkei
P. b. kosswigi	Südzentraltürkei
P. b. russicus	Ostzentraleuropa, Osteuropa bis Südrussland, Nordostchina, Mongolei, Kasachstan und Zentraltürkei

Bartmeisen-Weibchen sind schlichter gefärbt. Ihnen fehlen die markanten Bartstreifen und die graue Kopffärbung.

Bartmeisen-Männchen tragen auffallende Bartstreifen.

Beschreibung

Länge ca. 16,5 cm. Die Bartmeise ist am langen Schwanz und an der zimtbraunen Gefiederfärbung recht einfach zu erkennen. Die Männchen besitzen einen breiten schwarzen Bartstreif und haben schwarze Unterschwanzdecken sowie einen blaugrauen Kopf. Der Schnabel der Männchen ist orangegelb gefärbt. Diese beschriebenen Kennzeichen besitzen die Weibchen nicht. Der Schnabel des Weibchens ist im Gegensatz zum Männchen dunkler gefärbt. An der Schnabelfärbung ist es bereits bei Jungvögeln möglich, sie nach Geschlechtern zu unterscheiden. Im Gegensatz zum Weibchen besitzen die Jungvögel eine schwarze Zügelfärbung, ebenso einen schwarzen Rückenstreif sowie einen dunklen Fleck zwischen Schnabelwurzel und Auge. Ein weiteres Merkmal der Bartmeise sind ihr stark gestufter Schwanz und ihre kurzen runden Flügel. Durch ihre Gefiederfärbung sind sie ihrem Lebensraum, dem Schilf, sehr gut angepasst. Aus größerer Entfernung kann man sie im Schilf kaum ausmachen. Bestimmen kann man sie dann nur an ihrem typischen Rufen oder an ihrem kurzen Flug, meist direkt über dem Schilf. Der Flug sieht eher unbeholfen aus.

Im Winter ernähren sich Bartmeisen zum großen Teil von Schilfsamen.

Bartmeise im Jugendkleid.

Lautäußerungen

Der häufigste Ruf der Bartmeisen ist das metallisch und nasal klingende „tschin tschin". Bei stärkerer Erregung ertönt ein hartes „tjieck". Die Kontaktrufe sind ein leises „sjipp" oder „djüpp". Der Gesang ist unauffällig und leise „tschin dschik tschrä".

Vorkommen / Lebensraum

Bartmeisen kommen im mittleren und östlichen Eurasien vor. Allerdings sind die Vorkommen nur sehr lückenhaft, da sie auf große Schilfgebiete angewiesen sind. Nur dort, wo große Altschilfbestände vorhanden sind, ist die Bartmeise dauerhaft heimisch.

Fortpflanzung

Ihre Nester legen Bartmeisen im dichten Altschilf in Bodennähe an. Es wird überwiegend aus Schilfblättern und Schilfrispen erbaut. Die Nestlinge haben eine sehr auffällige Rachenzeichnung. Bartmeisen brüten meistens in lockeren Kolonien. Beide Partner beteiligen sich am Brutgeschäft. Unverpaarte Exemplare sind oftmals als sogenannte Bruthelfer tätig, die den Brutpaaren bei der Versorgung der Jungvögel helfen.

Brutzeit	April - Juli	Gelegegröße	4 - 6 Eier
Gelege pro Jahr	2 - 3	Brutdauer	12 - 14 Tage
Nestlingszeit	12 - 14 Tage		

Die Gefiederfärbung ist dem Leben im Schilf bestens angepasst.

Junge Bartmeisen bei einer Nestkontrolle.

Wenige Tage alte Bartmeisen.

Nahrung

Bartmeisen ernähren sich im Sommerhalbjahr fast ausschließlich von Insekten, Insektenlarven und anderen Kerb- und Kriechtieren. Ende Herbst stellen die Bartmeisen um auf Samen von Rohrkolben und Schilf.

Unterbringung

Bartmeisen fühlen sich in geschützten Außenvolieren ganzjährig wohl. Eine Ausstattung des Geheges, die dem natürlichen Lebensraum der Bartmeise nahe kommt, bietet beste Voraussetzung für eine erfolgreiche Haltung und Vermehrung dieses sehr interessanten Schilfbewohners. Eine Bepflanzung der Voliere mit Schilf, Gräsern, Bambus und Weiden kommt dem natürlichen Lebensraum der Bartmeise am nächsten. Altschilf kann büschelweise in die Voliere eingebracht werden. Obwohl Bartmeisen in freier Wildbahn in lockeren Kolonien brüten, gilt das nicht unbedingt bei der Haltung in Menschenobhut. Ideal ist wohl die paarweise Haltung, wobei eine Vergesellschaftung mit

Fünf junge Bartmeisen kurz vor dem Verlassen des Nestes.

Bartmeise im Jugendgefieder. An dem wachsgelben Schnabel erkennt man, dass es sich um ein Männchen handelt.

anderen Arten überhaupt keine Probleme mit sich bringt. Hält man mehrere Exemplare, lässt man sie im Herbst und Winter als Schwarm zusammen fliegen. Bereits im Dezember und Januar kann man erkennen, welche Partner sich gefunden haben. Nun kann man die Paare separieren. Eine Kennzeichnung mit Farbringen ist anzuraten, damit man die Vögel unterscheiden kann.

Vermehrung

Es werden liebend gerne unterschiedliche Nisthilfen angenommen. Bewährt haben sich verkleidete Holzkaisernester, Holz- oder Holzbetonhalbhöhlen und Körbchen.

Als Nistmaterial biete man Schilfblätter, Gräser, Kokosfasern, Tierhaare und kleine Blätter. Einen Teil des Nistmaterials, insbesondere Schilfblätter und Halme, reicht man in einer Wasserschale, da Bartmeisen gerne feuchtes Nistmaterial zum Bau des Nestes verwenden.

Fütterung

Man füttert die Bartmeisen mit einem Weichfresserfutter und mit allem beschaffbaren Lebendfutter. Insbesondere Mehlkäferlarven, Getreideschimmelkäferlarven und Pinkies. In den Wintermonaten stellt man den Bartmeisen zusätzlich eine Waldvogelfuttermischung mit reichlich Grassamen zur Verfügung. Weiterhin sollte man in den Wintermonaten Schilfwedel in die Voliere geben, damit den Vögeln die beliebten Schilfsamen zur Verfügung stehen.

Die Nester werden in Menschenobhut gerne in verkleideten Kaisernestern gebaut.

12.1. Heidelerche *Lullula arborea*

Lullula arborea (Linnè, 1758) · Engl.: Woodlark

Unterarten
L. a. arborea Nord-, West und Mitteleuropa bis Westrussland und Ukraine
L. a. pallida Südeuropa, Nordwestafrika über den Mittleren Osten bis Iran und Turkmenistan.

Der Gesang der Heidelerche gehört zu den wohlklingendsten in der heimischen Vogelwelt.

Beschreibung

Länge 15 cm. Die Oberseite ist zimt- bis olivbraun mit deutlicher Längsstrichelung. An den angelegten Flügeln erkennt man schwarzweiße Abzeichen. Die Scheitelfedern können zu einer kleinen Holle aufgerichtet werden. Die Unterseite ist rahmfarben. Der Bauch und die Unterschwanzdecken sind gelbbraun, rötlich oder schmutzig weiß. Die Kehlseiten und die Kropfgegend sind schwarzbraun gefleckt. Die Flanken zeigen dunkelbraune Längsstreifen. Die weißlichen Überaugenstreifen laufen am Hinterkopf zusammen. Die Ohrdecken sind rostbraun. Die Steuerfedern sind dunkelbraun mit weißen Spitzen, wobei die äußerste hell gesäumt ist. Die Geschlechter sind identisch gefärbt.

Lautäußerungen

Die Heidelerchen singen volltönend und stimmungsvoll. Der überaus melodische Gesang wird aus der Luft, vom Boden aus oder von Singwarten vorgetragen. Der Gesang beginnt langsam mit kurzen Strophen, wird dann schneller und letztlich immer lauter und tiefer. Es klingt wie „dili dili dili", „dije dije dije", „lülülülü", „dli dli dli". Ansonsten hört man von den Heidelerchen häufig ein „didlui" und „tiulit".

Vorkommen / Lebensraum

Heidelerchen brüten in großen Teilen der südwestlichen Paläarktis von England und Portugal bis in den Iran und Turkmenistan. Im Norden endet das Verbreitungsgebiet im südlichen England und in Südskandinavien.

Als Lebensraum bevorzugen sie sonnige und offene Flächen. Sie leben z.B. auf Brachflächen, auf Kiefernheiden, an Waldrändern, auf Heiden und an Randzonen von Mooren,

Fortpflanzung

Heidelerchen bauen ihr Nest gut versteckt am Boden in der niedrigen Vegetation. Dazu scharren sie eine Mulde. Der Unterbau besteht aus gröberem und der Innenausbau aus feinerem Pflanzenmaterial. Das Brutgeschäft übernimmt ausschließlich das Weibchen. Junge Heidelerchen verlassen recht früh das Nest und sind bereits mit 16 Tagen sehr gut flugfähig.

Brutzeit	April - Juli	Gelegegröße	3 - 6 Eier
Gelege pro Jahr	2	Brutdauer	13 - 15 Tage
Nestlingszeit	10 - 13 Tage		

Nahrung

Wie alle Lerchen, ernähren sich Heidelerchen von Insekten, Insektenlarven, Spinnentieren und nehmen zusätzlich Sämereien sowie Blattgrün auf. Im Sommerhalbjahr wird überwiegend tierische Nahrung aufgenommen.

Unterbringung

Heidelerchen bringt man paarweise in trockenen Außenvolieren unter. Es muss eine flache Vegetation gewählt werden. Allerdings sollten ein paar Büsche durchaus vorhanden sein. Vegetationsfreie Flächen dürfen auch nicht fehlen. Ebenso gehören einige Grasbulten, Baumstubben und Feldsteine in das Gehege. Erhöhte Sitzplätze dürfen auch nicht fehlen.

Vermehrung

Bei einer dem natürlichen Habitat nachgebildeten Gehegeausstattung, finden die Heidelerchen einen geeigneten Platz für ihr Nest. In der Voliere sollten gröbere

Die Heidelerche ist die kleinste unter den heimischen Lerchenarten.

und feinere Pflanzenteile in Form von Halmen und Wurzelfasern ausgelegt werden, mit denen die Lerchen ihr Nest errichten.

Fütterung

Ganzjährig reicht man ein Weichfresserfutter und ein Waldvogelfutter. Letzteres reichert man mit etwas Hirse, Hafer und Mohn an. Zusätzlich gibt man eine Wildsämereienmischung, von der gerne genommen wird. An tierischer Nahrung bietet man z.B. Mehlkäferlarven, Getreideschimmelkäferlarven, Heimchen und Pinkies.

Im Sommerhalbjahr ernähren sich die Heidelerchen überwiegend von Wirbellosen. Im Winterhalbjahr bilden verschiedene Sämereien die Nahrungsgrundlage.

12.2. Feldlerche *Alauda arvensis*

Alauda arvensis (Linnè, 1758) · Engl.: Eurasien Skylark

Unterarten

A. a. arvensis	Nord-, West- und Mitteleuropa
A. a. sierrae	Zentral- und Südspanien
A. a. harterti	Nordwestafrika
A. a. cantarella	Südeuropa, von Spanien bis Türkei und Kaukasus
A. a. armenica	Südosttürkei bis Iran
A. a. dulcivox	Südöstliches europäisches Russland und Westsibirien bis Nordwestchina und südwestliche Mongolei
A. a. kiborti	Südsibirien, Nord- und Ostmongolei, Nordostchina
A. a. intermedia	Nord- und Zentralsibirien bis Nordostchina und Koreanische Halbinsel
A. a. pekinensis	Nordostsibirien, Kamtschatka, Kurilen
A. a. lonnbergi	Nordsachalin
A. a. japonica	Südsachalin, südliche Kurilen, Japan, Ryūkyū-Inseln

Feldlerchen tragen ihren Gesang gerne im Flug vor.

Beschreibung

Länge ca. 18 cm. Die Oberseite ist rötlich braun und schwarzbraun längsgestreift. Die kurze Haube ist nur angedeutet. Die Unterseite ist weißlich bis gelbbraun, die Kropfgegend und die Flanken sind fahlbraun. Die Kehle und Brust zeigen schwarzbraune Flecken und Strichelungen. Die Flanken sind gestrichelt. Der Überaugenstreif ist weißlich rahmfarben. Die Schwingen und der Schwanz sind dunkelbraun mit hellen Säumen. Die äußeren Steuerfedern sind weiß mit bräunlichem Saum an der Innenfahne. Charakteristisch ist die lange Hinterkralle (Laufkralle). Männchen und Weibchen sind gleich gefärbt. Die Gefiederfärbung variiert recht stark und das auch innerhalb der Unterarten. In Menschenobhut werden vereinzelt Farbmutationen gehalten.

Lautäußerungen
Der Stimmfühlungslaut ist ein weiches „triek“ oder „trlie“. Der Gesang besteht aus zwitschernden, trillernden, rollenden und zirpenden Tönen und kann bis zu 15 Minuten und mehr ununterbrochen vorgetragen werden. Dies tun die Männchen überwiegend im Singflug in Höhen von bis zu mehreren Hundert Metern. Hin und wieder wird der Gesang auch von einer Singwarte oder vom Boden aus vorgetragen. Imitationen von Rufen anderer Vogelarten sind im Repertoire enthalten.

Ihr Nest legen sie gut versteckt am Boden an.

Vorkommen / Lebensraum
Die Feldlerche bewohnt mit Ihren Unterarten ein großes Areal, das sich über fast ganz Europa erstreckt. Weiterhin ist sie in Nordafrika beheimatet. Ostwärts reicht das Vorkommen bis Japan.

Feldlerchen sind Brutvögel der offenen Landschaften mit trockenen bis wechselfeuchten Untergründen. Ihr Lebensraum muss eine abwechslungsreich strukturierte Gras- und Krautschicht aufweisen. Es müssen zudem offene Stellen vorhanden sein. Zu den bevorzugten Lebensräumen zählen z.B. Ödland, Weiden, Äcker, Steppen, Dünen und baumlose Hochflächen.

Fortpflanzung
Feldlerchen brüten am Boden. Das Nest wird gut versteckt unter Grasbüscheln oder sonstigen niedrigen Pflanzen erstellt. Dazu wird eine Bodenmulde ausgescharrt und mit verschiedenem Pflanzenmaterial ausgepolstert. Unter anderem werden Wurzelfasern, trockene Grashalme, wenig Moos und Tierhaare verwendet. Die Jungvögel verlassen insbesondere bei Störungen sehr früh das Nest und verstecken sich in der Umgebung.

Brutzeit	April - Juli	Gelegegröße	3 - 5 Eier
Gelege pro Jahr	2 - 3	Brutdauer	11 - 13 Tage
Nestlingszeit	8 - 12 Tage		

Nahrung
Feldlerchen ernähren sich im Sommerhalbjahr überwiegend insektivor. Zu den Beutetieren zählen Insekten, Insektenlarven, Spinnentiere, kleine Schnecken und Regenwürmer. Im Winterhalbjahr ist die Nahrung überwiegend vegetarisch. Sie fressen dann Getreidekörner, Wildkräutersamen, Keimlinge und zartes Blattgrün.

Unterbringung
Feldlerchen können ganzjährig in geschützten Außenvolieren untergebracht werden. Ein frostfreier Schutzraum ist nicht unbedingt erforderlich. Ein Teil des Volierenbodens muss stets trocken sein. Es sollten Grasbulten und verschiedene niedrige Pflanzen eingesetzt werden. Singwarten in verschiedenen Höhen müssen vorhanden sein. Einige Findlinge und Weidezaunpfähle sollten auch nicht fehlen. Da Feldlerchen sehr gerne Sandbäder nehmen, muss ihnen dazu Gelegenheit gegeben werden.

Vermehrung
Sofern im Gehege einige Grasbulten und niedrige Pflanzen vorhanden sind, finden die Feldlerchen einen geeigneten Nistplatz. Man reicht den Vögeln trockene Halme, etwas Moos, Wurzelfasern und andere Pflanzenfasern zum Nestbau. Störungen am Nest sollte man nach der Beringung der Jungen zwingend unterlassen, da die Jungen recht früh das schützende Nest verlassen können.

Fütterung
Ganzjährig reicht man ein gutes Weichfresserfutter und dazu einige Mehlkäferlarven und Pinkies. Weiterhin muss stets ein gutes Waldvogelfutter, u.a. mit Hirse, Grassamen, Glanz, Rübsen, Mohn und Hafer, bereitstehen. Zur Brutzeit hin erweitert man die tierische Kost beispielsweise um Getreideschimmelkäferlarven, Heimchen und Ameisenpuppen.

12.3. Haubenlerche *Galerida cristata*

Galerida cristata (Linnè, 1758) · Engl.: Crested Lark

Unterarten

G. c. pallida	Iberische Halbinsel
G. c. cristata	Südskandinavien und Frankreich, ostwärts bis Ukraine und Ungarn
G. c. neumanni	West- und Zentralitalien
G. c. apuliae	Süditalien und Sizilien
G. c. meridionalis	Ostkroatien bis Griechenland und Türkei
G. c. cypriaca	Rhodos, Karpathos, Zypern
G. c. tenuirostris	Ostungarn und Rumänien bis Südrussland und Kasachstan
G. c. caucasica	Östliche Ägäische Inseln, Nordtürkei und Südkaukasus
G. c. kleinschmidti	Nordwestmarokko
G. c. riggenbachi	Westmarokko
G. c. carthaginis	Nordostmarokko bis Nordtunesien
G. c. arenicola	Nordostalgerien, Südtunesien und Nordwestlibyen
G. c. festae	Küste Nordostlibyen
G. c. brachyura	Inland Nordostlibyen bis Südirak und Norden der Arabischen Halbinsel
G. c. helenae	Südostalgerien und Südwestlibyen
G. c. jordansi	Aar-Gebirge (Niger)
G. c. nigricans	Nildelta (Nordägypten)
G. c. maculata	Zentralägypten
G. c. halfae	Südägypten und Nordsudan
G. c. altirostris	Ostsudan und Eritrea
G. c. somaliensis	Südäthiopien, Nordsomalia und Nordkenia
G. c. balsaci	Küste Mauretanien
G. c. senegallensis	Mauretanien, Senegal und Gambia bis Niger
G. c. alexanderi	Nordnigeria bis Westsudan und Nordosten der Zentralafrikanischen Republik
G. c. isabellina	Zentralsudan
G. c. cinnamomina	Westlibanon und Nordwestisrael
G. c. zion	Südtürkei bis Nordostisrael
G. c. subtaurica	Zentraltürkei bis Südwestturkmenistan und Nordiran
G. c. magna	Zentraliran und Zentralturkmenistan bis Nordwestpakistan, Kasachstan, Südmongolei und Nordwestchina
G. c. leautungensis	Nordost- und Ostchina
G. c. coreensis	Koreanische Halbinsel
G. c. lynesi	Nordpakistan
G. c. chendoola	Zentral- und Ostpakistan über West- und Nordindien bis Südnepal

Haubenlerche auf einer Singwarte.

Nestlinge der Haubenlerche.

Beschreibung

Länge 17 cm. Auffälliges Merkmal ist die spitz zulaufende Federhaube. Die Haubenlerche ist gegenüber der Feld- und Heidelerche oberseits fahler braun und weniger deutlich gestreift. Die Federhaube ist dunkler als der Hinterkopf und der Nacken. Ein dunkler Bartstreif ist nur angedeutet. Haubenlerchen tragen einen gelblichgrauen Überaugenstreif. Die Kinn- und Kehlmitte sind nicht gestreift. Der Brustbereich ist undeutlich dunkel gestrichelt. An den Flanken ist die Strichelung deutlicher zu sehen. Der Bauch ist weißlich. Die Schwanzfedern sind schwärzlich braun, wobei die beiden äußeren Federn sandfarbene Außenfahnen aufweisen. Männchen und Weibchen sehen annähernd gleich aus. Die Männchen sind minimal größer und kräftiger und die Federhaube ist etwas länger. Bei Jungvögeln ist die Unterseite heller und die Oberseite bräunlicher.

Lautäußerungen

Haubenlerchen rufen häufig und drei- bis viermal hintereinander „tritritrieh". Im Flug kann man ein „dschül" vernehmen. Der melodiöse Gesang wird vom Boden, von Sitzwarten aus oder im Flug vorgetragen. Haubenlerchen imitieren auch andere Vogelarten.

Vorkommen / Lebensraum

Die Haubenlerche brütet in Nord- und Mittelafrika, Europa, außer Nordwest- und Nordeuropa, im Nahen Osten und weiter bis Indien und Korea. Allerdings ist die Haubenlerche teilweise nur sehr lückenhaft vertreten und dies insbesondere in Mitteleuropa. Sie ist grundsätzlich Standvogel, wobei manche Populationen etwas südwärts ziehen und vor Schnee- und Kälte fliehen.

Fortpflanzung

Die Weibchen scharren an einer geschützten Stelle eine Mulde und legen diese mit trockenen Halmen und anderem Pflanzenmaterial aus.

Brutzeit	April - Juli	Gelegegröße	3 - 5 Eier
Gelege pro Jahr	2 - 3	Brutdauer	12 - 13 Tage
Nestlingszeit	9 - 12 Tage		

Nahrung

Im Winterhalbjahr ernähren sie sich fast nur pflanzlich, das heißt von Sämereien und Blattgrün. Im Sommerhalbjahr kommt tierische Kost hinzu, wobei die Jungen fast ausschließlich mit Insekten, Insektenlarven und anderen Kerb- und Kriechtieren ernährt werden.

Im Winter stehen in erster Linie Sämereien von Wildkräutern und Gräsern auf dem Speiseplan.

Haubenlerchen halten sich gerne auf kurz geschnittenen Rasenflächen auf.

Unterbringung

Haubenlerchen können ganzjährig in Freivolieren leben. Diese muss einen wind- und wettergeschützten Bereich haben. Ein Teil des Bodens muss durchgehend trocken sein. In eine typische Lerchenvoliere gehören niedrige Stauden, Grasbulten und einige fußballgroße Findlinge. Im oberen und mittleren Bereich der Voliere sind verschieden starke Äste als Sitz- und Singwarten anzubringen. Am Boden müssen auch freie Stellen vorhanden sein.

Vermehrung

In einem oben beschriebenen Gehege schreiten Haubenlerchen grundsätzlich problemlos zur Brut. Zum Nestbau gibt man vertrocknete Grashalme, Wurzelfasern, Kokosfaser, Scharpie und Tierhaare in die Voliere.

Fütterung

Ganzjährig bietet man eine gute Sämereienmischung für Waldvögel an. Zusätzlich reicht man eine Wildsämereienmischung. Ein Weichfresserfutter sollte ebenfalls ganzjährig zur Verfügung stehen. Täglich können zudem einige Mehlkäferlarven und Pinkies angeboten werden. Zur Brutzeit hin muss ständig tierische Kost bereitstehen. Hier bieten sich die bereits erwähnten Mehlkäferlarven und Pinkies an. Weiterhin Ameisenpuppen, Heimchen und Getreideschimmelkäferlarven. Von den meisten Exemplaren werden auch Soldatenfliegenlarven aufgenommen.

12.4. Ohrenlerche *Eremophila alpestris*

Eremophila alpestris (Linnè, 1758) · Engl.: Horned Lark

Unterarten

E. a. arcticola	Nordalaska bis British Columbia (Westkanada)
E. a. hoyti	Nordkanada
E. a. alpestris	Ostkanada
E. a. merrilli	Westküste Kanadas und der USA
E. a. strigata	Küsten vom Süden British Columbias (Westkanada) bis Küsten Oregons (West-USA)
E. a. alpina	Gebirge Westwashingtons (Nordwest-USA)
E. a. lamprochroma	Inlandgebirge West-USA
E. a. leucolaema	Südalberta (Südwestkananda) über Nordzentral- und Zentral-USA
E. a. enthymia	Südzentralkanada bis Oklahoma und Texas (Zentral-USA)
E. a. praticola	Südostkananda und Nordost- und Ostzentral-USA
E. a. sierrae	Gebirge Nordostkaliforniens (West-USA)
E. a. rubea	Zentralkalifornien (West-USA)
E. a. utahensis	Gebirge Westzentral-USA
E. a. insularis	Inseln Südkalifornien
E. a. actia	Küstengebirge Südkalifornien (West-USA) und Nord Baja Kalifornien (Nordwestmexiko)
E. a. ammophila	Wüsten Südostkalifornien und Südwestnevada (Südwest-USA)
E. a. leucansiptila	Wüsten Südnevada, Westarizona (Südwest-USA) und Nordwestmexiko
E. a. occidentalis	Nordarizona bis Zentral New Mexico (Südwest-USA)
E. a. adusta	Südarizona und Süd New Mexico (Südwest-USA)
E. a. enertera	Zentral Baja Kalifornien (Nordwestmexiko)
E. a. giraudi	Küsten Südzentral-USA und Nordostmexiko
E. a. aphrasta	Chihuahua und Durango (Nordwestmexiko)
E. a. lactea	Coahuila (Nordzentralmexiko)
E. a. diaphora	Südcoahuila bis Nordostpuebla (Nordzentral- und Ostmexiko)
E. a. chrysolaema	Westzentral- bis Ostmexico
E. a. oaxacae	Südmexiko
E. a. peregrina	Kolumbien
E. a. flava	Nordeuropa und Nordasien
E. a. brandti	Südosteuropäisches Russland bis Westmongolei und Nordchina
E. a. atlas	Marokko
E. a. balcanica	Südbalkan und Griechenland
E. a. kumerloevei	West- und Zentralkleinasien
E. a. penicillata	Osttürkei und Kaukasus bis Iran
E. a. bicornis	Libanon bis zur Grenzgebiet Israel/Syrien
E. a. albigula	Nordostiran und Turkmenistan bis Nordwestpakistan
E. a. argalea	Äußerstes Westchina
E. a. teleschowi	West- und Westzentralchina
E. a. przewalskii	Nordqinghai (Westzentralchina)
E. a. nigrifrons	Nordostqinghai (Westzentralchina)
E. a. longirostris	Nordostpakistan und Westhimalaya
E. a. elwesi	Süd- und Östliches Tibet Hochland
E. a. khamensis	Südwest- und Südzentralchina

Kopfportrait Ohrenlerchen-Männchen im zeitigen Frühjahr.

Beschreibung

An dieser Stelle soll die Unterart *E. a. flava* beschrieben werden, die in Nordeuropa vorkommt und brütet. Im Winter kann man *E. a. flava* an der europäischen Nord- und Ostseeküste beobachten. Die zahlreichen Unterarten unterscheiden sich an der Zeichnung des Kopfes, der Kehle und der Brust sowie an der Intensität der Farben.

Länge 16 bis 17 cm. Die Stirn, der Überaugenstreif, das Kinn und die Kehle sind gelb. Über den Scheitel verläuft ein schwarzes Querband, das an den Seiten in die namensgebenden Federohren oder Federhörnchen übergeht. Die Zügel, die Wangen und das Brustband sind ebenfalls schwarz. Die Oberseite ist bräunlich mit dunklen Längsstreifen. Die Unterseite ist weißlich. Hand- und Armdecken sind braun mit helleren Säumen und Spitzen. Die Schwanzfedern sind schwarzbraun mit weißen Säumen. Die Weibchen tragen kürzere Federhörnchen und sind in allen Farben etwas matter gefärbt. Die Jungvögel zeigen noch keine Federohren.

Lautäußerungen

Ohrenlerchen rufen hell „tieh" oder „tiu". Zudem kann man auch ein „tsit" oder „trrli" vernehmen. Der eigentliche Gesang besteht aus zwitschernden, klirrenden, klingelnden und quietschenden Tönen.

Vorkommen / Lebensraum

Die Ohrenlerche ist mit ihren Unterarten sehr weit verbreitet. Vorkommen findet man von Alaska bis Kolumbien. Weiterhin in Europa, Asien und Nordafrika. Der Lebensraum ist meistens steinig mit karger und niedriger Vegetation.

Fortpflanzung

Das Nest wird versteckt unter einer Pflanze angelegt. Dazu scharren die Weibchen eine Mulde, die mit verschiedenen Pflanzenteilen ausgelegt wird.

Brutzeit	Mai - Juli	Gelegegröße	3 - 5 Eier
Gelege pro Jahr	2	Brutdauer	11 - 13 Tage
Nestlingszeit	10 - 13 Tage		

Nahrung

Im Sommerhalbjahr vertilgen Ohrenlerchen überwiegend Insekten, Insektenlarven sowie andere Kerb- und Kriechtiere. Es werden nur wenig Sämereien und Blattgrün gefressen. Im Winterhalbjahr fressen sie vor allem Samen.

Durch die Gesichtsmaske sind Ohrenlerchen mit keiner anderen Vogelart zu verwechseln.

Ohrenlerchen halten sich, auch in Menschenobhut, gerne auf den Grund überragenden Stellen auf, wie zum Beispiel auf Feldsteinen.

Unterbringung

Ohrenlerchen kommen gut mit unserem Mitteleuropäischen Klima klar und können ganzjährig in geschützten Freivolieren gehalten werden. Ein Schutzhaus ist nicht erforderlich. Der Volierenboden sollte mit Grasbüscheln und Stauden bepflanzt werden. Es müssen aber auch ausreichend freie Flächen vorhanden sein. Eine Kiesfläche und einige Findlinge sollten ebenfalls integriert werden. Sing- und Sitzwaren müssen in allen Höhen angebracht sein.

Vermehrung

In einer dem natürlichen Habitat nachempfundenen Voliere finden die Ohrenlerchen Plätze, an denen sie das Nest anlegen können. Man bietet ihnen trockene Grashalme, Kokosfasern und etwas Scharpie als Baumaterial an. In Menschenobhut können sogar drei Jahresbruten durchgeführt werden.

Fütterung

Ohrenlerchen ernährt man mit einem guten Weichfresserfutter sowie mit lebenden und gefrosteten Futtertieren. Man reicht Mehlkäferlarven, Pinkies, Ameisenpuppen, Heimchen und Getreideschimmelkäferlarven. Weiterhin stellt man eine Sämereienmischung zur Verfügung. Dazu mischt man ein gutes Waldvogelfutter mit einer Sämereienmischung für Exoten. Ansonsten gibt man reife und halbreife Wildkräutersamenstände der Saison.

13.1. Mönchsgrasmücke *Sylvia atricapilla*

Sylvia atricapilla (Brehm, 1831) · Engl.: Eurasien Blackcap

Unterarten

S. a. gularis	Kap Verden und Azoren
S. a. heineken	Westliche und südliche Iberische Halbinsel, Madeira, Kanarische Inseln und Nordwestafrika
S. a. paulucii	Ostspanien bis Zentral-, Süditalien und Nordzentralafrika
S. a. atricapilla	Westeuropa bis Südwestsibirien und Nordkasachstan
S. a. dammholzi	Osttürkei bis Nordiran

Die Mönchsgrasmücken-Männchen tragen eine schwarze Kopfplatte. Umgangssprachlich werden sie auch Schwarzplättchen genannt.

Beschreibung

Länge 14 cm. Der Kopf, der Hals und die Unterseite sind grau. Die Oberseite ist olivgrau mit bräunlichen Anteilen. Die Flügel und Schwanzfedern sind dunkelgrau. Die Geschlechter sind einfach zu unterscheiden: Im Gegensatz zum Männchen, zeigen die Weibchen eine rotbraune Kopfplatte. Ansonsten ist die Gefiederfärbung der Weibchen mehr bräunlich als gräulich. Die Jungen zeigen in beiden Geschlechtern eine rotbraune Kopfplatte.

Lautäußerungen

Bei Erregung ertönt mehrmals hintereinander ein recht scharfes „teck". Die Steigerung ist ein „teck teck teck tjeckcheer". Als Warnruf ist ein eher raues „rree" oder „schräit" zu vernehmen. Zu den ausgeflogenen Jungen wird durch ein „idat" Kontakt gehalten. Der eigentliche Gesang beginnt mit einem Zwitschern und steigert sich zu einem Überschlag. Der Gesang der Mönchsgrasmücken ist regional durchaus unterschiedlich. Es kommen unterschiedliche Dialekte vor.

Weibliche Mönchsgrasmücken zeigen eine braune Kopfplatte, ebenso wie Exemplare im Jugendgefieder.

Vorkommen / Lebensraum

Die Brutvorkommen erstrecken sich über Nordwestafrika, fast ganz Europa und in Asien bis zum Kaspischen Meer. Der Lebensraum sind vor allem Wälder, insbesondere Auwälder, Parks, Gärten, Friedhöfe und Feldgehölze mit Unterbewuchs. Mönchsgrasmücken finden sogar in Städten Lebensraum, sofern genügend Buschwerk in den Parks und Gärten vorhanden ist.

Fortpflanzung

Mönchsgrasmücken bauen oftmals sogenannte „Spielnester“. Diese unfertigen Nester bauen die Männchen und gehören zum Balzverhalten, sie sollen die Weibchen zum Nestbau anregen. Letztendlich wird eines der Spielnester ausgebaut oder das Brutnest wird an anderer Stelle errichtet. Das Nest wird in geringer Höhe gerne in jungen Fichten, im dichten Gebüsch oder auch im Brennnesselgewirr gebaut. Es wird meist kunstvoll mit den Zweigen des Busches oder mit den Stängeln der Brennnesseln verflochten. Es ist oftmals ein recht flaches und liederliches Nest. Als Nistmaterial verwenden die Mönchsgrasmücken Gräser, Wurzeln, Moos und Spinnweben.

Brutzeit	Mai - Juli	Gelegegröße	4 - 6 Eier
Gelege pro Jahr	2	Brutdauer	12 - 14 Tage
Nestlingszeit	12 - 14 Tage		

Nahrung

Die Nahrung besteht u.a. aus Insekten und deren Larven, aus Spinnen sowie aus anderen Kerb- und Kriechtieren. Ab dem Spätsommer sind Beeren und überreifes Obst eine außerordentlich wichtige Energiequelle für die Mönchsgrasmücken.

Unterbringung

Mönchsgrasmücken kann man in Mitteleuropa ganzjährig in geschützten Außenvolieren halten. Die Voliere sollte mit Fichten bepflanzt sein, da sie den Vögeln nicht nur Schutz, sondern auch Nistgelegenheiten bieten. Eine mit Koniferenzweigen versehene Volierenwand im geschützten Teil der Voliere, bietet ebenfalls Schutz und Nistplätze.

Vermehrung

Mönchsgrasmücken bauen meistens freistehende Nester. Trotzdem bietet man einige Bastkörbe gut versteckt an. Haben sich die Vögel für einen Nistplatz entschieden, sollte man vorsichtig prüfen, ob das Nest stabil ist, da sie in Menschenobhut manchmal sehr liederliche Nester bauen. Gegebenenfalls sollte der Pfleger das Nest mit einer Unterlage oder etwas Bindedraht vorsichtig befestigen. An Nistmaterial gibt man u.a. Halme, Kokosfasern, Wurzeln und andere Pflanzenfasern an. Wenn möglich, sollte man auch Spinnweben in die Voliere geben, da die Vögel manchmal das Nest damit verstärken.

Fütterung

Zur Jungenaufzucht stellt man den Mönchsgrasmücken uneingeschränkt tierisches Futter zu Verfügung. Sie nehmen Lebend- und Frostfutter an. Während der Ruhephase sind Mehlkäferlarven und Pinkies ausreichend. Daneben reicht man Beeren und Obst der Saison. Ein gutes Weichfresserfutter sollte ganzjährig als Grundfutter angeboten werden.

Nest der Mönchsgrasmücke in einem Buchsbaum.

14.1. Zaunkönig *Troglodytes troglodytes*

Troglodytes troglodytes (Linnè, 1758) · Engl.: Eurasien Wren

Unterarten

T. t. islandicus	Island
T. t. borealis	Färöer
T. t. zetlandicus	Shetlandinseln
T. t. fridariensis	Fair Isle
T. t. hirtensis	St. Kilda
T. t. hebridensis	Äußere Hebriden (außer St. Kilda)
T. t. indigenus	Irland und Großbritannien
T. t. troglodytes	Großteil des europäischen Festlandes
T. t. kabylorum	Nordwestafrika, Balearen und Südspanien
T. t. koenigi	Korsika und Sardinien
T. t. juniperi	Nordostlibyen
T. t. cypriotes	Zypern, West-, Südtürkei bis Nordisrael
T. t. hyrcanus	Krim, Nordtürkei, Kaukasus und Nord-, Westiran
T. t. tianschanicus	Nordostafghanistan bis zu den Gebirgen Zentralasiens
T. t. subpallidus	Nordostiran bis Südusbekistan und Nordwestafghanistan
T. t. magrathi	Südostafghanistan und Westpakistan
T. t. neglectus	Westhimalaya
T. t. nipalensis	Zentral- und Osthimalaya
T. t. idius	Nordzentralchina
T. t. szetschuanus	Westzentralchina
T. t. talifuensis	Südchina und Nordostmyanmar
T. t. dauricus	Südostsibirien, Nordostchina, Korea und Tsushima
T. t. pallescens	Kamtschatka und Kommandeurinseln
T. t. kurilensis	Nordkurilen
T. t. fumigatus	Südkurilen, Shakalin und Japan
T. t. mosukei	Izu-Inseln
T. t. ogawae	Yakushima und Tanegashima
T. t. taivanus	Taiwan

Man kann die Geschlechter der Zaunkönige durchaus am Verhalten erkennen. Männchen sind meistens aufgeregt und warnen viel, wohingegen Weibchen eher zurückhaltend und still sind sowie versteckt im Dickicht bleiben.

Beschreibung

Länge 9,5 cm. Der Zaunkönig ist nach dem Sommer- und Wintergoldhähnchen der drittkleinste Vogel Europas. Insgesamt ist er ein rundlich wirkender Vogel mit meist aufgestelltem Schwanz. Er ist einfarbig rotbraun. Die Flügel, die Flanken und die Schwanzfedern sind fein gebändert. Die Unterseite ist heller gefärbt. Äußerlich sind Männchen und Weibchen nicht zu unterscheiden. Auffallend ist der helle Überaugenstreif. Der spitze Schnabel ist leicht gebogen. Die Jungvögel ähneln den Altvögeln, allerdings ist die Bänderung nicht so ausgeprägt.

Die zahlreichen Unterarten unterscheiden sich äußerlich nur gering in der Ausprägung der Bänderungen und anhand der Grundfarbe.

Lautäußerungen

Am häufigsten nimmt man ein „zrrr“ oder „zerr“ wahr. Bei Erregung ruft der Zaunkönig „tik“ oder „tschek“. Der Gesang ist auffallend laut und schmetternd und wird meistens von erhöhten Singwarten aus vorgetragen. Er besteht aus Trillern und Rollern.

Vorkommen / Lebensraum

Der Zaunkönig kommt in großen Teilen Europas, Nordafrikas, Vorder-, Zentral- und Ostasiens vor und ist weit verbreitet. Er bewohnt viele verschiedene Lebensräume. Dazu zählen Laubwälder, Hochmoore, Heideflächen, Halbwüsten, Feldgehölze, Gebüschgruppen, Parks, Gärten und ähnlich strukturierte Lebensräume.

Brütender Zaunkönig schaut aus seinem Nest.

Fortpflanzung

Die Männchen bauen im Frühjahr mehrere Nester im Rohbau und locken mit ihrem Gesang Weibchen an. Die Männchen verpaaren sich durchaus mit mehreren Weibchen. Das Männchen zeigt dem Weibchen die Nester und sobald sie sich verpaart haben, beginnt das Weibchen das ausgesuchte Nest auszupolstern. Die Nester werden z.B. in den Baumwurzeln umgekippter Bäume, an ausgespülten Bachufern, in Mauerlöchern, in Rankgewächsen, in Stallungen und Schuppen, in Nistkästen und im dichten Gestrüpp angelegt. Das Nest ist ein rundes Gebilde aus Moos, kleinen Zweigen, Blättern und Halmen, das einen kleinen seitlichen Einschlupf aufweist. Das Nestinnere wird mit Tierhaaren, Federn und Pflanzenfasern ausgepolstert.

Brutzeit	April - Juli	Gelegegröße	4 - 6 Eier
Gelege pro Jahr	2	Brutdauer	13 - 15 Tage
Nestlingszeit	14 - 17 Tage		

Nahrung

Der Zaunkönig ernährt sich überwiegend von tierischer Kost. Auf dem Speiseplan stehen allerlei Insekten, Insektenlarven, Krebstiere, Tausendfüßer und Spinnentiere. Hin und wieder nimmt er auch sehr kleine Sämereien auf oder frisst von Beeren.

Unterbringung

Zaunkönige können das ganze Jahr hindurch in einer geschützten Außenvoliere untergebracht werden. Das Gehege sollte dicht bepflanzt sein und einen guten Unterbewuchs aufweisen. Einige Baumwurzeln und Baumstümpfe passen sehr gut in eine Voliere für Zaunkönige. Eine Vergesellschaftung mit anderen Arten ist problemlos. Die Paare sollte man nach der Brutphase trennen. Nur in größeren Gehegen kann man die Partner zusammen lassen.

Vermehrung

Man bietet den Vögeln Nisthilfen in unterschiedlichen Variationen und Höhen an. Gerne werden verkleidete Holzkaisernester, Halbhöhlen und geschlossene Exotennester als Neststandort angenommen. Zum Nestbau reicht man viel Moos, kleine Zweige, Halme, Blätter und Tierhaare.

Nisthilfe für Zaunkönige, die sehr gerne angenommen wird.

Fütterung

Neben einem guten Weichfresserfutter bietet man den Zaunkönigen Mehlkäferlarven, Getreideschimmelkäferlarven, Pinkies, Fruchtfliegen, Wiesenplankton, Heimchen und Ameisenpuppen an.

15.1. Kleiber *Sitta europaea*

Sitta europaea (Linnè, 1758) · Engl.: Eurasien Nuthatch

Unterarten

S. e. sinensis	Nordzentral- und Ostchina
S. e. formosana	Taiwan
S. e. asiatica	Südwest- und Südzentralsibirien, Nordkasachstan und Westmongolei.
S. e. seorsa	Nordwestchina
S. e. baicalensis	Ostsibirien und Zentralmongolei
S. e. albifrons	Nordostsibirien und Kurrillen
S. e. takatsukasai	Südzentrale Kurilen
S. e. sakhalinensis	Sachalin
S. e. clara	Südkurilen und Hokkaidō (Nordjapan)
S. e. amurensis	Russisches Fernost, Nordostchina und Korea
S. e. bedfordi	Jejudo
S. e. hondoensis	Honshū bis Nordkyūshū
S. e. roseilia	Südkyūshū
S. e. caesia	West-, Mittel- und Südosteuropa
S. e. europaea	Nord- und Osteuropa
S. e. cisalpina	Schweiz, Kroatien, Italien, Sizilien
S. e. hispaniensis	Portugal, Spanien, Nordmarokko
S. e. levantina	Südtürkei, Nordsyrien, Nordlibanon
S. e. caucasica	Nordosttürkei bis Südwestrussland
S. e. persica	Südosttürkei, Nordirak und Westiran
S. e. rubiginosa	Nordiran und Aserbaidschan

Kleiber sind in der Lage, kopfüber an Baumstämmen zu klettern.

Beschreibung

Länge 14 cm. Kleiber sind eine gedrungene, aber stämmige Gestalt mit langem, kräftigem Schnabel und kurzem Schwanz. Die Männchen sind oberseits bleigrau und unterseits weißlich bis rahmfarben. Die Flanken sind kastanienbraun. Vom Schnabel durch die Augengegend bis zu den Halsseiten verläuft ein schwarzer Streif. Die Schwungfedern sind bis auf die blaugrauen Schirmfedern braunschwarz. Die mittleren Steuerfedern sind blaugrau, die übrigen braunschwarz mit gräulicher Spitze. Die Weibchen zeigen hellere rostfarbene Flanken.

Lautäußerungen

Kleiber gelten als ruffreudige Vögel. Der Stimmfühlungslaut oder Kontaktruf ist ein meisenähnliches „sit“. Bei Erregung erklingt der Warnruf „träck träck träck“. Ansonsten hört man bei Erregung noch „sirr“ oder „trr“. Der Gesang ist eine Aneinanderreihung von gleichen Pfeiftönen, die an- und absteigen, etwa wie „wiiü wiiü wiiü wiiü“.

Vorkommen / Lebensraum

Der Kleiber bewohnt mit seinen zahlreichen Unterarten ein großes Verbreitungsgebiet, das sich von Marokko über fast ganz Europa bis nach Kamtschatka, Japan, Indien, China und Südostasien erstreckt. Sie mögen vor allem lichte Misch- und Laubwälder mit möglichst altem Baumbestand. Weiterhin leben sie in größeren Feldgehölzen, Parkanlagen, Gärten und Alleen sowie in ähnlich strukturierten Lebensräumen.

Fortpflanzung

Kleiber sind Höhlenbrüter und bauen ihr Nest üblicherweise in natürlichen Baum- oder unbewohnten Spechthöhlen. Gerne nehmen sie auch Nistkästen an. Die Bruthöhle wird mit allerlei Rinden- und morschen Holzstückchen ausgelegt. Auf dieser Unterlage wird das Nest, bestehend aus Tierhaaren, Grashalmen und Federn, erbaut. Der Eingang zur Bruthöhle wird mit Lehm auf die passende Größe verkleinert. Auch Spalten und Ritzen werden mit Lehm verschlossen. Auf diese Weise halten sie u. a. größere Nisthöhlenkonkurrenten ab.

Brutzeit	April - Juli	Gelegegröße	5 - 9 Eier
Gelege pro Jahr	1 - 2	Brutdauer	14 - 17 Tage
Nestlingszeit	21 - 27 Tage		

Nahrung

Kleiber ernähren sich im Sommerhalbjahr überwiegend von Insekten, Insektenlarven und Spinnentieren. Im Spätsommer wird der Speiseplan um Baumsämereien, Beeren und Nüsse erweitert. Sehr gerne werden Bucheckern verspeist. Größere Futterbrocken, ob Beutetiere oder Baumfrüchte, werden in Rindenspalten eingeklemmt und mit kräftigen Schnabelhieben in schnabelgerechte Stücke zerteilt. Kleiber legen zudem Futtervorräte an.

Unterbringung

Kleiber kann man ganzjährig in geschützten Außenvolieren halten. Man bietet ihnen viele starke Äste und auch Baumstämme an, an denen sie, Kopf voran, auf- und abwärts klettern können. Optimal wären Baumstämme mit grober Rinde und Rindenspalten, damit die Vögel ihr natürliches Verhalten ausleben können. In morschem Holz suchen sie gerne nach Fressbarem und haben somit eine gute Beschäftigung. Mehrere Nisthöhlen dürfen in einer Voliere für Kleiber nicht fehlen. Diese werden sehr gerne zum Schlafen aufgesucht und müssen das ganze Jahr in der Voliere vorhanden sein.

Kleiber klemmen Nüsse in Baumritzen und hacken die Nussschale mit Schnabelhieben auf.

Vermehrung

Den Kleibern müssen immer mehrere Nisthöhlen in unterschiedlichen Formen zur Verfügung stehen. Für den Nestbau bietet man morsche Holz- und Rindenstücke. Weiterhin gibt man Laub, Grashalme, Tierhaare, Moos und Feder in die Voliere. Eine Stelle mit feuchtem Lehmboden sollte zu Beginn der Brutzeit im Gehege eingerichtet werden.

Fütterung

Ganzjährig stellt man ein gutes Weichfresserfutter zur Verfügung. Dazu gibt man u.a. Mehlkäferlarven, Pinkies, Getreideschimmelkäferlarven und Heimchen. Eine Sämereienmischung mit überwiegend Baumsämereien darf nicht fehlen. Dazu eignen sich beispielsweise Sämereienmischungen für Kreuzschnäbel, die sehr viele Baumsaaten enthalten. Auf Spaziergängen kann man Bucheckern sammeln und den Vögel eine schöne Abwechslung auf dem Speiseplan bereiten. Da Kleiber Vorräte anlegen, sollte man hin und wieder die Versteckmöglichkeiten kontrollieren und ggf. verderbliche Futtermittel entfernen.

16.1. Mauerläufer *Tichodroma muraria*

Tichodroma muraria (Linnè, 1766) · Engl.: Wallcreeper

Unterarten

T. m. muraria	Westeuropa, Südeuropa über Südosteuropa bis zum Kaukasus und Westiran
T. m. nepalensis	Kasachstan, Turkmenistan und von Ostiran bis Ostchina

Wenn Mauerläufer die Flügel spreizen, erkennt man die wunderschöne rötliche Zeichnung (im Bild ein Männchen).

Mauerläufer-Weibchen zeigen nicht die tiefschwarze Kehle wie die Männchen.

Beschreibung

Länge ca. 16,5 cm. Auffallend ist der lange, nach unten gebogene Schnabel. Der Oberkopf und der Rücken sind aschgrau. Die Steuerfedern sind schwarz, die äußeren zeigen weiße Endsäume. Die Schwungfedern sind schwarzbraun mit roten Außenfahnen zur Basis hin. Die äußeren Handschwingen zeigen weiße Flecken. Der Flügelbug ist rosenrot. Die Wangen, die Kehle und die Brust sind schwarz und die übrige Unterseite ist grau. Die Weibchen sind an der Kehle und der Brust entweder hell ohne jeden dunklen Fleck oder zeigen einen grauschwärzlichen Kehl- bzw. Brustfleck in unterschiedlicher Ausdehnung. Im Schlichtkleid sind bei beiden Geschlechtern die Wangen, die Kehle und die Vorderbrust grauweiß, der Oberkopf mehr graubraun, der Rücken heller grau. Die Jungvögel ähneln den Weibchen.

Lautäußerungen

Der Gesang besteht aus vier bis fünf Pfeiftönen, denen sich ein etwas tieferer Pfiff anschließt. Beide Partner singen, wobei der Gesang der Weibchen leiser und meistens auch kürzer ist. Der Stimmfühlungslaut ist schilpend „suit". Manchmal vernimmt man ein Schnabelklappern, das z.B. bei Revierkämpfen geäußert wird.

Vorkommen / Lebensraum

Mauerläufer sind alpine Vögel. Das Verbreitungsgebiet der Nominatform *Tichodroma muraria muraria* reicht von Westeuropa bis in den Westiran. In diesem Gebiet bewohnen sie u. a. die Pyrenäen, das Zentralmassiv, den Schweizer Jura, die Südalpen, den Balkan bis zum Taurusgebirge und den Kaukasus. Die Unterart *Tichodroma muraria nepalensis* hingegen bewohnt die südwestlichen und zentralasiatischen Hochgebirge.

Mauerläufer sind ständig in Bewegung und suchen alle Ritzen und Spalten nach Beute ab (im Bild ein Männchen).

Fortpflanzung
Mit der Balz und Paarbildung beginnen die Mauerläufer bereits im Winter. Je nachdem, ob die Brutgebiete verlassen wurden, werden diese ab Anfang März aufgesucht. Das Nest legen die Mauerläufer gut geschützt in einer Höhle oder Felsspalte an. Der Nistplatz wird so ausgewählt, dass er für Fressfeinde, wie z. B. den Steinmarder, nicht zu erreichen ist. Zum Nestbau verwenden die Vögel Flechten, Moose und Federn. Im Gegensatz zu vielen anderen Kleinvögeln, dauert der Nestbau recht lange. Dieser kann sich über zwei Wochen hinziehen.

Brutzeit	Mai - Juni	Gelegegröße	3 - 5 Eier
Gelege pro Jahr	1	Brutdauer	18 -20 Tage
Nestlingszeit	28 - 30 Tage		

Nahrung
Mauerläufer verzehren Insekten, Insektenlarven, Spinnentiere und anderes Kleingetier. Mit ihrem langen Schnabel suchen die Mauerläufer Ritzen und Spalten im Gestein nach Beutetieren ab. Die Nahrung wird aber auch direkt vom Boden aufgenommen oder im Rüttelflug erbeutet. Auf der Nahrungssuche werden auch kleine Steine oder Blätter umgedreht.

Unterbringung
Die Voliere sollte großzügig bemessen sein und nachgebildete Felsen enthalten. Da Mauerläufer außerhalb der Brutphase nicht zusammen gehalten werden dürfen, empfiehlt sich eine zweigeteilte Voliere, damit man die Partner bei Bedarf mittels eines Schiebers trennen kann. Die Inneneinrichtung der Voliere muss so strukturiert sein, dass sich die Vögel aus dem Weg gehen können, denn sie können untereinander recht zänkisch und aggressiv sein. Es sollten mehrere Futterstellen vorhanden sein. Eine künstliche Felswand bietet den Vögeln Möglichkeiten zum Klettern und man kann so die natürlichen Verhaltensweisen dieser interessanten Vögel beobachten.

Vermehrung
Wenn man den Mauerläufern ein nachgebildetes Biotop in Form einer Felswand bieten kann, sollte man einige Spalten und Ritzen einbauen, die den Vögeln als Brutplätze dienen können. Als Nistmaterial reicht man nach Möglichkeit Flechten, Moos und anderes Pflanzenmaterial. Weiterhin Federn und Tierhaare.

Fütterung
Neben einem guten Weichfresserfutter bietet man alles beschaffbare Lebendfutter an. Während der Ruhephase sind Mehlkäferlarven, gefrostete Pinkies und Getreideschimmelkäferlarven ausreichend. Zur Brutzeit hin erweitert man den Speiseplan um beispielsweise Heimchen, Soldatenfliegenlarven und Wiesenplankton.

Mauerläufer sind gewandte Kletterer (im Bild ein Weibchen).

17.1. Rosenstar *Pastor roseus*

Pastor roseus (Linnè, 1758) · Engl.: Rosy Starling

Unterarten
keine

Beschreibung

Länge ca. 21,5 cm. Von der Größe und Gestalt her ähnelt der Rosenstar dem Star (*Sturnus vulgaris*). Charakteristisch ist der Schopf, der beim Männchen wesentlich größer ist als beim Weibchen. Bei beiden Geschlechtern sind der Kopf, die Kehle, die Flügel, der Schwanz sowie der hintere Bauch und die Befiederung an den Schenkeln schwarz gefärbt. Die übrigen Gefiederpartien sind zart rosa. Das Federkleid des Weibchens zeigt sich jedoch insgesamt weniger glänzend. Im Schlichtkleid sind die ansonsten rosa gefärbten Bereiche schmutzig graubraun. Jungvögel ähneln jungen Staren (*Sturnus vulgaris*). Sie sind aber insgesamt etwas blasser gefärbt und Bürzel, Zügelregion und Schnabel sind hell.

Rosenstare ernähren sich in freier Wildbahn während der Brutphase überwiegend von Heuschrecken.

Lautäußerungen

Der Gesang ist ein Schwätzen aus schnellen und rauen, manchmal schrillen, Lauten. Einzelne Rufe, wie „tschrep tschrep", „drschä" oder „switt-kurvitt", sind rau und kurz.

Es können ganzjährig mehrere Paare zusammengehalten werden.

Vorkommen / Lebensraum

Das Hauptverbreitungsgebiet der Rosenstare reicht vom Süden der Ukraine und Ostanatolien über Süd- und Westrussland sowie Kasachstan ostwärts bis nach Südwestsibirien und den Nordwesten der Mongolei. In Europa ist der Rosenstar unregelmäßiger Brutvogel in Rumänien, Bulgarien, Nordgriechenland, im Süden des ehemaligen Jugoslawiens sowie in Ungarn. Sie Überwintern auf dem indischen Subkontinent und in Sri Lanka. Die bevorzugten Lebensräume sind vor allem trockene Steppen und steiniges sowie felsiges Hügelland. Man findet ihn zudem in Wüsten und Halbwüsten sowie in Kulturlandschaften.

Rosenstare brüten u. a. in Steinbrüchen, Ruinen und sogar auf Geröll- oder Schutthalden. In Volieren nehmen sie Bruthöhlen aller Art an.

Fortpflanzung

Rosenstare brüten dort, wo Insekten vorkommen, die sich in Massen vermehren. Gute Vermehrungsraten sind in starken Heuschreckenjahren zu verzeichnen. Sie sind Koloniebrüter. Die Kolonien können aus mehreren Hundert Brutpaaren bestehen. Neststandorte sind z. B. Spalten, Löcher und Nischen in Felsen, Blocksteinhalden, Löß- und Lehmwänden, alten Gemäuern, Steinbrüchen und Steinhaufen. Das Nest besteht aus trockenem Gras und kleinen Zweigen und wird mit feinen Pflanzenfasern und Federn ausgepolstert.

Brutzeit	April - Juni	Gelegegröße	4 - 7 Eier
Gelege pro Jahr	1	Brutdauer	13 - 14 Tage
Nestlingszeit	14 - 16 Tage		

Nahrung

Die typischen Beutetiere der Rosenstare sind Heuschrecken, insbesondere die sich in großen Massen vermehrenden Wanderheuschrecken. Aber auch andere Insekten, Insektenlarven und sonstige Kerb- und Kriechtiere werden gefressen. Weiterhin mögen sie gerne Obst, wie z. B. Trauben und Maulbeeren.

Unterbringung

Rosenstare lassen sich sehr gut in geschützten Außenvolieren halten. Sofern sich ein frostfreier Innenraum anschließt, können die Vögel ganzjährig in diesem kombinierten Gehege verbleiben. Die Voliere sollte nur spartanisch bepflanzt sein. Die Vögel halten sich gerne am Boden auf und suchen nach Fressbarem. Dabei „zirkeln" sie, in dem sie den Schnabel in den Boden stecken, ihn spreizen und drehen.

Vermehrung

Als Brutgelegenheiten stellt man den Rosenstaren Nisthöhlen aus Holz und Holzbeton in verschiedenen Höhen zur Verfügung. Als Nistmaterial kann man Heu, kleine, dünne Zweige, Kokosfasern, Federn, Tierhaare und weitere Pflanzenfasern anbieten.

Fütterung

Als Grundfutter gibt man ein grobes Weichfresserfutter und dazu bietet man ein vielfältiges Angebot an tierischer Kost. Mehlkäferlarven, Schwarzkäferlarven, Pinkies, Grillen, Heimchen und Heuschrecken werden sehr gerne angenommen. Im Herbst bietet man den Rosenstaren zusätzlich Obst und Beeren an. Zur Jungenaufzucht muss ständig eine große Menge an tierischer Nahrung zur Verfügung stehen.

Nest mit jungen Rosenstaren.

17.2. Star *Sturnus vulgaris*

Sturnus vulgaris (Linnè, 1758) · Engl.: Common Starling

Unterarten

S. v. caucasicus	Kaukasus bis Südiran
S. v. vulgaris	Größter Teil Europas
S. v. faroensis	Färöer
S. v. zetlandicus	Shetlandinseln
S. v. granti	Azoren
S. v. poltaratskyi	Südöstliches europäisches Russland bis Westmongolei
S. v. tauricus	Ukraine, Südwestrussland und Türkei
S. v. purpurascens	Osttürkei, Georgien und Armenien
S. v. oppenheimi	Südosttürkei und Nordirak
S. v. nobilior	Nordostiran, Südturkmenistan, Afghanistan
S. v. porphyronotus	Ostkasachstan und Nordwestchina bis Usbekistan und Tadschikistan
S. v. humii	Westhimalaya
S. v. minor	Zentral- und Südpakistan

Stare zeigen im Schlichtkleid einen schwärzlichen Schnabel.

Beschreibung

Länge 22 cm. Die Männchen zeigen im Brutkleid ein metallisch glänzendes Schwarz mit kleinen, hellen Federspitzen und der Schnabel ist gelb. Die Weibchen tragen größere, helle Federspitzen und wirken dadurch gefleckter. Im Schlichtkleid sind beide Geschlechter stärker hell gefleckt und der Schnabel ist schwarz. Junge Stare zeigen keinen Metallglanz, das Gefieder ist braun. In Menschenobhut werden verschiedene Farbmutationen gehalten.

Lautäußerungen

Stare singen ganzjährig, mit Beginn der Brutphase wesentlich intensiver. Der schwätzende Gesang ist sehr abwechslungsreich mit knirschenden, knackenden, schnalzenden, zischenden und pfeifenden Tönen. Dabei imitieren die Stare eine Vielzahl von anderen Vogelstimmen und anderen Tierstimmen sowie Umgebungsgeräuschen. Der Warnruf ist ein scharfes „spett spett“ und „brrrrrr“ oder „tschrrr“.

Vorkommen / Lebensraum

Stare kommen in großen Teilen Europas und Asiens vor. Sie bewohnen die boreale und die gemäßigte Zone sowie den Nordrand der mediterranen Zone Europas und Asiens. In Nordamerika, Südwestafrika, Neuseeland und Australien wurde er eingebürgert. An die Lebensräume stellen sie keine großen Ansprüche. Sie leben sogar in Städten. Nur geschlossene Waldgebiete werden gemieden.

Star-Weibchen in der Farbmutation braun.

Jungvogel im Spätsommer, der vom Jugend- ins Alterskleid umfärbt.

Fortpflanzung

Stare bauen ihre Nester in Höhlen aller Art, wie z. B. in Baumhöhlen, Mauernischen, Felsspalten und Nistkästen. Als Baumaterial werden u.a. trockene Halme, Blätter, Wurzelfasern, Tierhaare und Federn verwendet.

Brutzeit	April - Juli	Gelegegröße	4 - 6 Eier
Gelege pro Jahr	1 - 2	Brutdauer	11 - 13 Tage
Nestlingszeit	17 - 21 Tage		

Nahrung

Die Nahrung besteht aus Insekten, Insektenlarven, Würmern, Beeren und Obst. Im Winter kann man nicht ziehende oder durchziehende Exemplare an Futterhäuschen beobachten. Auf der Suche nach Nahrung stecken sie den Schnabel in den Boden, öffnen diesen und drehen ihn, um so nach Fressbarem zu suchen. Dieses Verhalten nennt man „zirkeln".

Unterbringung

Stare können ganzjährig in geschützten Freivolieren gehalten werden. Eine spärliche Bepflanzung ist ausreichend. Es sollten freie Bodenflächen vorhanden sein, da die Stare gerne am Boden nach Fressbarem suchen. Da sie ausgesprochen gerne baden, muss eine größere Badegelegenheit vorhanden sein.

Vermehrung

Um Stare zur Brut zu bewegen, müssen unterschiedliche Bruthöhlen angeboten werden. Diese kann man selber basteln oder käuflich erwerben. Als Nistmaterial reicht man trockene Grashalme, Kokosfasern, Blätter, Tierhaare, Federn und Scharpie.

Fütterung

Ein grobes Weichfresserfutter bildet das Grundfutter. Man kann es mit Pellets für Welpen anreichern. Ansonsten bietet man verschiedenes Lebend- und Frostfutter an. Im Winterhalbjahr reichen Mehlkäferlarven und Pinkies aus. Zur Brutzeit hin erweitert man den Speiseplan um Soldatenfliegenlarven, Schwarzkäferlarven, Heimchen und Getreideschimmelkäferlarven. Im Garten findet man Würmer, Käfer und kleine Schnecken, die ebenfalls gerne gefressen werden. Ab dem Spätsommer gibt man verschiedenes Obst und Beeren.

Im Prachtkleid ist der Schnabel gelb und durch Abnutzung der Federsäume entsteht ein metallisch glänzendes Gefieder.

17.3. Einfarbstar *Sturnus unicolor*

Sturnus unicolor (Temminck, 1820) · Engl.: Spotless Starling

Unterarten
keine

Einfarbstar mit Futter für den Nachwuchs am Eingang der Bruthöhle.

Im Brutkleid sind die Beine fleischfarben und der Schnabel gelb. In der Ruhephase sind diese Körperteile dunkel.

Beschreibung
Länge 21 bis 23 cm. Einfarbstare ähneln sowohl von der Größe, als auch vom Aussehen her sehr stark den Staren (*Sturnus vulgaris*). Aus größerer Entfernung können beide Arten durchaus verwechselt werden. Im Prachtkleid zeigen Einfarbstare keine Fleckung. Sie sind einfarbig schwarz und schillern je nach Sonneneinstrahlung purpurfarben. Das Gefieder erscheint wie eingeölt glänzend. Die Weibchen haben einen grauen Anflug. Im Winter ist die Gefiederfärbung matter. Das Gefieder im Rücken- und Brustbereich sowie die Unterschwanzdecken haben zu dieser Zeit kleine, helle Flecken. Die Beine und Füße sind rosafarben. Der Schnabel ist im Prachtkleid gelblich mit blauer Basis. Im Ruhekleid sind die Beine, Füße und der Schnabel dunkel. Am Kopf und an der Kehle haben Einfarbstare deutlich längere Federn als der Star. Jungvögel sind bräunlich gefärbt. Auf der Unterseite sind kleine, dunkle Flecken zu erkennen. In Menschenobhut werden vereinzelt Farbmutationen gehalten.

Lautäußerungen
Die Lautäußerungen ähneln denen des Stars, werden allerdings lauter und schärfer vorgetragen.

Vorkommen / Lebensraum
Der Einfarbstar lebt in einem recht kleinen Verbreitungsgebiet. Er kommt lediglich in Spanien, Portugal, Nordwestafrika, Südwestfrankreich sowie auf Korsika, Sizilien und Sardinien vor. Einfarbstare sind Standvögel. Die Lebensräume sind Gärten, Parkanlagen, Olivenhaine, Felsen, Klippen, lichte Wälder und Waldränder. Ansonsten kommt er aber auch in Städten, in Dörfern, auf Kulturland und auf Weideland vor.

Fortpflanzung
Als Höhlenbrüter legen Einfarbstare ihre Nester in Nischen und Höhlen in und an Gebäuden, in Bäumen, in Felsen und Klippen an. Gerne werden auch Nistkästen angenommen. Zum Nestbau verwenden sie trockenes Gras, Zweige, Moos, Haare und Federn.

Einfarbstar mit Nistmaterial.

Brutzeit	April - Juni	Gelegegröße	4 - 6 Eier
Gelege pro Jahr	2	Brutdauer	12 - 14 Tage
Nestlingszeit	20 - 22 Tage		

Nahrung
Das Nahrungsspektrum ist recht groß. Neben Insekten, Insektenlarven, wirbellosen Kleintieren (z. B. Tauwürmer) und Spinnentieren, werden auch Obst und Beeren verzehrt. Gerne halten sie sich bei Weidetieren auf, um durch diese aufgescheuchte Insekten zu erhaschen.

Unterbringung
Einfarbstare hält man in geschützten Volieren mit angrenzendem Schutzraum. Das Gehege sollte nicht zu dicht bepflanzt bzw. ausgestattet sein. Mehrere Äste in verschiedenen Stärken, den einen oder anderen Findling und wenig Grün gehören in eine Voliere für Einfarbstare. Sollte genügend Platz für eine Rasenfläche vorhanden sein, stochern die Vögel dort gerne nach Fressbarem herum.

Vermehrung
Man bietet den Vögeln verschiedene Bruthöhlen zur Auswahl an. Man kann diese mit etwas Geschick selber basteln oder beschafft sich handelsübliche Nisthöhlen für Stare. Für den Nestbau gibt man trockene Grashalme, Blätter, Kokosfasern, Tierhaare und Federn in die Voliere.

Fütterung
Ein nicht zu feines Weichfutter sowie Mehlkäferlarven, Schwarzkäferlarven, Pinkies, Getreideschimmelkäferlarven, Heimchen, Obst und Beeren gehören auf den Speiseplan der Einfarbstare.

18.1. Amsel *Turdus merula*

Turdus merula (Linnè, 1758) · Engl.: Common Blackbird

Unterarten

T. m. merula	Europa (außer Südosten)
T. m. azorensis	Azoren
T. m. cabrerae	Madeira und Kanaren
T. m. mauritanicus	Nordwestafrika
T. m. aterrimus	Südosteuropa, Türkei, Kaukasus und Nordiran
T. m. syriacus	Südgriechische Inseln, Südtürkei bis Südiran, Nordirak und Ägypten
T. m. intermedius	Gebirge Zentralasiens bis Nordafghanistan

Adulte Männchen zeigen einen auffällig gelben, mitunter bis orangenen Schnabel und einen gelben Augenring.

Beschreibung

Länge ca. 24 bis 25 cm. Das Gefieder des adulten Männchens ist komplett schwarz. Der Schnabel und der Lidring heben sich durch ihre gelbe Färbung ab. Das Gefieder des adulten Weibchens ist dunkelbraun. Die Kehle, die Brust und der Bauch sind heller und wirken gemustert. Der Schnabel ist, je nach Alter, dunkelbraun bis gelblich gefärbt. Junge Amseln ähneln den Weibchen. Sie sind allerdings auffallend gefleckt und so sicher als Jungvögel zu bestimmen. In Menschenobhut werden verschiedene Farbmutationen gehalten.

Lautäußerungen

Die Amselmännchen tragen einen recht lauten, stimmfreudigen und vielfältigen Reviergesang vor. Der melodische und flötende Gesang ist angeboren, wird aber durch Imitationen erweitert. Bei ziehenden Amseln kann man oftmals einen Lockruf vernehmen, es ist ein rollendes „srii" und ein tieferes „pock". Der Erregungsruf ist ein hohes „ssiih". Der Warnruf ist ein metallisch hämmerndes „pli, pli, pli pli pli".

Vorkommen / Lebensraum

Das große Verbreitungsgebiet der Amsel reicht von den Kanaren, Madeira, den Azoren und Nordwestafrika über ganz Europa, den Mittleren Osten und den Indischen Subkontinent bis nach China. In Australien wurde die Amsel eingebürgert und gilt dort als Schädling, weil sie Früchte auf Plantagen, in Gärten und Weinanbaugebieten frisst oder anpickt. Mittlerweile bewohnt sie auch Tasmanien. Auch auf Neuseeland wurde sie eingebürgert und kommt auf beiden neuseeländischen Inseln vor. Inzwischen ist sie auch auf weit vorgelagerten Inseln Neuseelands heimisch. Als sehr anpassungsfähige Vogelart ist die Amsel in vielerlei Lebensräumen anzutreffen. Vorzugsweise sind es Wälder mit Unterholz, Waldränder, Parks, Gärten, Friedhöfe und ähnlich strukturierte Gebiete. Sogar in dicht besiedelten Städten findet die Amsel Lebensraum und Brutgelegenheiten. Amseln sind grundsätzlich Teilzieher. Individuen aus Städten und Dörfern sind aber fast ausnahmslos Standvögel. Je nördlicher und rauher der Lebensraum, desto größer ist der Anteil der ziehenden Exemplare.

Amsel-Weibchen bei der Suche nach Nistmaterial.

Fortpflanzung

Das Amselnest ist ein stabiles Gebilde und wird u.a. aus Zweigen, Halmen, Wurzeln, Moos, Tierhaaren und feuchter Erde erstellt. Neben natürlichen Materialien werden auch Papierstücke oder Plastikstreifen verwendet. Im Durchschnitt wird das Nest in einer Höhe von 1,80 m angelegt. Als Neststandort dienen vor allem junge Bäume und Büsche. Gerne werden die Nester auch im dichten Efeu und in Hecken angelegt. Im Zuge der Verstädterung werden die Nester auch auf Dachbalken, Mauervorsprüngen, in Blumenkästen usw. erbaut.

Brutzeit	Februar bis August	Gelegegröße	4 - 6 Eier
Gelege pro Jahr	2 - 4	Brutdauer	13 - 14 Tage
Nestlingszeit	13 - 14 Tage		

Amselnest mit Nestlingen.

Nahrung

Amseln ernähren sich von Würmern, Schnecken, Insekten, Insektenlarven, Beeren und Früchten. Die Nahrung wird überwiegend am Boden gesucht. Den typischen Bewegungsablauf der Amsel bei der Nahrungssuche kann man gut beobachten. Der Vogel läuft ein paar schnelle Schritte, bremst plötzlich ab und beobachtet fast regungslos den Boden, dabei ist der Schwanz aufgestellt. Meistens wird der Kopf schräg gehalten. Gerne suchen Amseln ihre Beute unter Falllaub.

Unterbringung

Amseln können ganzjährig in einer geschützten Voliere untergebracht werden. Eine Bepflanzung mit Nadel- und Laubgehölzen bietet den Vögeln nicht nur Schutz, sondern auch Nistgelegenheiten.

Vermehrung

In bepflanzten und mit Koniferenzweigen ausgestatteten Gehegen finden die Amseln gute Nistgelegenheiten. Man sollte ihnen trotzdem Körbchen und ähnliche Nisthilfen anbieten. Gerne werden auch Brettchen mit einer Kante in den oberen Ecken der Voliere als Nistgelegenheit angenommen.

Fütterung

Ein Weichfutter für Drosseln dient als Grundfutter. Daneben stellt man den Amseln Würmer, Schnecken, Käfer, Mehlkäferlarven, Pinkis, verschiedene Beeren und Obst zur Verfügung. Gerne werden auch Beoperlen und Pellets für Welpen angenommen.

18.2. Rotdrossel *Turdus iliacus*

Turdus iliacus (Linnè, 1758) · Engl.: Redwing

Unterarten

T. i. coburni	Island, Färöer
T. i. iliacus	Nord-, Osteuropa bis Zentralsibirien

Rotdrosseln können nur im Winter in Mitteleuropa beobachtet werden.

Lautäußerungen

Auf dem Zug lassen die Rotdrosseln ein hohes und gedehntes „zieh" ertönen. Dieses ist meistens auch beim Abflug der Vögel zu hören. Beunruhigte Vögel rufen „"gjüg" oder schnarrend „trr trrrt". Der Reviergesang ist flötend und schwätzend mit einem Übergang zu einem unruhigen, rauen Zwitschern.

Vorkommen / Lebensraum

Rotdrosseln sind Brutvögel der borealen Waldzone der Paläarktis von Fennoskandien bis zur Kolyma. Außerdem brüten sie in Schottland, Island, Faröer, und Südwestgrönland. Die überwintern in West- und Südeuropa, Nordafrika und Südwestasien.

Der Lebensraum sind Laub-, Nadel- und Mischwälder mit dichter Kronen- und Strauchschicht, an die Wiesen und Felder grenzen. Sie leben aber auch in Parks und Gärten, da sie auf kurzrasigen Flächen gerne nach Nahrung suchen.

Beschreibung

Länge 21 bis 22 cm. Die Oberseite ist dunkel mit auffälligem weißen Überaugenstreif, weißlichem halben Halsring und gestreifter Unterseite. Die Flanken sind rostrot und die Brust verwaschen orangebräunlich. Die Geschlechter sind gleichgefärbt, Weibchen erscheinen geringfügig matter in der Färbung. In Menschenobhut werden vereinzelt Farbmutationen gehalten.

Fortpflanzung

Das Napfnest wird meistens niedrig im Gebüsch oder auf Bäumen angelegt. Es wird am Stamm oder auf einem stabilen Ast gebaut. Manchmal bauen Rotdrosseln auch auf Baumstümpfen, Holzstößen oder gar am Boden neben einem großen Stein. In Städten legen sie ihre Nester auch an verlassenen Gebäuden an. Als Nistmaterial kommen Gräser, Zweige, Flechten, Moos und feuchte Erde zum Tragen.

Die Rotdrossel, umgangssprachlich auch Weindrossel genannt, kann ganzjährig in einer geschützten Außenvoliere untergebracht werden.

Brutzeit	Mai - August	Gelegegröße	4 - 6 Eier
Gelege pro Jahr	1 - 2	Brutdauer	11 - 13 Tage
Nestlingszeit	11 - 14 Tage		

Nahrung

Die Nahrung besteht vornehmlich aus Regenwürmern, Insekten und Insektenlarven. Im Herbst und Winter werden vor allem Früchte und Beeren verspeist.

Unterbringung

Rotdrosseln können ganzjährig in einer bepflanzten Außenvoliere untergebracht werden. Es muss lediglich ein wind- und wettergeschützter Bereich vorhanden sein. Wenn man die Möglichkeit hat, sollte eine kurz gehaltene Rasenfläche in der Voliere vorhanden sein.

Vermehrung

Eine mit Koniferenzweigen ausstaffierte Rückwand bietet Nistplätze. Zudem sollten einige Körbchen gut geschützt angebracht werden, da sie gerne als Nisthilfe angenommen werden.

Fütterung

Neben einem Weichfresserfutter für Drosseln, gehört verschiedenes Lebend- und Frostfutter auf den Speiseplan der Rotdrosseln. Regenwürmer, Mehlkäferlarven und Pinkies werden sehr gerne angenommen. Weiterhin reicht man Beeren und Früchte der Saison.

18.3. Singdrossel *Turdus philomelos*

Turdus philomelos (Brehm, 1831) · Engl.: Song Trush

Unterarten

T. p. hebridensis	Äußere Hebriden, Isle of Skye, Westschottland und Westirland
T. p. clarkei	Westeuropa
T. p. philomelos	Europa (außer Westeuropa), Nordtürkei, Kaukasus und Nordiran
T. p. nataliae	West-, Zentralsibirien

Beschreibung

Länge ca. 23 cm. Die Oberseite ist olivbräunlich. Die Unterseite ist weißlich, auf der Brust verwaschen bräunlich gelb. Die dunklen Flecken zieren die gesamte Unterseite. Markant sind die orangegelblichen Unterflügeldecken, die man bei auffliegenden Exemplaren sehr gut erkennen kann. Die Geschlechter sind gleich gefärbt. Die Jungvögel sind oberseits isabellfarben gestrichelt. In Menschenobhut werden einige wenige Farbmutationen gehalten.

Singdrossel in der Farbmutation braun.

Lautäußerungen

Singdrosseln sind sehr ausdauernde Sänger. Der Gesang ist abwechslungsreich an weichen Flötentönen. Manche Exemplare nehmen Stimmen anderer Vögel in ihr Repertoire auf. Im Flug hört man ein kurzes „zipp“, das auch als Lockruf dient. Bei Erregung ist ein „tschi tschi“ oder „dick dick dick“ zu vernehmen. Bei starker Erregung geht es in ein heftiges Zetern über.

Vorkommen / Lebensraum

Singdrosseln kommen, mit Ausnahme Island, in ganz Europa vor. Ostwärts leben sie bis zum Baikalsee. Weiterhin sind sie in der Nordtürkei, im Kaukasusgebiet und im Nordiran beheimatet. Die Überwinterungsgebiete liegen in West- und Südeuropa, in Nordafrika und in Südwestasien.

Sie mögen Fichten- und Tannenwälder mit dichtem Unterholz, bewohnen aber auch Feldgehölze, Parkanlagen, Friedhöfe, Gärten und ähnliche Lebensräume.

Singdrossel-Paar (Mutation braun) beim Füttern des Nachwuchses. In unmittelbarer Nähe brüten Bartmeisen.

Fortpflanzung

Das stabile und dickwandige Nest der Singdrossel wird meistens in Büschen und Bäumen nah am Stamm angelegt. Zum Nestbau werden u.a. Zweige, Wurzeln, Laub und Grashalme verwendet. Die Innenauspolsterung besteht nicht etwa aus weichen Materialien, sondern aus Holzmulm, feuchter Erde und Lehm. So

Flügge Singdrossel.

entsteht nach dem Trocknen eine sehr harte und feste Nestmulde, in die das Weibchen die intensiv hellblauen Eier legt.

Brutzeit	April - Juni	Gelegegröße	4 - 7 Eier
Gelege pro Jahr	1	Brutdauer	16 - 19 Tage
Nestlingszeit	21 - 23 Tage		

Nahrung

Die Singdrossel sucht auf dem Boden nach Nahrung. In erster Linie erbeutet sie Regenwürmer, Insekten, Insektenlarven und Gehäuseschnecken. Die Gehäuseschnecken werden auf einer harten Unterlage, meistens auf einem Stein, dies ist die sogenannte "Drosselschmiede", zertrümmert. Im Herbst nehmen sie auch Beeren und Früchte auf.

Unterbringung

Singdrosseln können ganzjährig in geschützten Außenvolieren untergebracht werden. Eine Bepflanzung mit Fichten bietet den Vögeln natürliche Nistmöglichkeiten. Ein lockerer Boden und Laub ermöglichen den Vögeln eine natürliche Beschäftigung, denn sie lieben es, im Boden nach Fressbarem zu suchen.

Vermehrung

Auch bei einer natürlichen Bepflanzung des Geheges sollten Nisthilfen in Form von Körbchen angeboten werden. Es ist empfehlenswert, dass den Singdrosseln zur Brutzeit eine Stelle mit ständig feuchter Erde zur Verfügung steht, damit sie ihr charakteristisches Napfnest bauen können. Zusätzlich sollten auch morsche Äste oder Baumstämme in die Voliere eingebracht werden. In Menschenobhut sind drei Jahresbruten möglich.

Fütterung

Singdrosseln ernährt man mit Mehlkäferlarven, Pinkies und Getreideschimmelkäferlarven. Zusätzlich sollte man immer wieder Schnecken und Regenwürmer anbieten. Als Grundfutter stellt man ein grobes Weichfresserfutter für Drosseln zur Verfügung. Gerne werden auch Welpenpellets angenommen. Im Herbst und Winter erweitern Beeren und Früchte das Nahrungsangebot.

Gelege der Singdrossel.

19.1. Rotkehlchen *Erithacus rubecula*

Erithacus rubecula (Linnè, 1758) · Engl.: European Robin

Unterarten

E. r. melophilus	Großbritannien
E. r. rubecula	Kontinentaleuropa bis zum Ural, Westtürkei, Ostatlantische Inseln, Nordwestmarokko
E. r. superbus	Teneriffa
E. r. marionae	Gran Canaria
E. r. witherbyi	Nordalgerien, Nordtunesien
E. r. valens	Südliche Krim
E. r. caucasicus	Osttürkei und Kaukasus
E. r. hyrcanus	Südostaserbaidschan und Nordiran
E. r. tataricus	Ural, Südwestsibirien

Die Rotkehlchen müssen während der Ruhephase zwingend getrennt untergebracht werden.

Beschreibung

Länge 14 cm. Das Orangerot zeigt sich auf der Vorderstirn und Kehle bis zur Brust. Seitlich ausgedehnt an Kopf- und Halsseiten. Die Oberseite ist olivbraun bis gräulich. Die helle Unterseite hat hellolivbraune Flanken. Die Oberschwanzdecken sind gelbbraun und die Unterschwanzdecken rahmfarben. Der Schwanz und die Flügel sind olivbraun. Bei den Rotkehlchen gibt es keinen Geschlechtsdimorphismus. Das Jugendkleid ist dunkelbraun und trägt rahmfarbene Flecken. Das Jugendgefieder zeigt keine Rotfärbung.

Lautäußerungen

Am bekanntesten dürfte beim Rotkehlchen der Warnruf sein. Es ist das charakteristische Schnickern oder Tixen. Es handelt sich um ein schnell wiederholtes „zik zik zik". Der Stimmfühlungslaut kann mit „dib" oder „siip" umschrieben werden. Der Gesang ist sehr variabel mit perlenden Tönen und auffallenden Höhenunterschieden. Er wirkt auf Menschen lieblich, wehmütig oder gar traurig.

Vorkommen / Lebensraum

Das Rotkehlchen ist in weiten Teilen Europas, Asiens sowie Nordafrikas verbreitet. Es bewohnt u. a. Wälder,

Busch- und Heckenlandschaften, Friedhöfe, Parks und Gärten. Bevorzugt werden feuchte Lebensräume.

Die nördlichen und östlichen Populationen sind im Regelfall Zugvögel. Unsere mitteleuropäischen Bestände sind Teilzieher. Die südlichen Vorkommen hingegen sind Standvögel.

Durch die rote Vorderseite ist das Rotkehlchen mit keiner anderen Art zu verwechseln.

Fortpflanzung

Rotkehlchen sind außerhalb der Brutzeit ausgesprochene Einzelgänger und unverträglich gegenüber Artgenossen. Nur zur Brutzeit finden die Partner zusammen. Das Nest mit einer tiefen Nestmulde wird gut versteckt in Bodennähe in Höhlungen, in Mauerlöchern, zwischen Baumwurzeln, im Gezweig dichter Kletterpflanzen und ähnlichen Verstecken gebaut. Manchmal nutzen Rotkehlchen alte Nester anderer Vogelarten als Unterlage. Zum Nestbau werden Halme, Moos, Laub, feine Wurzeln, Tierhaare, Pflanzenwolle und Federn verwendet. Rotkehlchen sind durchaus anpassungsfähig. Sie bauen ihre Nester sogar in Gebäuden, in Postkästen und an anderen nicht natürlichen Orten.

Brutzeit	April - Juli	Gelegegröße	5 - 6 Eier
Gelege pro Jahr	2	Brutdauer	12 - 14 Tage
Nestlingszeit	13 - 15 Tage		

Nahrung

Die Nahrung besteht aus Insekten, Insektenlarven, Würmern, kleinen Schnecken und Spinnen. Im Herbst bereichern kleine Beeren, weiche Früchte und kleine Sämereien den Speiseplan. Es wurden bereits Exemplare beobachtet, die kleinste Fische und Wasserinsekten erbeuteten.

Unterbringung

Rotkehlchen bringt man ganzjährig in geschützten Freivolieren unter. Ein Schutzhaus ist nicht erforderlich. Die Voliere sollte mit Laub- und Nadelgehölzen bepflanzt sein. Ein dichter Unterbewuchs kommt den Rotkehlchen sehr entgegen. In die Voliere kann reichlich Laub eingebracht werden, da die Vögel darin sehr gerne nach Fressbarem suchen. Eine mit Koniferen bestückte Volierenwand im geschützten Bereich bietet den Rotkehlchen gute Versteckmöglichkeiten und auch Nistplätze. Da Rotkehlchen außerhalb der Brutperiode getrennt werden müssen, sollten die Partner in nebeneinanderliegenden Volieren untergebracht werden. Nur in überdimensionalen Gehegen kann man es wagen, die Partner ganzjährig beisammen zu lassen. Von einer Vergesellschaftung mit ähnlich gefärbten Arten sollte Abstand genommen werden, da Rotkehlchen sie durchaus attackieren würden.

Vermehrung

Den Rotkehlchen sollten mehrere Halbhöhlen und gut verkleidete Holzkaisernester als Nisthilfen angeboten werden. Gerne werden auch freistehende Nester gebaut. Gute Nistmöglichkeiten bieten mit Efeu bewachsene Volierenwände. Beim Zusammenführen der Partner ist Obacht geboten. Sollten die Partner noch nicht in Brutstimmung sein, kann es zu aggressivem Verhalten kommen und die Partner müssen zeitweise wieder getrennt werden.

Fütterung

Das ganze Jahr hindurch bietet man ein gutes Weichfresserfutter an. In der Ruhephase reicht man zusätzlich Mehlkäferlarven und gefrostete Pinkies. Im Winter kann man weiterhin einen Napf mit feinen Sämereien anbieten, von den die Rotkehlchen immer mal wieder etwas aufnehmen. Auch kleine Beeren sollten im Winterhalbjahr gereicht werden. Zur Brutphase muss das Angebot an tierischer Kost gesteigert werden. Dann nehmen die Vögel gerne auch Heimchen, Getreideschimmelkäfer und anderes Lebend- und Frostfutter zu sich.

19.2. Blaukehlchen *Luscinia svecica*

Luscinia svecica (Linnè, 1758) · Engl.: Bluethroat

Unterarten

L. s. svecica	Nordeuropa, Nordasien, Nordalaska, Nordwestkanada
L. s. namnetum	Südwest-, Zentralfrankreich
L. s. cyanecula	Niederlande, Nord-, Ostfrankreich bis Belarus und Nordwestukrainie
L. s. azuricollis	Nord-, Zentralspanien
L. s. volgae	Nordostukrainie, zentral- und osteuropäisches Russland
L. s. magna	Osttürkei, Kaukasus, Nordiran
L. s. pallidogularis	Kasachstan, Turkmenistan
L. s. abbotti	Nordafghanistan, Nordpakistan, Nordwesthimalaya
L. s. saturatior	Gebirge in Zentralasien
L. s. kobdensis	Westmongolei und Westchina
L. s. przevalskii	Zentralchina

Singendes Blaukehlchen-Männchen.

Beschreibung

Länge ca. 14 cm. Im Brutkleid sind bei den Männchen das Kinn, die Kehle und der obere Brustbereich blau gefärbt. Unterhalb der Kehle zeigen die Männchen je nach Unterart einen nierenförmigen, rostroten oder weißen Fleck, den sogenannten „Stern“. Der „Stern“ ist je nach Unterart auch in der Größe variabel und kann auch komplett fehlen. Dem Blau im Brustbereich folgt ein dunkles, fast schwarzes Band. Es folgt ein sehr schmales beigefarbenes Band und schließlich eine breite, rostrote Brustbinde. Der Bauch ist rahmfarben. Die Oberseite ist bräunlich. Der helle Überaugenstreif ist deutlich sichtbar. Während der Ruhephase ist die blaue Färbung weniger leuchtend. Durch Abnutzung der hellen Federsäume und eine Teilmauser im Kehl- und Brustbereich erscheint zum Beginn der Brutzeit die Vorderseite des Männchens in lebhaften, glänzenden Farben. Die Schwanzfedern bei den Männchen und Weibchen sind gleich gefärbt. Die beiden inneren Steuerfedern sind dunkel graubraun. Die restlichen Schwanzfedern sind rostrot mit dunklen Spitzen.

Die Weibchen der verschiedenen Unterarten sind nur schwer bis gar nicht zu unterscheiden. Die Gefiederfärbung kann auch innerhalb einer Unterart variieren. Im Brut- und Ruhekleid sind die beim Männchen blauen Gefiederpartien hellbeige. Das Brustband ist dunkel gewölkt oder gestrichelt. Bei manchen Weibchen ist das Brustgefieder bläulich durchsetzt. Einige Weibchen zeigen ein angedeutetes rostrotes Brustband.

Die Jungvögel sind dunkel mit heller Strichelung und somit recht kontrastreich gefärbt. Sie zeigen allerdings nicht ansatzweise die interessante Brustfärbung der Altvögel. Die Schwanzfedern hingegen sind identisch mit denen der Altvögel.

Lautäußerungen

Der Gesang des Blaukehlchens wird mit einem erst zögernd und dann im schneller und kräftiger werdenden „dip dip dip dip dip“ eingeleitet. Dann folgt eine Vielzahl von schnurrenden, zischenden, melodischen und flötenden Lauten. Meistens werden auch andere Vogelstimmen imitiert. Bei Erregung wird ein hartes „tack tack tack“ ausgestoßen, oftmals verbunden mit einem „hüi-tack hüi-tack hüi-tack“.

Blaukehlchen-Männchen nach der Jugendmauser.

Blaukehlchen-Weibchen sind im Gegensatz zu den Männchen wesentlich schlichter gefärbt.

Brütendes Weibchen.

Vorkommen / Lebensraum

Das Blaukehlchen hat mit seinen Unterarten ein sehr großes, aber lückenhaftes Verbreitungsgebiet von Westeuropa bis zur Westküste Alaskas. Die Überwinterungsgebiete liegen je nach Verbreitungsgebiet in Südeuropa, Nord- und Westafrika sowie in Südostasien.

Die bevorzugten Lebensräume sind nass und vegetationsarm, aber es muss gute Deckung, wie z.B. Altschilf oder Weidengebüsch vorhanden sein. So werden von den Blaukehlchen Verlandungszonen, Moore, Sümpfe, Spül- und Rieselfelder, Auwälder, Baggerseen, Kiesgruben, Entwässerungsgräben und Salinen besiedelt. Allerdings werden in manchen Gegenden auch steinige Gebirgshänge bewohnt.

Fortpflanzung

Blaukehlchen legen ihre Nester am Boden oder in Bodennähe an, gerne im Altschilf, in einer Grasbülte oder im krautigen Bewuchs. Als Nistmaterial werden trockene Grashalme, Laub, Schilfblätter und anderes Pflanzenmaterial verbaut. Die nordischen Populationen führen meistens nur eine Brut durch, alle anderen in der Regel zwei.

Brutzeit	April - Juli	Gelegegröße	5 - 6 Eier
Gelege pro Jahr	1 - 2	Brutdauer	13 - 14 Tage
Nestlingszeit	14 - 16 Tage		

Blaukehlchennest in einem Holzkaisernest.

Nahrung

Ihre Beutetiere erhaschen Blaukehlchen am Boden. Zum Beuteschema gehören Insekten, Insektenlarven, Spinnen und andere Kerb- und Kriechtiere. Beeren und Früchte werden nur vereinzelt aufgenommen.

Junge Blaukehlchen nach der Beringung.

Ruhendes Blaukehlchen-Männchen.

Unterbringung

Blaukehlchen können ganzjährig in Biotopvolieren mit einem geschützten Bereich untergebracht werden. Eine dichte Bepflanzung des Geheges, beispielsweise mit Brennnesseln, Schilf, Gräsern, Koniferen und Stauden, kommt den Vögeln sehr entgegen. Ein großes, flaches Wasserbecken sollte nicht fehlen. Das Zusammenführen eines neuen Paares sollte im Frühjahr unter möglichst ständiger Beobachtung geschehen. Die Volierengröße sollte 2 m x 3 m nicht unterschreiten. In großen Volieren, ab etwa 40 qm, können aneinander gewöhnte Partner durchaus ganzjährig zusammenbleiben.

Blaukehlchen im Jugendkleid.

Mausernder Blaukehlchen-Jungvogel. An den ersten roten Federn des Brustbandes kann man diesen Vogel eindeutig als Männchen identifizieren.

Blaukehlchen mögen verkleidete Nisthilfen mit freiem Blick nach vorne.

Vermehrung

Es werden sehr gerne Nisthilfen in Form von verkleideten Holzkaisernestern und Halbhöhlen angenommen. Im Gegensatz zu den Nistplätzen in der Natur, werden die Nester in der Voliere in allen Höhen angelegt und nicht nur in direkter Bodennähe. Sollte das Männchen zum Zeitpunkt des Schlupfes der Jungen wieder sichtbar triebig sein und das Weibchen jagen, muss das Männchen ggf. entfernt werden und außer Sicht- und Hörweite untergebracht werden. Das Weibchen zieht dann im Regelfall die Jungen alleine groß. Blaukehlchen bauen ihre Nester gerne mit feuchtem Material, deshalb sollte ein Teil des Nistmaterials (Grashalme, Schilfblätter, Laub) in einer Wasserschüssel angeboten werden.

Fütterung

Ein gutes Weichfresserfutter, Mehlkäferlarven, gefrostete Pinkies und Getreideschimmelkäferlarven werden ganzjährig gereicht. Zu Beginn der Brutzeit wird die Gabe an Lebendfutter um Heimchen, Wachsmotten und anderes, beschaffbares Lebendfutter erweitert. Das Frostfutter bietet man bei frostfreiem Wetter am besten in einer flachen Schüssel mit Wasser an, da die Blaukehlchen ihre Beutetiere gerne am feuchten Boden suchen. Beerenfrüchte werden nur selten angenommen.

19.3. Nachtigall *Luscinia megarhynchos*

Luscinia megarhynchos (Brehm, 1831) · Engl.: Common Nightingale

Unterarten

L. m. megarhynchos	West-, Zentraleuropa bis Zentraltürkei, südlich bis Jordanien
L. m. africana	Osttürkei, Kaukasus und Nord-, Südwestiran
L. m. golzii	Ostiran bis Kasachstan, Südwestmongolei und Nordwestchina

Die Gehegeausstattung sollte dem natürlichen Lebensraum nachempfunden werden und eine dichte Vegetation enthalten.

Beschreibung

Länge ca. 16,5 cm. Die Nachtigall ähnelt dem Sprosser und ist sehr unauffällig und unscheinbar gefärbt. Die Oberseite ist rötlichbraun, die Hand- und Armschwingen sowie die Schirmfedern zeigen rötlichbraune Säume. Die Schwanzfedern sind kastanienbraun. Die Unterseite ist weißlich bis graubraun. Die Kehlseiten, die Vorderbrust und die Flanken sind hell graubraun und zeigen keine Wölkung. Männchen und Weibchen sind gleich gefärbt. Die Jungvögel sind oberseits hell gefleckt und zeigen unterseits dunkle Federsäume.

Lautäußerungen

So unscheinbar die Gefiederfärbung auch ist, umso erstaunlicher ist der Gesang der Nachtigall. Die Männchen singen laut und kraftvoll ihr wohltönendes und mit Pfeiftönen sowie tiefen Schlägen durchsetztes Lied. Der Nachtigallengesang ist wohl der schönste in der heimischen Vogelwelt. Der Warnruf ist ein ansteigendes „huit“.

Vorkommen / Lebensraum

Die Nachtigall brütet in Nordafrika, auf der Iberischen Halbinsel, in Südeuropa, in Frankreich, in Südengland, in Mittel- und Osteuropa bis Polen und der Ukraine. Weiterhin reicht das Brutvorkommen von Klein- und Vorderasien bis zur Mongolei. Im Süden bis zur Südtürkei, Iran, und Kirgistan. In einigen Teilen des Brutgebietes, so z. B. in Mitteleuropa, kommt sie nur sehr lückenhaft vor. An der Nord- und Ostgrenze des Brutgebietes überschneiden sich die Vorkommen der Nachtigall mit der Schwesterart, dem Sprosser. Im Überschneidungsgebiet kann es nicht nur zu „Mischsängern" kommen, sondern auch zu Mischbruten. Den Lebensraum bilden in erster Linie Auwälder, Laub- und Mischwälder, Feldgehölze, Parkanlagen und große Gärten mit dichtem Unterbewuchs. Nachtigallen leben sowohl in feuchten, wie auch in trockenen Gebieten. Sie überwintern in Afrika südlich der Trockensavannen.

Fortpflanzung

Nachtigallen brüten meistens nur einmal pro Jahr. Nur unter sehr günstigen Bedingungen kann es zu einer Zweitbrut kommen. Die Nester werden gut versteckt direkt am Boden oder in direkter Bodennähe in der Krautschicht errichtet. Zum Nestbau verwenden sie Laub, Halme, Moos, kleine Pflanzenfasern und Tierhaare. Die jungen Nachtigallen verlassen das Nest noch flugunfähig und verstecken sich ein paar Tage in der näheren Umgebung. Sie werden außerhalb des Nestes noch etwa zwei bis drei Wochen von den Altvögeln versorgt.

Brutzeit	Mai - Juni	Gelegegröße	4 - 6 Eier
Gelege pro Jahr	1	Brutdauer	13 - 14 Tage
Nestlingszeit	12 - 14 Tage		

Nahrung

Sie ernähren sich in erster Linie von tierischer Kost, nur im Spätsommer und Herbst erweitern Beeren ihren Speiseplan. Sie erbeuten Insekten, Insektenlarven, Spinnentiere und Würmer.

Neststandort der Nachtigall in einer Efeuwand.

Die Männchen und Weibchen müssen außerhalb der Brutphase getrennt untergebracht werden.

Unterbringung

Die Unterbringung in einer Biotopvoliere mit einer natürlichen Bepflanzung, in erster Linie mit einem dichten Unterbewuchs, bietet den Nachtigallen optimale Voraussetzung für eine erfolgreiche Vermehrung. Während der kalten Jahreszeit müssen sie Zugang zu einem frostfreien Innenbereich haben. Um nicht das Risiko eines Verlustes einzugehen, sollten die Partner außerhalb der Brutzeit getrennt untergebracht werden.

Vermehrung

Man bietet den Nachtigallen Nisthilfen in Form von verkleideten Holzkaisernestern und Halbhöhlen in verschiedenen Höhen an. In Menschenobhut weichen die Neststandorte in Bezug auf die Höhe oftmals erheblich von den natürlichen ab. So erstellen eigentliche Bodenbrüter ihr Nest in Volieren manchmal an höchst möglicher Stelle. An Nistmaterial reicht man Laub, Halme, Moos, Tierhaare, Kokosfasern und ähnliche Materialien.

Fütterung

Während der Ruhephase ernährt man die Vögel mit Mehlkäferlarven, Pinkies, Beeren und einem Weichfresserfutter. Zur Brutphase hin wird der Lebend- und Frostfutteranteil gesteigert. Dazu kann man beispielsweise Heimchen, Wachsmottenlarven, Ameisenpuppen u. ä. reichen. Weichfresserfutter findet dann kaum noch Beachtung. Wie alle Zugvögel, legen sich auch die Nachtigallen ein Fettpolster für den anstrengenden Zug in den Süden an, der bei unseren Pfleglingen entfällt. So erscheinen die Vögel im Winter relativ fett. Allerdings wird das Fettpolster im Regelfall bis zum Brutbeginn wieder abgebaut, so dass man die Vögel nicht „auf Diät" setzen muss.

19.4. Rubinkehlchen *Calliope calliope*

Calliope calliope (Pallas, 1776) · Engl.: Siberien Rubythroat

Unterarten

C. c. calliope	Sibirien, Nordmongolei, Nordostchina, Nordkorea
C. c. camtschatkensis	Kamtschatka, Kommandeurinseln, Kurilen, Nordjapan
C. c. beicki	Nordzentralchina

Das markanteste Merkmal der Männchen ist der rubinrote Kehllatz, der das Rubinkehlchen unverwechselbar macht.

Beschreibung

Länge ca. 15 cm. Von der Größe her kann man das Rubinkehlchen eher mit der Nachtigall als mit dem etwas zierlicheren Blaukehlchen vergleichen. Die Oberseite des Rubinkehlchen ist braun, die Unterseite hingegen mehr graubraun. Markant sind der weiße Überaugenstreif und der Streif unter den Wangen. Die weißen Streifen sind bei den Männchen stärker ausgeprägt als bei den Weibchen. Die Kehlfärbung der Männchen ist rubinrot. Bei einer Haltung in kleinen Volieren oder bei reiner Innenhaltung kann die hübsche Kehlfärbung verblassen und rosa wirken. Mit entsprechenden Zusatzmitteln zur Rotfärbung, wie sie aus der Kanarienzucht bekannt sind, kann das Rubinrot erhalten werden. Die Kehlfärbung der Weibchen hingegen ist schmutzig weiß mit einem mehr oder weniger leichten rosa Anflug. Männchen mit schwach gefärbter Kehle und Weibchen mit stark gefärbter Kehle können aber immer noch eindeutig anhand der Intensität der Gesichtsstreifen unterschieden werden.

Lautäußerungen

Das Rubinkehlchen lässt seinen melodischen Gesang zumeist am Morgen und in den Abendstunden ertönen. Streckenweise kann man den Gesang die ganze Nacht hindurch vernehmen. Da in der Nacht kaum andere Vogelstimmen und andere Alltagsgeräusche zu hören sind, kommt der Rubinkehlchengesang besonders klar zur Geltung. Der melodische Gesang ist schwätzend und erinnert etwas an den Gesang des Rotkehlchens oder der Gartengrasmücke. Der Gesang von anderen Vogelarten wird imitiert und in den eigenen Gesang eingebunden.

Bei Erregung hört man ein pfeifendes „ii lü“ oder auch ein geschnalztes oder hartes „tjock“. Bei Alarm kann man ein Knarren vernehmen, das mit „arr arr“ beschrieben werden kann.

Rubinkehlchen-Männchen zeigen eine auffällige Kopf- und Halszeichnung.

Die Weibchen sind schlichter gefärbt, zeigen manchmal aber auch einen rosa Kehlfleck.

Vorkommen / Lebensraum

Rubinkehlchen kommen am Westhang des Urals auf europäischem Boden vor. Ansonsten kommen sie nur auf asiatischem Gebiet vor. Sie besiedeln die Taigazone vom Ural bis nach Kamtschatka und Hokkaido. In Zentralchina brütet isoliert die Unterart *C. c. beicki.* Den Winter verbringen Rubinkehlchen von Indien über Indochina und Südchina bis Taiwan und den Philippinen.

Rubinkehlchen leben bevorzugt in lichten Wäldern, an Waldrändern, auf Waldlichtungen und in ähnlich strukturierten Landschaften. Es muss immer ein dichter Unterbewuchs vorhanden sein.

Fortpflanzung

Rubinkehlchen bauen das Nest am Boden oder in unmittelbarer Nähe zum Boden. Es wird gut versteckt in der dichten Vegetation angelegt. Oftmals ist das Nest ein kugelförmiges Gebilde. Zum Nestbau werden allerlei Pflanzenteile, beispielsweise Gräser, Wurzelfasern und Blätter, verwendet.

Brutzeit	April - Juli	Gelegegröße	4 - 6 Eier
Gelege pro Jahr	1 - 2	Brutdauer	13 - 14 Tage
Nestlingszeit	13 - 15 Tage		

Nahrung

Die Ernährung erfolgt fast ausnahmslos mit tierischer Kost. Auf dem Speiseplan stehen u.a. Insekten, Insektenlarven und Spinnentiere. Im Herbst werden hin und wieder Beeren angenommen.

Unterbringung

Rubinkehlchen können ganzjährig in einer kombinierten Außen- und Innenvoliere untergebracht werden. Sie suchen auch im Winter sehr gerne den Außenbereich des Geheges auf. Das Außengehege sollte gut bepflanzt sein. Neben Büschen und kleinen Bäumen, darf ein entsprechender Unterbewuchs nicht fehlen. Allerdings müssen auch Freiflächen vorhanden sein. Einige Baumwurzeln und Findlinge vervollständigen die Einrichtung. Eine Vergesellschaftung mit nicht verwandten Arten ist in der Regel problemlos. Die Paare können in gut strukturierten Volieren mit vielen Versteckmöglichkeiten ganzjährig zusammen untergebracht werden.

Rubinkehlchennest in einer Holzbetonhalbhöhle.

Rubinkehlchen mit Beutetier.

Vermehrung

In Volieren legen Rubinkehlchen ihr Nest nicht unbedingt nur am Boden an. Sehr gerne wird es auch in Nisthilfen in allen Höhen gebaut. Aus diesem Grunde bietet man Nisthilfen in Form von Halbhöhlen und Kaisernestern in unterschiedlichen Höhen an. Die Nisthilfen sollten mit etwas natürlichem oder künstlichem Grün verkleidet werden. An Nistmaterial verwenden sie trockene Gräser, Schilfblätter, Laubblätter, Kokosfasern und Tierhaare. Das Nest wird stets so konstruiert, dass die groben Materialien, wie beispielsweise die Gräser und Kokosfasern, über die Nestmulde ragen. Auf diese Weise können die Eier, die Jungen oder der brütende Vogel von oben kaum entdeckt werden. Das Nest hat sozusagen ein „Dach“. Diese Bauweise ist sowohl bei freistehenden Nestern, als auch bei solchen in Nisthilfen zu beobachten.

Frisch geschlüpfte Rubinkehlchen und Eier.

Fütterung

Als Grundfutter verfüttert man ganzjährig ein gutes Weichfresserfutter. Dazu bietet man täglich Mehlkäferlarven, Pinkies und Getreideschimmelkäferlarven. Zur Brutzeit hin wird die Vielfalt an tierischer Kost beispielsweise um Heimchen, Wachsmottenlarven und andere beschaffbare Futtertiere erweitert.

19.5. Hausrotschwanz *Phoenicurus ochruros*

Phoenicurus ochruros (Gmelin, 1774) · Engl.: Black Redstart

Unterarten

P. o. gibraltariensis	Europa, Westtürkei und Nordwestafrika
P. o. ochruros	Zentraltürkei bis Kaukasus und Nordwestiran
P. o. semirufus	Westsyrien, Libanon und Nordostisrael
P. o. phoenicuroides	Nordostiran und Turkmenistan bis Nordwestpakistan, nördlich bis Südostkasachstan, Nordwestchina und Südzentral-, Ostmongolei
P. o. murinus	Nordostkasachstan, Südzentralsibirien, Nordzentralchina und West-, Südwest-, Westzentralmongolei
P. o. rufiventris	Zentralhimalaya bis Zentralchina

Die Hausrotschwanz-Männchen tragen auffallend weiße Flügelspiegel.

Die Hausrotschwanz-Weibchen sind schlicht und insgesamt bräunlich gefärbt.

Beschreibung

Größe ca. 14 cm. Die Kehle, die Kopf- und Halsseiten sowie die Kropfgegend bis zum Bauch des adulten Männchens sind schwarz. Der Oberkopf dunkelgrau, der Bauch kräftig rotbraun. Die Oberseite ist schwarz und die Oberschwanzdecken rostrot. Die mittleren Steuerfedern sind sowohl beim Männchen wie auch beim Weibchen dunkelbraun. Die Schwingen sind schwarzgrau mit hellen Säumen und einem kleinen weißen Flügelspiegel. Der Schnabel und die Füße sind schwärzlich, die Iris braun. Die Weibchen sind bis auf die rostbraunen Oberschwanzdecken und Schwanzfedern vor allem oberseits einheitlich graubraun gezeichnet, nur die Bauchregion ist verwaschen gräulich weiß. Die Hausrotschwanzweibchen sind aber deutlich vom Gartenrotschwanzweibchen zu unterscheiden, da diese wesentlich heller gefärbt sind. Jungvögel ähneln sehr stark dem Weibchen. Die jungen Hausrotschwanzmännchen tragen im ersten Jahr ein sogenanntes Hemmungskleid. Sie gleichen also in der Gefiederfärbung dem Weibchen und sind von diesen nicht zu unterscheiden. Erst nach der Mauser im zweiten Herbst legen die Männchen das reizvolle schwarze Federkleid an.

Die Männchen der östlichen Unterarten zeigen einen rostroten Bauch. Weiterhin fehlt ihnen das weiße Flügelfeld. Sie erinnern an Gartenrotschwanzmännchen.

Das schwarze Federkleid legen die Männchen erst im zweiten Herbst an. Bis dahin tragen sie ein sogenanntes Hemmungskleid und sind äußerlich nicht von den Weibchen zu unterscheiden.

Lautäußerungen

Der Gesang ist ein hervorgepresstes „jirr titit", dem das charakteristische kratzende Knirschen folgt. Es schließt sich ein „krchrch-tütititi" an. Ansonsten hört man zwei Laute, die sowohl als Kontakt- sowie auch als Alarm- und Erregungsruf genutzt werden. Zum einen lassen die Hausrotschwänze ein nach oben gezogenes „huid sit" ertönen oder auch ein schnalzendes und eher aggressiv klingendes „tak-tak".

Vorkommen / Lebensraum

Der Hausrotschwanz ist ursprünglich ein Felsenbewohner. Er ist aber mittlerweile in weite Teile Europas vorgedrungen, einschließlich der Tiefebenen. Er ist bei uns in Mitteleuropa ein relativ häufiger Brutvogel. Ansonsten kommt der Hausrotschwanz lückenhaft in Nordafrika und in Gebieten Asiens vor. Neben seinen ursprünglichen Lebensräumen, wie z.B. Gebirge oder felsige Gebiete, kommt der Hausrotschwanz u.a. auch in Dörfern, Städten, Industrieanlagen, Weinbergen usw. vor. Die mitteleuropäischen Vorkommen überwintern im Mittelmeerraum, in Nordafrika bis zum Nordrand der Sahara und im Nahen Osten. Einige Exemplare versuchen auch im Brutgebiet zu überwintern.

Fortpflanzung

Hausrotschwänze bauen ihr Nest in Halbhöhlen und Nischen. Als Neststandorte kommen Felsspalten, Mauerlöcher, Holzstöße und künstliche Nisthilfen in Frage. Sie legen ihr Nest aber auch auf Balken unter Dächern oder in Schuppen an. Hausrotschwänze sind bei der Wahl des Neststandortes sehr flexibel. Für den Nestbau werden trockene Halme, Moos, Wurzelfasern, Flechten, Federn und Tierhaare verwendet.

Noch unbefiederte Nestlinge.

Junge Hausrotschwänze kurz vor dem Verlassen des Nestes.

Brutzeit	April - Juli	Gelegegröße	4 - 6 Eier
Gelege pro Jahr	2	Brutdauer	13 - 14 Tage
Nestlingszeit	14 - 16 Tage		

Nahrung

Hausrotschwänze ernähren sich von Insekten, Insektenlarven, Spinnen sowie von Kerb- und Kriechtieren. Im Herbst werden auch Beeren verspeist.

Unterbringung

Das Gehege für Hausrotschwänze sollte eher spartanisch eingerichtet werden. Die Bepflanzung sollte nicht zu dicht sein. Sofern die Hausrotschwänze Zugang zu einem geschützten Innenbereich haben, können sie ganzjährig im Gehege verbleiben. Im Gegensatz zu den Gartenrotschwänzen brauchen die Partner im Winter nicht getrennt zu werden.

Hausrotschwänze zittern ständig mit den Schwanzfedern und knicksen. Es ist ein charakteristisches Verhalten der Rotschwänze.

Mischling zwischen Garten- und Hausrotschwanz. Mischlinge sind kein Ziel in einer verantwortungsbewußten Haltung. Zu Mischbruten kommt es in freier Wildbahn nur sehr selten.

Vermehrung

Im Gehege sollten mehrere Nisthilfen zur Auswahl angebracht werden. Es bieten sich Halbhöhlen aus Holz oder Holzbeton an. Man kann den Hausrotschwänzen auch Nistbrettchen anbieten, die ringsherum mit Leisten versehen werden, um ein Wegrutschen des Nestes zu verhindern.

Fütterung

Hausrotschwänze werden ganzjährig mit einem Weichfresserfutter versorgt. Dazu reicht man Lebend- und Frostfutter in Form von Mehlkäferlarven, Getreideschimmelkäferlarven und Pinkies. Im Herbst sollte man den Vögeln zusätzlich Beeren anbieten. Für die Versorgung der Jungvögel muss uneingeschränkt tierische Kost zur Verfügung stehen.

19.6. Gartenrotschwanz *Phoenicurus phoenicurus*

Phoenicurus phoenicurus (Linnè, 1758) · Engl.: Common Redstart

Unterarten

P. p. phoenicurus	Europa und Nordafrika bis Zentralasien
P. p. samamisicus	Balkan und Griechenland bis Usbekistan, Turkmenistan und Iran

Erst ab dem zweiten Herbst bekommen Gartenrotschwanz-Männchen ihre intensive Gefiederfärbung, die dann im darauffolgenden Frühjahr durch Abnutzung der hellen Federsäume noch klarer in den Farben wird.

Weibchen sind schlicht gefärbt. Insgesamt sind sie heller als Hausrotschwanz-Weibchen.

Beschreibung

Länge ca.14 cm. Auffallend, wie bei allen Rotschwanzarten, ist der rostrote Schwanz, wobei die Schwanzmittelfedern erd- bis dunkelbraun gefärbt sind. Im Prachtkleid zeigen die Männchen eine schwarze Kehle sowie schwarze Kopf- und Halsseiten. In dem gleichen schwarzen Farbton gezeichnet ist die Vorderstirn, die aber einen weißen Fleck zeigt. Dieser weiße Fleck dehnt sich bis über das Auge aus. Die Unterseite ist rostrot, wobei der Bauch weißlich gefärbt ist. Die Oberseite ist dunkelgrau, der Bürzel rostrot. Die Schwingen sind bräunlich gefärbt. Die Füße und der Schnabel sind schwarzbraun und die Iris ist dunkelbraun. Im Ruhekleid wirken die Männchen wesentlich schlichter in ihrer Gefiederfärbung. Zurückzuführen ist dies auf die hellen Federsäume, welche im Herbst und Winter die wunderschöne Gefiederfärbung der Männchen verdecken. Bis zum Frühjahr werden die Federsäume abgenutzt und die Männchen zeigen dann ihr Prachtkleid. Im ersten Lebensjahr zeigen die Männchen insgesamt noch eine schlichte Gefiederfärbung. Erst nach der Mauser am Ende des ersten Lebensjahres kommen die intensiven Farben zum Vorschein. Die Flügel, der Schwanz und der Bürzel der Weibchen sind wie beim Männchen gefärbt. Im Gegensatz zum Männchen zeigen die Weibchen eine graubraune Oberseite und eine helle rostbraune Unterseite. Der beim Männchen weißliche Bauch ist beim Weibchen hellbeige. Die Jungvögel sind an der Ober- und Unterseite dunkel gefleckt.
Die Unterart *P. p. samamisicus* zeigt ein auffälliges weißes Flügelfeld, das bei den Männchen auffällig und bei den Weibchen nur angedeutet ist.

Lautäußerungen

Der Lockruf („huid") erinnert an das Rufen eines Fitis. Der Warnruf „fuid tek tek", klingt durchaus scharf. Der variable Gesang klingt wehmütig, ähnlich dem Trauerschnäpper und Rotkehlchen und beginnt mit einigen hohen „huit" - Rufen. Oftmals werden Stimmen anderer Vogelarten imitiert.

Vorkommen / Lebensraum

Gartenrotschwänze brüten in fast ganz Europa. In Asien reicht das Vorkommen bis zum Baikalsee. In Nordwestafrika gibt es lückenhaft Vorkommen. Gartenrotschwänze sind Langstreckenzieher und überwintern südlich der Sahara. Gartenrotschwänze leben und brüten in lichten Wäldern, an Waldrändern, in Gärten, in Parks, in Obstplantagen und in ähnlich strukturierten Landschaften. Als Höhlenbrüter sind Gartenrotschwänze auf alte Baumbestände angewiesen.

Fortpflanzung

Die Männchen treffen einige Tage vor den Weibchen in den Brutgebieten ein. Sie locken die Weibchen mit ihrem Gesang an und zeigen ihnen Nisthöhlen, indem sie am Höhleneingang sitzen und singen. Auch schauen sie aus den Höhlen heraus und tragen ihren Gesang vor bzw. stoßen den Lockruf aus. In erster Linie bauen sie ihre Nester in Baumhöhlen, aus Ermangelung an diesen, werden die Nester aber auch in Mauerlöchern, in Holzstapeln oder in Nistkästen angelegt. Zum Nestbau verwenden Gartenrotschwänze u.a. trockene Gräser, Moos, Laub, Kiefernnadeln, Federn, Moos, Tierhaare, kleine Rindenstücke, kleine Zweige, Flechten und Weidenkätzchen.

Brutzeit	Mai - Juli	Gelegegröße	5 - 7 Eier
Gelege pro Jahr	2	Brutdauer	13 - 14 Tage
Nestlingszeit	14 - 16 Tage		

Nahrung

Die Nahrung besteht aus Insekten und deren Larven sowie aus Kerb- und Kriechtieren. Im Herbst ergänzen Beeren den Speiseplan.

Unterbringung

Eine bepflanzte Gartenvoliere mit einem angrenzenden Schutzraum ist die optimale Unterkunft für den hübsch gefärbten Gartenrotschwanz. Während der Herbst- und Wintermonate müssen sie Zugang zu einem zumindest frostfreien Innenraum haben. Außerhalb der Brutzeit dürfen Gartenrotschwänze nicht mit Artgenossen oder anderen Rotschwanzarten vergesellschaftet werden, da sie zu dieser Zeit absolut unverträglich sind. Gegenüber anderen Arten sind sie friedfertig. Sie sind recht ruhig und entzücken den Betrachter durch ihr elegantes Verhalten und das ständige Knicksen und Schwanzzittern.

Vermehrung

Im Frühjahr müssen die Partner behutsam aneinander gewöhnt werden. Das funktioniert am besten in nebeneinanderliegenden Volieren. Dabei sollte das Männchen in die vorgesehene Brutvoliere gesetzt werden. So kann

Ältere Weibchen zeigen oftmals eine sehr intensive Gefiederfärbung.

das Männchen dem Weibchen, wie in freier Wildbahn, die Bruthöhlen anzeigen. Erst wenn eine sichtbare Harmonie zu erkennen ist, darf das Weibchen zu dem Männchen gelassen werden. Eine ständige Beobachtung zu diesem Zeitpunkt ist anzuraten. Etwaige Jagereien untereinander sind nicht weiter tragisch. Erst wenn die Aggressionen zu stark sind, müssen die Vögel wieder getrennt werden. Es sollten mehrere Bruthöhlen zur Auswahl platziert werden. Am liebsten werden Bruthöhlen mit zwei ovalen Einfluglöchern angenommen. Nachdem die Jungvögel selbständig fressen, sollten sie von den Altvögeln getrennt werden.

Bis zum zweiten Herbst tragen die Männchen ein relativ schlichtes Federkleid.

Fütterung

Als Grundfutter stellt man ganzjährig ein gutes Weichfresserfutter zur Verfügung. Weiterhin reicht man ganzjährig gut ernährte Mehlkäferlarven sowie gefrostete Pinkies und Getreideschimmelkäferlarven. Zur Brutphase hin wird das Lebendfutterangebot erhöht und abwechslungsreicher gestaltet. Dazu eignen sich u.a. Heimchen und Ameisenpuppen. Im Herbst bietet man Beeren an. Hier haben sich insbesondere Holunderbeeren bewährt.

19.7. Braunkehlchen *Saxicola rubetra*

Saxicola rubetra (Linneaus, 1758) · Engl.: Whinchat

Unterarten
keine

Braunkehlchen-Männchen.

Beschreibung

Länge ca. 12,5 cm. Die Männchen sind oberseits dunkelbraun und wirken durch die helleren Federsäume geschuppt oder gestreift. Die dunkelbraunen Flügel zeigen einen schmalen weißen Flügelspiegel und einen kleinen weißlichen Fleck auf den großen Handdecken. Die Ohrdecken und Wangen sind dunkelbraun gefärbt und oberhalb durch einen weißen Überaugenstreif sowie unterhalb ebenfalls durch einen weißen Streif eingefasst. Das Kehl- und Brustgefieder ist rotbraun und wird nach unten heller, bis es im Bauchbereich weißlich ist. Die relativ kurzen Schwanzfedern sind dunkelbraun und an den seitlichen Wurzeln weißlich. Weibchen sind insgesamt matter gefärbt. Die Ohrdecken sind heller und das Brustgefieder weniger intensiv. Der Überaugenstreif ist mehr gelblich. Die Jungvögel sind schlichter gefärbt.

Lautäußerungen

Der Stimmfühlungslaut ist ein zartes „djü“ und ähnlich dem Ruf des Gimpels. Anschließend folgt oftmals ein kurzes, schnalzendes „zkzk“. Aufgeregte Braunkehlchen äußern sich schnarrend „dschrr“. Der eigentliche Gesang ist knirschend, rau und flötend. Braunkehlchen imitieren auch andere Vogelstimmen.

Vorkommen / Lebensraum

Braunkehlchen sind Langstreckenzieher und überwintern südlich der Sahara. Die Brutgebiete liegen in Europa und Asien. In Europa fehlen Braunkehlchen nur auf Island und im ganz hohen Norden Skandinaviens. Auf der Iberischen Halbinsel ist das Vorkommen lückenhaft. Östlich reichen die Brutgebiete bis zum Jenissei. Der Lebensraum sind ausgedehnte Feuchtwiesen und Verlandungsflächen, buschige, extensiv genutzte Wiesen- und

Weidelandschaften sowie Offen- und Brachland. Weiterhin leben Braunkehlchen auf Heideflächen.

Braunkehlchen-Weibchen.

Fortpflanzung

Das Nest legen die Braunkehlchen am Boden oder in Bodennähe an. Gerne in einer Gras- oder Schilfbulte, unter einer Staude oder im bodennahen Filz aus Gräsern und Moos. Zum Nestbau verwenden sie Grashalme, Moos, Tierhaare, Blätter und Wurzelfasern.

Nahrung

Braunkehlchen verzehren Insekten, Insektenlarven, Spinnentiere, kleine Schnecken und Würmer. Im Herbst werden vereinzelt Beeren gefressen.

Unterbringung

Sofern die Braunkehlchen einen Zugang zu einem frostfreien Schutzraum haben, können sie ganzjährig in einer kombinierten Innen-/ Außenvoliere untergebracht werden. Neben einigen Büschen sollte das Gehege einen dichten Unterbewuchs aufweisen.

Brutzeit	April - Juni	Gelegegröße	4 - 7 Eier
Gelege pro Jahr	1	Brutdauer	16 - 19 Tage
Nestlingszeit	21 - 23 Tage		

Braunkehlchen im ersten Winter.

Vermehrung

Abweichend vom Verhalten in der Natur, bauen Braunkehlchen ihre Nester auch erhöht. Darum sollten die Nisthilfen in allen Höhen angeboten werden. Es werden gerne Halbhöhlen und Holzkaisernester angenommen, die mit etwas Grün und Schilf verkleidet werden sollten. An Baumaterial für die Nester gibt man trockene Gräser, Schilfblätter, Laubblätter, Tierhaare, Wurzelfasern, Kokosfasern, Scharpie und ähnliche Materialien in das Gehege.

Fütterung

Ein gutes Weichfresserfutter sollte ständig zur Verfügung stehen. Daneben reicht man ganzjährig Mehlkäferlarven, Pinkies und Getreideschimmelkäferlarven. Ab Beginn der Brutphase sollte die Palette an Futtertieren erweitert werden. Dazu eignen sich beispielsweise Heimchen, Wachsmottenlarven und Soldatenfliegenlarven.

19.8. Schwarzkehlchen *Saxicola rubicola*

Saxicola rubicola (Linnè, 1766) · Engl.: European Stonechat

Unterarten

S. r. hibernas	Irland, Großbritannien, Westfrankreich und Portugal
S. r. rubicola	West-, Zentral- Südeuropa, Nordwestafrika und Türkei bis zum Kaukasus

Schwarzkehlchen-Männchen tragen ein attraktives Federkleid.

Den Weibchen fehlt u. a. die schwarze Kopfzeichnung.

Beschreibung

Länge ca. 12,5 cm. Die Männchen haben einen schwarz gefärbten Kopf und Rücken. Die Flügel sind schwarz und dabei bräunlich durchsetzt. Weiterhin ist ein deutlicher weißer Flügelspiegel vorhanden. Die Halsseiten und der Schulterbereich sind weiß. Der Brustbereich ist rostbraun. Zum Bauch hin wird die Vorderseite hell, fast weißlich. Die Schwanzfedern sind schwarzbraun und weiß. Die Weibchen besitzen eine dunkelbraune Oberseite, die hellbraun gesprenkelt wirkt. Ebenso ist der Kopf gefärbt. Die Halsseiten sind hell, fast weißlich. Die Unterseite ist rostbraun, aber lange nicht so intensiv wie bei den Männchen. Ein heller Flügelspiegel ist lediglich angedeutet. Junge Schwarzkehlchen sind auf der Oberseite dunkelbraun mit hellbrauner Strichelung. Die Unterseite ist hellbraun. An der Intensität der Flügelspiegel, kann man die Männchen bereits im Jugendkleid recht gut von den Weibchen unterscheiden.

Lautäußerungen

Das charakteristische „fid track track" ist der häufigste Ruf der Schwarzkehlchen. Der eigentliche Gesang besteht aus pfeifenden und gequetschten Tönen und ist recht unauffällig.

Vorkommen / Lebensraum

Das Schwarzkehlchen ist in großen Teilen Europas Brutvogel. In Island ist es allerdings nicht zu finden. Ebenso nicht in Fennoskandien, außer in südlichen Bereichen Norwegens. In Asien kommt es bis Westsibirien vor. Südwärts leben die Vorkommen bis Nordafrika. Als Lebensraum bevorzugen sie offene Wiesenlandschaften. Das Gelände muss offen und trocken sein, weiterhin dürfen einzelne Bäume und Büsche nicht fehlen. Gerne werden Bahndämme, Brachland, Heiden, Moore und ähnlich strukturierte Flächen besiedelt. Schwarzkehlchen sind in den meisten Verbreitungsgebieten Zugvögel und überwintern in West- und Südeuropa. Die südeuropäischen Populationen sind Standvögel. Bereits Ende Februar, Anfang März treffen Schwarzkehlchen in ihren Brutrevieren ein und verlassen diese zumeist im Oktober.

Brütendes Schwarzkehlchen-Weibchen.

Fortpflanzung

Das Nest wird versteckt am Boden oder in Bodennähe angelegt. Gerne dienen Böschungen, Hänge und Dämme als Neststandort. Nachdem die jungen Schwarzkehlchen ausgeflogen sind, werden sie noch etwa drei Wochen überwiegend vom Männchen versorgt, da das Weibchen bereits mit der nächsten Brut beschäftigt ist.

Nahrung

Schwarzkehlen fressen ausschließlich tierische Kost. Im Beutespektrum stehen Insekten, Insektenlarven, Spinnen und andere Kerb- und Kriechtiere.

Brutzeit	April - August	Gelegegröße	5 - 6 Eier
Gelege pro Jahr	2 - 3	Brutdauer	12 - 14 Tage
Nestlingszeit	14 - 16 Tage		

Unterbringung

Schwarzkehlchen lassen sich ganzjährig in Freivolieren mit einem wind- und wettergeschützten Bereich halten. Die Partner können im Regelfall ganzjährig beisammen bleiben. Einige Büsche und Unterbewuchs sowie auch freie Flächen sind ideal für die Schwarzkehlchen. Als Ansitzwarten kann man beispielsweise Weidezaunpfähle und Findlinge in die Voliere einbringen.

Vermehrung

Schwarzkehlchen nehmen sehr gerne Nisthilfen an. Dabei haben sich in erster Linie verkleidete Holzkaisernester und Halbhöhlen bewährt. An Nistbaumaterial gibt man Gräser, Moos, Kokosfasern, kleine Blätter, Schilfblätter und Tierhaare. Im Gegensatz zur freien Wildbahn, wo Schwarzkehlchen nur in Bodennähe brüten, bauen sie in Menschenobhut in allen Höhen in der Voliere. Sofern sehr dichter Bambus in der Voliere wächst, bauen Schwarzkehlchen ihr Nest hierin auch freistehend.

Fütterung

Neben einem Weichfresserfutter nehmen Schwarzkehlchen alles beschaffbare Lebendfutter an. Gerne auch gefrostete Futtertiere. Außerhalb der Brutphase reichen Mehlkäferlarven, Pinkies und Getreideschimmelkäferlarven aus. Zur Brutzeit hin gestaltet man den Speiseplan, beispielsweise mit Heimchen, Wiesenplankton und Soldatenfliegenlarven, abwechslungsreicher.

Mit etwas künstlichem Grün verkleidete Holzkaisernester werden sehr gerne als Nisthilfe angenommen.

19.9. Steinschmätzer *Oenanthe oenanthe*

Oenanthe oenanthe (Linnaeus, 1758) · Engl.: Northern Wheatear

Unterarten

O. o. leucorhoa	Nordostkanada, Grönland, Island
O. o. oenanthe	Nord- und Zentraleuropa über Nordasien bis Ostsibirien und Nordwestamerika
O. o. libanotica	Südeuropa über den Mittleren Osten und Südwestasien bis zur Mongolei und Nordwestchina

Zur Gattung *Oenanthe* gehören 27 Arten, von denen der Großteil in der Paläarktis brütet. In Deutschland brütet allerdings nur der Steinschmätzer (*Oenanthe oenanthe*).

Beschreibung

Länge 15 cm. Die Männchen zeigen einen blaugrauen Scheitel, Hals und Mantel. Die Flügel und die Maske sind schwarz gefärbt. Der Überaugenstreif und der Bürzel sind weiß. Die Unterseite ist weiß und die Brust gelbbraun. Der Schwanz ist weiß und zeigt ein umgedrehtes schwarzes „T". Dieses wird von der schwarzen Endbinde und dem schwarzen Mittelstreif gebildet. Die Weibchen sind oben mattbraun mit schwärzlichen Flügeln und beiger Unterseite. Der Bürzel und der Schwanz sind wie bei den Männchen gefärbt. Nach der Herbstmauser sind sich Männchen und Weibchen sehr ähnlich. Jungvögel ähneln den Weibchen, sind aber geschuppt.

Lautäußerungen

Der Gesang besteht aus schnellen schwätzenden, knirschenden und zwitschernden Lauten. Der Stimmfühlungslaut ist meistens ein- bis dreisilbig „djü" oder „sip".

Vorkommen / Lebensraum

Steinschmätzer brüten in Europa, Asien, Nordwestafrika, Nordamerika und Grönland. Sie bewohnen in erster Linie offenes Gelände. Bevorzugt werden steinige Landschaften, Dünen, Moore, Weinberge und Gebirge bis weit über 2.000 m Höhe. Daneben besiedeln Steinschmätzer auch Sandgruben, Industrieanlagen und Eisenbahndämme. Das Winterhalbjahr verbringen diese gewandten Flieger südlich der Sahara. Sogar die Brutvögel aus Nordamerika verbringen den Winter in Afrika.

Fortpflanzung

Steinschmätzer legen das Nest am Boden oder zumindest in Bodennähe an. Die Nester werden zwischen Steinen und Geröll, unter Steinen oder in Erdlöchern, wie z. B. Kaninchenbauten, erstellt. Als Baumaterial verwenden sie u. a. trockenes Gras, Haare und Federn.

Nahrung

Auf dem Speiseplan der Steinschmätzer stehen Insekten, Insektenlarven, Spinnentiere, kleine Schnecken und Würmer. Im Herbst werden auch Beerenfrüchte nicht verschmäht.

Unterbringung

Steinschmätzer sollten in einer kombinierten Innen- und Außenvoliere untergebracht werden. Die Voliere kann sehr gut dem natürlichen Lebensraum nachempfunden werden. Dazu ist das Gehege relativ spartanisch einzurichten. Findlinge, Weidezaunpfähle und Baumstubben werden gerne als Sitzwarten angeflogen.

Der Boden sollte weitestgehend frei von Unterbewuchs sein. Einige kleine Büsche reichen völlig aus.

Vermehrung

In der Natur legen Steinschmätzer ihre Nester fast ausschließlich am Boden oder in Bodennähe an. Dies tun sie auch gerne in der Voliere. Allerdings ist zu beobachten, dass sie in Menschenobhut ebenso gerne Nisthilfen in allen Höhen annehmen. Nester in erhöht angebrachten Nisthilfen bieten einen wesentlich höheren Schutz vor kleinen Nagern, die es immer wieder mal schaffen, in die Voliere zu gelangen.

Steinschmätzer nehmen alle Arten von Halbhöhlen an und bauen darin ein Nest aus trockenen Gräsern, Kokosfasern, Moos und Tierhaaren.

Brutzeit	März - Juni	Gelegegröße	4 - 6 Eier
Gelege pro Jahr	1 - 2	Brutdauer	13 - 14 Tage
Nestlingszeit	13 - 15 Tage		

Fütterung

Als Grundfutter reicht man ein Weichfresserfutter. Das ganze Jahr über gibt man zudem tierische Kost. Während der Ruhephase sind Mehlkäferlarven und gefrostete Pinkies ausreichend. Zur Jungenaufzucht stellt man den Steinschmätzern ein möglichst abwechslungsreiches Buffet an Lebend- und Frostfutter zur Verfügung. Neben den Mehlkäferlarven und Pinkies kommt nun auch anderes Futter zum Tragen. Dazu gehören Getreideschimmelkäferlarven, Heimchen, Wachsmottenlarven, Soldatenfliegenlarven und allerlei weitere beschaffbare Futtertiere.

Steinschmätzer-Männchen sind eine auffallende Erscheinung.

20.1. Haussperling *Passer domesticus*

Passer domesticus (Linnè, 1758) · Engl.: House Sparrow

Unterarten

P. d. domesticus	West- und Nordeuropa bis Nordasien, Nordostsibirien und Nordjapan, eingebürgert in Amerika, Südafrika und Australien
P. d. balearoibericus	Südeuropa (außer Italien) bis Zentraltürkei
P. d. biblicus	Zypern, Nordisrael und Nordwestjordanien bis Westsyrien und Südosttürkei bis Nordwestiran
P. d. hyrcanus	Südostaserbaidschan und Nordiran
P. d. persicus	Zentraliran bis West- und Südafghanistan
P. d. indicus	Südisrael und Südpalestina bis Arabien und östlich bis Indien und Zentral- sowie Südostasien
P. d. bactrianus	Westturkmenistan und Nordostiran bis Westchina Nordwestpakistan
P. d. parkini	Nordwestliches und zentrales Himalayagebiet
P. d. hufufae	Nordostarabien
P. d. tingitanus	Nordwestafrika
P. d. niloticus	Ägypten
P. d. rufidorsali	Sudan und Erithrea

Haussperling-Männchen.

Haussperling-Weibchen.

Beschreibung
Die Größe der Nominatform (*P. d. domesticus*) beträgt ca. 15 cm. Beim Männchen ist der Oberkopf aschgrau und kastanienbraun eingefasst. Kehle und Kropfbereich sind mehr oder weniger schwarz, ebenso die Zügel und ein kurzer Streif hinter dem Auge. Ohrgegend grauweiß. Der Rücken ist rostbraun bis kastanienbraun und schwarz gestreift. Der Bürzel ist bräunlich aschgrau. Die Unterseite zeigt sich schmutzig grauweiß. Die weiße Flügelbinde ist charakteristisch. Der Schnabel ist braun und färbt sich zur Brutzeit schwarz. Die Füße und die Iris sind braun. Das Weibchen zeigt nicht die hübsche Kopfzeichnung und die schwarze Kehle. Die Unterseite ist bräunlich grau. Der Schnabel ist ganzjährig braun. Die Jungvögel ähneln dem Weibchen. In Menschenobhut werden zahlreiche Farbmutationen gehalten.

Lautäußerungen
Die bekannteste Lautäußerung der Haussperlinge ist das monotone Tschilpen „tschilp“ oder tjirp“. Ansonsten kann man ein ratterndes „tscherrr“ oder ein aggressives „tsch ere te tet“ vernehmen. Der Alarmruf ist „quiir“.

Vorkommen / Lebensraum
Der Haussperling kommt in fast ganz Europa und in großen Teilen Asiens und Afrikas vor. Zudem wurde er in Amerika, Südafrikaund Australien eingebürgert. Er ist meistens in der Nähe des Menschen anzutreffen und bewohnt Städte und Dörfer. Er nistet gerne an oder in menschlichen Bauten. In Nordafrika, auf den Kanaren, Kapverden, Sardinien und Madeira, lokal auf der Iberischen Halbinsel und in Südosteuropa sowie in Teilen Asiens wird der Haussperling durch den Weidens-

perling (*Passer hispaniolensis)* vertreten. In Italien sowie auf Korsika, Sizilien und Kreta kommt der Italiensperling (*Passer italiae*) vor. Der Italiensperling wurde lange als Unterart des Haussperlings oder des Weidensperlings angesehen. Weiterhin sogar als stabile Hybridform aus Haus- und Weidensperling. Mittlerweile hat der Italiensperling „Artstatus".

Fortpflanzung

Die Balz der Haussperlinge ist recht leicht zu beobachten, da sie ja gerne in Menschennähe brüten. Die unverpaarten Männchen hüpfen mit aufgeplustertem Gefieder und mit herabhängenden Flügeln und hochgestellten Schwanzfedern um das Weibchen, dabei ist ständig ihr Tschilpen zu hören. Oftmals sind es fünf und mehr Männchen, die das Weibchen umwerben. Einmal verpaart, bleiben Haussperlinge in der Regel dauerhaft zusammen. Das Nest wird in Höhlen, Nischen, Nistkästen und sogar freistehend errichtet. Haussperlinge brüten oftmals in lockeren Kolonien. Gerne werden die Nester auch unter Dachpfannen, in Schwalbennestern, in Mauerlöchern, in großen Horsten von Störchen oder Greifvögeln angelegt. Freistehende Nester sind Kugelnester. Sehr gerne werden künstliche Bruthöhlen angenommen. Die umfangreichen Nester werden aus trockenem Gras, Stroh, Tierhaaren, Federn und ähnlichen Materialien gebaut. Die Männchen unterstützen die Weibchen sehr und halten oftmals die Eier oder Jungen warm, wenn die Weibchen das Nest verlassen.

Brutzeit	April - August	Gelegegröße	4 - 6 Eier
Gelege pro Jahr	2 - 3	Brutdauer	11 - 14 Tage
Nestlingszeit	14 - 18 Tage		

Nahrung

Auf dem Speiseplan stehen Getreidekörner und eine Vielzahl von Sämereien, Insekten, Insektenlarven sowie Kerb- und Kriechtiere. Aufgrund ihrer Nähe zum Menschen, haben Haussperlinge auch Speisereste als Nahrungsquelle entdeckt.

Unterbringung

Haussperlinge kann man ganzjährig in geschützten Gartenvolieren halten. Ein Schutzhaus ist nicht erforderlich. Da Haussperlinge recht scheue Pfleglinge sein können, müssen im Gehege eine Vielzahl von Verstecken in Form von dichtem Buschwerk oder Koniferenzweigen vorhanden sein. So fühlen sich Haussperlinge sicherer. Verschiedene Nisthöhlen sind ganzjährig anzubieten, da diese auch als Schlafstätten angenommen werden. Grundsätzlich ist die Vergesellschaftung mit anderen Arten problemlos, allerdings kann es Probleme mit anderen Höhlenbrütern geben, da es Streitigkeiten um Nisthöhlen geben kann. In einem Gehege für Haussperlinge darf eine dicke, trockene Schicht Sand nicht fehlen, da sie sehr gerne ausgiebige Sandbäder nehmen. Als Mindestgröße der Voliere sollten 2 m x 1 m x 2 m nicht unterschritten werden.

Flügger Haussperling.

Vermehrung

In der Voliere sollten mehrere unterschiedliche Nisthilfen angeboten werden. Haben sich die Haussperlinge für eine Bruthöhle entschieden, wird die komplette Höhle mit trockenen Grashalmen, Kokosfasern, Blättern, Tierhaaren und sonstigen Baumaterialien ausgefüllt und unten in einer Ecke werden die Eier in einer weich ausgepolsterten Nestmulde abgelegt. Man kann mit drei Jahresbruten rechnen. Zur Jungenaufzucht ist den Haussperlingen uneingeschränkt tierische Kost anzubieten.

Fütterung

Im Handel erhältliche Sämereienmischungen für Waldvögel und Exoten werden sehr gerne von den Haussperlingen gefressen. Weiterhin nehmen sie gerne von einem Weichfutter. Mehlkäferlarven und Pinkies werden auch außerhalb der Brutzeit sehr gerne aufgenommen und sollten maßvoll ganzjährig gereicht werden.

20.2. Feldsperling *Passer montanus*

Passer montanus (Linnè, 1758) · Engl.: Eurasien Tree Sparrow

Unterarten

P. m. montanus	Europa über Nord- und Zentralasien bis Nordostsibirien und Nordostmongolei
P. m. dybowskii	Südostsibirien, Nordostchina und Nordkorea
P. m. transcaucasicus	Osttürkei, Kaukasus bis Armenien und Iran
P. m. kansuensis	Nordzentralchina
P. m. dilutes	Südkasachstan und Ostiran bis Nordwestchina und Südmongolei
P. m. tibetanus	Tibet bis Zentralchina
P. m. saturates	Sachalin, Kurilen und Japan über Ostchina bis Taiwan und Nordphilippinen
P. m. hepaticus	Nordostindien, Südosttibet und Nordwestmyanmar
P. m. malaccensis	Westnepal bis Buthan und Nordostindien, Südchina, Südostasien, Sumatra, Java und Südphilippinen

Beschreibung

Länge ca. 14 cm. Der Feldsperling ähnelt dem Haussperling, ist jedoch insgesamt etwas zierlicher. Der Oberkopf ist kastanienbraun. Die weißlichen Kopfseiten sind mit einem schwarzen Fleck versehen. Die Oberseite und die Flügel sind braun mit schwarzbraunen Strichelungen. Die Flügel haben zwei schmale weiße Binden. Die Unterseite ist braungrau mit einem schwarzen Kehllatz. Der hornfarbige Schnabel färbt sich zur Brutzeit schwarz. Die Jungvögel ähneln den Alttieren, sind allerdings blasser gefärbt. Die Geschlechter sind äußerlich nicht zu unterscheiden. In Menschenobhut werden einige wenige Mutationen gehalten.

Männchen und Weibchen der Feldsperlinge sind anhand äußerlicher Merkmale nicht zu unterscheiden.

Lautäußerungen

Das Rufen besteht aus einem einsilbigen Tschilpen, das etwas höher klingt, als beim Haussperling.

Vorkommen / Lebensraum

Der Feldsperling lebt in mehreren Unterarten in Europa und Asien. In Nordamerika und Australien wurde er eingebürgert. Er bewohnt Stadtränder, Gärten, Parkanlagen, Feldgehölze und offenes Gelände mit Baumbestand. Ein Stadtvogel ist er grundsätzlich nicht, wird allerdings vermehrt dort angetroffen.

Fortpflanzung

Feldsperlinge brüten in Nischen und Höhlen, seltener bauen sie freistehende Nester. Gerne nehmen sie künstliche Nisthilfen an und brüten oftmals in lockeren Kolonien. Das Nest wird von beiden Elterntieren gebaut. Es beteiligen sich zwar beide Partner am Brutgeschäft, doch ist der Anteil des Weibchens deutlich höher.

Nahrung

Feldsperlinge ernähren sich von Sämereien von Kräutern, Getreide und Gräsern. Weiterhin von Insekten, Insektenlarven, Kerb- und Kriechtieren und gelegentlich auch von Knospen und Beeren.

Unterbringung

Feldsperlinge fühlen sich in bepflanzten und mit Koniferenzweigen ausgestatteten Volieren sehr wohl. Die Voliere muss einen wind- und wettergeschützten Be-

Brutzeit	April - Juli	Gelegegröße	4 - 7 Eier
Gelege pro Jahr	2 - 3	Brutdauer	13 - 14 Tage
Nestlingszeit	14 - 16 Tage		

Feldsperlinge sind durchaus geschickte Jäger.

sperlinge werden vor allem in den ersten Lebenstagen ausschließlich mit tierischer Kost versorgt.

Fütterung

Man stellt den Feldsperlingen eine Sämereienmischung für Waldvögel und eine für Exoten zur Verfügung. Grünfutter, Obst und Gemüse reicht man je nachdem, was die Jahreszeit hergibt. Etwas Weichfressertutter sollte ständig angeboten werden. Zur Jungenaufzucht benötigen die Sperlinge zwingend tierische Kost. Auch Keimfutter bereichert den Speiseplan.

reich aufweisen. Ein Schutzhaus hingegen ist nicht erforderlich. Nisthöhlen müssen ganzjährig vorhanden sein, da diese gerne als Schlafplatz genutzt werden. Im trockenen Bereich der Voliere sollte sich Sand befinden, da Feldsperlinge liebend gerne Sandbäder nehmen. Die Vergesellschaftung mit anderen Vogelarten ist unproblematisch. Die Partner können ganzjährig beisammen bleiben und müssen außerhalb der Brutzeit nicht getrennt werden. Da sie in der Natur gerne in Kolonien leben und brüten, kann man in entsprechend geräumigen Volieren durchaus mehrere Paare Feldsperlinge halten. Es ist auch möglich ein Männchen mit zwei Weibchen zu vergesellschaften, wobei sich das Männchen dann mit beiden Weibchen paaren wird. Die Mindestgröße der Voliere ist 2 m x 1m x 2 m. Von einer Haltung in kleineren Gehegen oder gar in Zuchtboxen sollte aufgrund des unruhigen Wesens abgesehen werden.

Vermehrung

Man sollte den Feldsperlingen mehrere Bruthöhlen zur Auswahl anbieten. Hervorragend eignen sich Bruthöhlen für Kohlmeisen und Stare aus Holz und Holzbeton. Als Nistmaterial reicht man trockene Gräser, Schilfblätter, dünne Zweige, Kokosfasern, Tierhaare, Federn, Moos und Wurzelfasern. In Menschenobhut sind drei Jahresbruten nicht selten. Die jungen Feld-

Feldsperling beim Füttern seiner Jungen.

21.1. Heckenbraunelle *Prunella modularis*

Prunella modularis (Linnè, 1758) · Engl.: Dunnock

Unterarten

P. m. hebridium	Irland und Hebriden
P. m. occidentalis	Schottland (außer Hebriden), England und Westfrankreich
P. m. modularis	Nord- und Zentraleuropa, West- und Zentralbalkan und Bulgarien
P. m. fuscata	Südliche Krim (nördliche Küste des Schwarzen Meeres)
P. m. euxina	Nordwest- und Nordtürkei
P. m. mabbotti	Iberische Halbinsel, Süd- und Zentralfrankreich, Italien und Griechenland
P. m. obscura	Nordosttürkei, Kaukasus und Nordiran

Heckenbraunellen zeigen eine schlichte, aber dennoch hübsche Gefiederfärbung.

Beschreibung

Größe 15 cm. Männchen und Weibchen sind nahezu gleich gefärbt und nur von erfahrenen Kennern zu unterscheiden. Kehle, Brust, Teile des Kopfes und Halsseiten sind je nach Unterart variabel grau. Die Unterseitenmitte ist schmutzig weißgrau, die Seiten sind dagegen rotbraun gestreift. Brust grau, wirkt teilweise geschuppt. Nacken und Oberkopf zeigen eine bräunlich graue, dunkel gefleckte Gefiederfärbung. Der Rücken und die Flügel sind rotbraun mit dunklen Längsstrichelungen. Der Bürzel und die Schwanzoberseite sind bräunlich. Der Schnabel ist dunkelbraun und die Füße sind rotbraun, ebenso die Iris. Jungvögel sind heller gefärbt und mehr gefleckt. Insgesamt besitzen Heckenbraunellen eine recht unscheinbare Gefiederfärbung.

Lautäußerungen

Ganz im Gegensatz zu ihrer meist verborgenen und heimlichen Lebensweise, tragen die Männchen ihren Gesang oftmals völlig frei sitzend von Baumspitzen und ähnlich exponierten Stellen aus vor. Der Gesang ist hell, fein und plauderhaft. Als Kontaktruf wird ein zartes „sit-zrui" ausgestoßen. Der Stimmfühlungslaut ist ein „dididi" oder „dsidsidsi". Bei Erregung ertönt ein eher scharfes „zie" oder „dsiit".

Vorkommen / Lebensraum

Heckenbraunellen leben in Teilen Europas und Asiens. Ihr Lebensraum sind Wälder mit Unterbewuchs, Gärten, Parks, Gebüsche, Hecken, Feldgehölze, Friedhöfe und ähnlich strukturierte Landschaften.

Gelege der Heckenbraunelle.

Fortpflanzung

Heckenbraunellen haben ein durchaus komplexes Paarungsverhalten und sind überwiegend polygam. Dabei verpaaren sich die Weibchen mit mehreren Männchen und die Männchen oftmals mit mehreren Weibchen. Bei der Fütterung der Nestlinge helfen oftmals zwei oder mehrere Männchen. Das Nest wird nicht sehr hoch, oftmals auch in Bodennähe, in Büschen und Sträuchern angelegt. Aus trockenen Halmen und Moos sowie einer Auspolsterung aus Haaren und Federn entsteht ein recht festes Gebilde, in dem die Heckenbraunellen ihren Nachwuchs großziehen.

Brutzeit	April - Juli	Gelegegröße	4 - 6 Eier
Gelege pro Jahr	2	Brutdauer	11 - 13 Tage
Nestlingszeit	13 - 15 Tage		

Nahrung

Neben Insekten, Insektenlarven, kleinen Kerb- und Kriechtieren nehmen die Heckenbraunellen auch feine Sämereien und Beeren auf.

Unterbringung

Heckenbraunellen sind ausdauernde Pfleglinge, die ganzjährig in einer geschützten Voliere untergebracht werden können. Die kalten Wintertemperaturen machen den Vögeln nichts aus. Das Gehege sollte gut bepflanzt sein und eine dichte Unkrautschicht aufweisen. Seiten- und Rückwände können dicht mit Koniferenzweigen ausstaffiert werden. In kleinen Volieren sollte man sich auf eine paarweise Haltung beschränken. In größeren Anlagen kann man durchaus mehrere Heckenbraunellen halten. In einer Voliere mit einer Grundfläche von 150 Quadratmetern konnte ich gleichzeitig drei brütende Weibchen feststellen.

Vermehrung

In gut bepflanzten und mit Koniferenzweigen ausgestatteten Volieren bauen die Heckenbraunellen ihr Nest oft freistehend. Trotzdem werden auch sehr gerne Nisthilfen in Form von kleinen Körbchen und Kaisernestern angenommen. An Nistmaterial reicht man allerlei natürliche Stoffe wie trockene Gräser, Wurzelfasern, Moos, Federn, Tierhaare und dazu Kokosfasern und Scharpie.

Gut befiederte Heckenbraunellen im Nest.

Fütterung

Eine Weichfressermischung und feine Wildsämereien werden ganzjährig angeboten. Dazu täglich Mehlkäferlarven und gefrostete Pinkies. Zur Brutzeit hin sollte man das tierische Futter um alles Beschaffbare erweitern. Heckenbraunellen nehmen dann gerne Getreideschimmelkäferlarven, Heimchen und Soldatenfliegenlarven.

22.1. Schafstelze *Motacilla flava*

Motacilla flava (Linnè, 1758) · Engl.: Western Yellow Wagtail

Unterarten

M. f. flavissima	Großbritannien und Küsten Europas
M. f. lutea	Südwestrussland bis Nordwest- und Nordzentralkasachstan
M. f. flava	Nord- und Zentraleuropa bis zum Ural
M. f. beema	Südwestsibirien und Nordostkasachstan bis zur Westhimalayaregion
M. f. iberiae	Iberische Halbinsel, Südwestfrankreich, und Nordwestafrika
M. f. cinereocapilla	Italien, Sizilien, Korsika, Sardinien und Slowenien
M. f. pygmaea	Ägypten
M. f. leucocephala	Nordwestmongolei, Nordwestchina und Südzentralsibirien
M. f. feldegg	Balkan, Türkei bis Iran und Afghanistan
M. f. thunbergi	Nordeuropa bis Nordwestsibirien

Schafstelzen-Weibchen.

Beschreibung

Die Nominatform ist ca. 17 cm lang. Die Männchen zeigen im Prachtkleid einen grauen Kopf, einen weißen Überaugenstreif, graubraune Wangen, zwei weißliche Flügelbinden und eine leuchtend gelbe Unterseite. Die Oberseite ist olivgrünlich, der Schwanz ist schwarz und zeigt weiße äußere Federn. Die Weibchen sind deutlich blasser gefärbt und die Unterseite ist weißlicher. Juvenile Schafstelze zeigen ein gelbliches Kinn, eine graubraune Oberseite und eine bräunliche Unterseite. Der Schwanz ist kürzer als bei der Gebirgsstelze. Die Unterarten unterscheiden sich in der Gefiederfärbung teilweise sehr massiv. So zeigen die Männchen von *M. f. feldegg* im Prachtkleid einen tiefschwarzen Kopf. Die Männchen von M. f. flavissima hingegen tragen eine leuchtend gelbe Kopffärbung ohne jegliches Schwarz.

Lautäußerungen

Der Gesang ist ein eher unauffälliges „srisrisri“. Der Stimmfühlungslaut ist ein weiches „psie” oder auch „twiep“.

Vorkommen / Lebensraum

Schafstelzen sind Brutvögel in weiten Teilen Europas, Asiens und Nordwestafrikas. Sie überwintern im Mittelmeerraum, in Afrika, in Südasien, auf den Philippi-

Schafstelzen-Männchen.

Schafstelze der Unterart M. f. feldegg.

nen und sogar in Nordaustralien. Schafstelzen mögen vor allem feuchte Landschaften. In erster Linie sind dies Feuchtwiesen und feuchte Weideflächen. Aber sie besiedeln auch nicht zu intensiv bewirtschaftete Äcker und Getreideflächen

Fortpflanzung

Schafstelzen sind Bodenbrüter und bauen das Nest sehr versteckt in Bodenvertiefungen im Schutze des Pflanzenbewuchses. Zum Nestbau verwenden sie trockene Halme, Moos, Wurzelfasern, Tierhaare, Federn und Pflanzenwolle. Nur das Weibchen brütet. An der Versorgung des Nachwuchses beteiligen sich beide Elternteile.

Brutzeit	April - Juli	Gelegegröße	4 - 6 Eier
Gelege pro Jahr	1 - 2	Brutdauer	12 - 13 Tage
Nestlingszeit	11 - 12 Tage		

Schafstelze nach der Jugendmauser.

Nahrung

Ihre Nahrung suchen die Schafstelzen am liebsten auf kurzrasigen Flächen. Sie erbeuten u. a. Insekten, Insektenlarven sowie kleine Kerb- und Kriechtiere.

Unterbringung

Schafstelzen lassen sich sehr gut paarweise in geschützten Gartenvolieren halten. Der Zugang zu einem frostfreien Innenraum sollte gewährleistet werden. Am sichersten ist eine getrennte Überwinterung der Geschlechter um Verlusten durch Aggressionen vorzubeugen. Die Voliere sollte freie Bodenflächen aufweisen und nur spärlich bepflanzt sein.

Vermehrung

Im Gegensatz freilebender Schafstelzen bauen Schafstelzen ihre Nester in Menschenobhut auch sehr gerne in erhöht angebrachten Nisthilfen. Darum sollte man den Vögeln mehrere Nisthilfen in unterschiedlichen Höhen anbieten. Es werden gut verkleidete Kaisernester und sogar Halbhöhlen angeboten. Aber auch freistehende Nester unter Grasbülten werden gebaut. Man bietet trockene Halme, Kokosfasern, Moos, Tierhaare, kleine Federn und anderes Baumaterial zu Erstellung des Nestes an.

Fütterung

Neben einem Weichfresserfutter, das von manchen Exemplaren mehr und von anderen weniger angenommen wird, reicht man gefrostete und lebende Futtertiere. Während der Ruhephase sind einige Mehlkäferlarven, Pinkies und Getreideschimmelkäferlarven vollkommen ausreichend. In der Jungenaufzucht sollte der Futterplan um alles Beschaffbare an tierischer Kost, u. a. Heimchen und Wiesenplankton, erweitert werden.

22.2. Gebirgsstelze *Motacilla cinerea*

Motacilla cinerea (Tunstall, 1771) · Engl.: Grey Wagtail

Unterarten

M. c. patriciae	Azoren
M. c. schmitzi	Madeira
M.c. cinerea	Westeuropa, Kanarische Inseln und Nordwestafrika bis Zentral-, Ost- und Nordostasien

Gebirgsstelzen-Weibchen.

Beschreibung

Aufgrund ihrer recht langen Schwanzfedern erreichen Gebirgsstelzen eine Körperlänge von 18 bis 19 cm. Im Brutkleid haben die Männchen weiße Bart- und Überaugenstreifen, der Oberkopf und die Wangen sind grau. Das Kinn und die Kehle sind bis zur Brust schwarz. Die Oberseite ist aschgrau bis grünlich, der Bürzel grünlich gelb. Die Flügel sind schwarz und zeigen helle Säume. Der lange Schwanz ist schwarz und die äußeren Federn sind hell. Die Unterseite ist gelb. Außerhalb der Brutzeit ist die Kehle weißlich, die Brust gelbbräunlich. Im Brutkleid tragen die Weibchen nur wenig bis gar kein Schwarz im Kehlbereich. Die Unterseite ist insgesamt blasser. Im Schlichtkleid sind Männchen und Weibchen sehr ähnlich gefärbt. Jungvögel zeigen eine bräunliche Oberseite und einen undeutlichen, rahmfarbenen Überaugenstreif. Die Gebirgsstelze ist die einzige heimische Stelze mit bräunlichen Ständern.

Lautäußerungen

Der Gesang ist, wie bei den meisten Stelzen, sehr leise zwitschernd „tschetschetsche". Der Stimmfühlungslaut ist ein scharfes „ziss ziss". Der Warnruf „siebzickzick" kann mitunter sehr durchdringend sein

Vorkommen / Lebensraum

Das Verbreitungsgebiet erstreckt sich, zum Teil lückenhaft, von den Azoren, Kanaren und Madeira über Europa, Nordafrika bis Ost- und Nordostasien.

Gebirgsstelzen lieben waldige Lebensräume mit schnellfließenden Bächen und Flüssen mit Kies und Geröll. Sie weichen aber auch ins Kulturland aus und sind beispielsweise an Wehren und Kanälen anzutreffen.

Fortpflanzung

Gebirgsstelzen bauen ihr Nest meistens in Wassernähe, oftmals sogar in Nischen an senkrechten Uferbereichen, an Brücken oder in sonstigen Bauwerken mit Nischen und Höhlungen in Wassernähe. Zum Nestbau verwenden Gebirgsstelzen u. a. Moos, trockene Grashalme, kleine Zweige, Laub, Tier- und Pflanzenhaare sowie Wurzelfasern. Das Männchen unterstützt das Weibchen beim Brüten, nachts sitzt allerdings nur das Weibchen auf dem Nest. Die Jungen sind mit dem Verlassen des Nestes voll flugfähig.

Brutzeit	April - Juli	Gelegegröße	4 - 6 Eier
Gelege pro Jahr	1 - 2	Brutdauer	12 - 14 Tage
Nestlingszeit	12 - 14 Tage		

Nahrung

Als Insektenfresser erbeuten Gebirgsstelzen Insekten, Insektenlarven, Kerb- und Kriechtiere, Spinnen, aber auch Flohkrebse und kleinere Weichtiere.

Unterbringung

Gebirgsstelzen kommen ganzjährig sehr gut mit dem mitteleuropäischen Klima klar und können das ganze Jahr über in einer geschützten Gartenvoliere untergebracht werden. Die Voliere sollte durchaus bepflanzt sein, aber auch freie Flächen aufweisen. Mit Steinen und Geröll lässt sich der natürliche Lebensraum sehr gut nachbilden. Ein Wasserlauf oder ein kleiner Wasserfall kann ebenfalls in ein Gehege für Gebirgsstelzen integriert werden.

Vermehrung

Man bietet den Vögeln verschiedene Halbhöhlen in unterschiedlichen Höhen der Voliere an. Sogar verkleidete Holzkaisernester werden als Nisthilfe akzeptiert. An Nistmaterial reicht man Moos, Tierhaare, Scharpie, Kokosfasern, Laub, kleine Zweige, trockene Grashalme und ähnliche Stoffe. Einiges Material bietet man in einer flachen Schale mit Wasser an, da die Vögel auch gerne nasses und feuchtes Material zum Nestbau verwenden. Nach dem Schlupf der Jungen beteiligen sich beide Partner an der Versorgung des Nachwuchses. Wenn das Weibchen schon wieder mit der nächsten Brut beschäftigt ist, versorgt das Männchen die Jungen noch bis zu drei Wochen mit Futter.

Fütterung

Gebirgsstelzen sind leicht mit Mehlkäferlarven, Getreideschimmelkäferlarven, gefrosteten Pinkies, Heimchen und anderen Futtertieren zu ernähren. Zudem sollte immer ein gutes Weichfresserfutter zur Verfügung stehen.

Brütende Gebirgsstelze in einer Holzbetonhalbhöhle.

Brütende Gebirgsstelze in einem Holzkaisernest.

22.3. Bachstelze *Motacilla alba*

Motacilla alba (Linnè, 1758) · Engl.: White Wagtail

Unterarten

M. a. yarrellii	Irland, Großbritannien und Küstengebiete Westeuropas
M. a. alba	Südostgrönland, Island, Färöer über Kontinentaleuropa bis zum Ural, Kaukasus, Zentralasien u. Mittlerer Osten
M. a. subpersonata	Westmarokko
M. a. personata	Nordiran bis Südwestsibirien, Westmongolei, Nordwestchina und Westhimalaya
M. a. baicalensis	Südzentralsibirien bis Nordostchina
M. a. ocularis	Nordsibirien bis Nordwestalaska
M. a. lugens	Küstengebiete und Inseln Südostsibiriens, Nordkorea und Nord- und Zentraljapan
M. a. leucopsis	Binnenland Südostsibirien, Zentral-, Ostchina, Südkorea und Südwestjapan
M. a. alboides	Zentral-, Osthimalaya bis Südchina, Nordindochina und Nordmyanmar

Beschreibung

Länge ca. 18 cm. Die Bachstelze unterscheidet sich von allen anderen Vogelarten durch ihre schwarz-grau-weiße Färbung die je nach Unterart unterschiedlich verteilt ist und ihren langen, ständig wippenden Schwanz. Das Männchen besitzt im Prachtkleid eine Trennung zwischen dem grauen Rücken und dem schwarzen Nacken. Das Weibchen dagegen zeigt einen fließenden Übergang vom grauen Rücken zum schwarzen Scheitel. Im Schlichtkleid sind beide Geschlechter nur schwer zu unterscheiden. Im Jugendkleid sind die Bachstelzen unscheinbar grau gefärbt. Die Unterarten unterscheiden sich in Ausdehnung und Anordnung der schwarz-weißen Gefiederfärbung.

Bachstelzen-Männchen.

Lautäußerungen

Am häufigsten hört man ein „dschewitz“ oder „dschewit“, oft auch in Verbindung mit einem Zwitschergesang. Der Stimmfühlungslaut ist ein „zick“ oder “zilp“.

Vorkommen / Lebensraum

Die Bachstelze bewohnt fast ganz Europa und ostwärts bis Sibirien, bis zu den Kurilen und Alaska. Die südlichsten Vorkommen leben in Marokko, Iran, Irak, Afghanistan, Indien, Myanmar, Korea, China, Taiwan und Japan. Je nach Verbreitungsgebiet überwintern die Bachstelzen in Nordafrika und Südasien.

Als Lebensraum bevorzugen sie offenes Gelände aller Art. Dabei sind sie nicht an Wasser gebunden und sogar in Dörfern und Städten anzutreffen.

Fortpflanzung

Im Regelfall treffen die Männchen vor den Weibchen in den Brutgebieten ein und besetzen die Brutreviere. Nach erfolgreicher Balz wird das Nest in einer Art Halbhöhle gebaut. Nester werden beispielsweise in Mauerlöchern, auf Balken in Schuppen, unter Dachziegeln oder in Holzstößen errichtet. Auch die Männchen bebrüten zeitweise das Gelege.

Brutzeit	April - Juli	Gelegegröße	5 - 6 Eier
Gelege pro Jahr	1 - 3	Brutdauer	13 - 15 Tage
Nestlingszeit	13 - 14 Tage		

Bachstelzengelege.

Bachstelzen nach der Beringung.

Nahrung

Bachstelzen ernähren sich ausschließlich von tierischer Kost. Auf dem Speiseplan stehen unter anderem Insekten, Insektenlarven, Spinnentiere. Oftmals kann man Bachstelzen auf Rasenflächen beobachten, wie sie flink hinter auffliegenden Insekten herrennen oder kurze Jagdflüge, dicht über dem Boden, vollziehen.

Unterbringung

In einem großzügig bemessenen Gehege kann man das Verhalten der aktiven Bachstelze am besten beobachten. Die Voliere sollte freie Flächen bieten, da sich die

Flügge Bachstelze.

Vögel gerne am Boden aufhalten. Ideal wäre eine kleine Rasenfläche, die kurz gehalten wird. Ein größeres, flaches Wasserbecken und einige Findlinge sowie Baumwurzeln oder Weidezaunpfähle sollten in der Voliere für die Bachstelzen nicht fehlen. Bachstelzen benötigen keinen beheizten Innenraum. Vielmehr muss ein wind- und wettergeschützter Bereich vorhanden sein. Einige Exemplare können außerhalb der Brutzeit recht aggressiv gegen Artgenossen sein, darum sollte man die Paare über den Winter vorsorglich trennen.

Vermehrung

Für eine erfolgreiche Vermehrung der Bachstelze muss man mehrere Nisthilfen anbieten. Dazu eignen sich Halbhöhlen aus Holz oder Holzbeton. Gerne werden auch mit etwas Grün verkleidete Holzkaisernester als Brutplatz angenommen. Über den Winter getrennte Partner werden Ende März oder Anfang April unter Aufsicht zusammengesetzt. Sollte das Männchen zu aggressiv reagieren, müssen die Partner für einige Tage wieder getrennt und später erneute Versuche unternommen werden. Allerdings kann man die Partner in den allermeisten Fällen sofort beisammen lassen.

Fütterung

Neben einem Weichfresserfutter müssen ständig lebende oder gefrostete Futtertiere zur Verfügung stehen. Mehlkäferlarven und Pinkies sollten ganzjährig gereicht werden. Zur Brutphase hin gestaltet man den Speiseplan abwechslungsreicher, z. B. durch die Gabe von Getreideschimmelkäferlarven und Heimchen.

22.4. Wiesenpieper *Anthus pratensis*

Anthus pratensis (Linnè, 1758) · Engl.: Maedow pipit

Unterarten
keine

Beschreibung

Länge ca. 14,5 cm. Männchen und Weibchen sind gleich gefärbt. Die Oberseite ist bräunlich mit einer feinen schwarzbraunen Längsstrichelung. Der Augenstreif ist nur schwach angedeutet. Die Unterseite wirkt insgesamt gräulich weiß. Die Brust und die Flanken sind mit schwarzbraunen Längsstreifen und Tropfen versehen. Die Schwanzfedern sind dunkel graubraun mit weißlichen Außenfahnen. Die Beine sind rötlich gefärbt. Der Schnabel ist auffallend dünn und spitz.

Wiesenpieper ähneln in der Gefiederfärbung dem Baumpieper. Wenn man die beiden Pieper aus nächster Nähe vergleicht, wirkt der Wiesenpieper insgesamt etwas grauer. Die Strichelung der Brust beim Wiesenpieper ist etwas zarter gestreift. Im Gegensatz zum Baumpieper besitzt der Wiesenpieper eine lange Hinterkralle, ähnlich der Laufkralle bei den Lerchen.

Auffallend ist die helle Rahmung der Augen.

Wiesenpieper zeigen überaus lange Hinterzehen.

Lautäußerungen

Der Gesang ist hoch zwitschernd und wird mit eintönigen Rufen eingeleitet. Es folgen klirrende und rollende Töne, die intervallmäßig wiederholt werden. Der häufige Ruf „hist" wird scharf und kurz ausgestoßen. Der Warnruf „tsip" ähnelt dem Zirpen der Heuschrecken. Der Gesang wird oftmals in Singflügen vorgetragen. Dabei startet der Vogel singend seinen Flug von einer Sitzwarte oder Bodenerhebung. Anschließend kehrt er im Gleitflug zum Ausgangspunkt zurück.

Vorkommen / Lebensraum

Die Brutgebiete des Wiesenpiepers erstrecken sich von Island über West- und Nordeuropa bis Westrussland. Wiesenpieper sind keine Langstreckenzieher, sie überwintern in Südeuropa, Nordafrika und in Südasien. In manchen Teilen ihres Brutgebietes sind sie auch Standvögel. Einige Exemplare verbringen den Winter auch in Mitteleuropa. Ihr Lebensraum sind offene Landschaften. Gerne bewohnen sie Wiesen, Heideflächen, Moorgebiete, Dünen und ähnlich strukturierte Landschaften.

Fortpflanzung

Wiesenpieper sind Bodenbrüter. Sie legen die Kinderstube gut geschützt und von oben nicht sichtbar unter Grasbülten auf Wiesen oder Böschungen an. Das Nest wird allein vom Weibchen gebaut. Dazu verwendet es Halme, Wurzelfasern, Moos, Tierhaare und ähnliches Material. Das Weibchen brütet allein und auch das Hudern des Nachwuchses obliegt ihm allein. Das Männchen versorgt das Weibchen mit Nahrung und beteiligt sich an der Fütterung des Jungen.

Brutzeit	April - Juli	Gelegegröße	4 - 6 Eier
Gelege pro Jahr	2	Brutdauer	12 - 14 Tage
Nestlingszeit	12 - 14 Tage		

Gerade ausgeflogene Wiesenpieper.

Nahrung

Wiesenpieper ernähren sich von Insekten, Insektenlarven, Spinnentieren, kleinen Schnecken, Würmern und von anderen Kerb- und Kriechtieren. Im Winter nehmen sie hin und wieder auch feine Sämereien auf.

Fütterung

Im Winter reicht man den Wiesenpiepern Mehlkäferlarven und gefrostete Pinkies. Zur Brutzeit hin wird das Nahrungsangebot erweitert. Dazu stehen u. a. Getreideschimmelkäferlarven, Heimchen und Soldatenfliegenlarven zur Verfügung. Auch von einem Weichfresserfutter, das ganzjährig angeboten wird, nehmen die Pieper sehr gerne.

Unterbringung

Wiesenpieper können ganzjährig in geschützten Gehegen untergebracht werden. Ein wind- und wettergeschützter Bereich ist ausreichend. Die Voliere darf in Teilen bepflanzt sein, sollte aber auch großzügige freie Flächen haben. Grasbulten, einzelne niedrige Pflanzen, ein paar Steine und Baumstubben sollten als Voliereneinrichtung nicht fehlen.

Vermehrung

Auch in Menschenobhut bauen Wiesenpieper die Nester gerne am Boden unter dem Schutz von Grasbulten. Ebenso gerne nehmen sie aber auch Nisthilfen in unterschiedlichen Höhen an. Ich gehe davon aus, dass die Vögel die Seitenwände der Voliere als Böschung ansehen und in diesen Bereichen Nisthilfen annehmen. Es eignen sich Halbhöhlen und verkleidete Holzkaisernester. Als Nistmaterial gibt man trockene Grashalme, Kokosfasern, Moos, Wurzelfasern und Tierhaare.

Wie alle Stelzenverwandte, halten sich auch Wiesenpieper gerne am Boden auf.

22.5. Baumpieper *Anthus trivialis*

Anthus trivialis (Linnè, 1758) · Engl.: Tree pipit

Unterarten

A. t. trivialis	Europa (außer Island, Irland, südliche Iberische Halbinsel, Mittelmeerinseln) bis Südwestsibirien, Nordiran und Türkei, Ostkasachstan, Südzentralsibirien, Mongolei und Nordwestchina
A. t. haringtoni	Nordwesthimalaya

Baumpieper tragen einen recht angenehmen Gesang vor.

Beschreibung

Länge ca. 15 cm. Baumpieper sind dem Wiesenpieper sehr ähnlich. Frisch vermausert sind sie deutlich kräftiger gefärbt und unterseits stärker gestreift. Die Färbung der Kehle, Brust und Flanken ist wärmer isabellfarben. Der Bauch ist weißlich. Die Unterseitenstreifung verläuft in breiteren Bahnen, ist recht gleichmäßig über die Brust verteilt und läuft über den Flanken in schmalen Schaftstrichen aus. Der Mantel ist in frischem Gefieder weniger kräftig gestreift. Baumpieper zeigen einen recht deutlichen Überaugenstreif und einen kleinen hellen Fleck am Hinterrand der Ohrdecken. Außerdem ist ein kurzer, schmaler, dunkler Zügelstreif sichtbar. Die Hinterkralle ist kürzer und stärker gebogen als beim Wiesenpieper. Die Geschlechter sind gleich gefärbt.

Lautäußerungen

Der Baumpieper trägt seinen melodischen Gesang vom Boden oder von einer Sitzwarte aus vor. Weiterhin lässt er seinen Reviergesang auch oft im Singflug ertönen. Nach einem „ziziziwiswiwis" ertönt ein Zwitschern, das an Kanarien oder Buchfinken erinnert. Der Gesang endet mit einem „zia zia zia zia". Der Stimmfühlungslaut ist „psrieh" und der Warnruf „zipp zipp zipp".

Vorkommen / Lebensraum

Baumpieper sind Brutvögel der gemäßigten Breiten Eurasiens. In Gebirgsregionen leben Baumpieper bis zur Baumgrenze in Höhen von bis zu 2500 m. Der Lebensraum sind offene bis halboffene Geländeformen wie zum Beispiel aufgelockerte Waldränder, Lichtungen, Kahlschläge, junge Aufforstungen, Heidelandschaften, Moorgebiete, Weinberge, Streuobstflächen, Brachflächen und ähnlich strukturierte Landschaftsformen.

Baumpieper gehören zu den sogenannten Langstreckenziehern. Die Überwinterungsgebiete der europäischen Populationen befinden sich südlich der Sahara über die gesamte Breite Afrikas. Die asiatischen Brutvögel überwintern in Südasien. Sie halten sich dann unter anderem in Indien, Bangladesch, Pakistan, Afghanistan und auf der arabischen Halbinsel auf. Die Europäischen Brutvögel treffen zwischen Ende März und Anfang Mai in ihren Brutgebieten ein. Der Wegzug aus den Brutgebieten fällt überwiegend in den August und September. Vereinzelt ziehen Baumpieper bereits etwas eher oder auch später.

Fortpflanzung

Die Männchen erscheinen im Frühjahr ein paar Tage vor den Weibchen in den Brutgebieten und besetzen sofort ihre Reviere. Aufgrund relativ großer Standorttreue kommt es durchaus zu Wiederverpaarungen. Beide Partner verteidigen ihr Revier sehr aggressiv gegen Artgenossen. Das Nest wird am Boden unter Grasbulten, Zwergsträuchern, Heide oder anderen niedrigen Gebüschen angelegt. Es wird so gebaut, dass es von oben nicht einsehbar ist. Es wird meistens an der wettergeschützten Seite erstellt. Als Nistmaterial werden trockenes Gras, Moos, feines Wurzelwerk und feines Laub, manchmal auch Tierhaare und kleine Federn, verwendet. Der Nestbau obliegt allein dem Weibchen. Die Eier der Baumpieper sind sehr variabel gefärbt. Allerdings sind die Eier eines Geleges von der Grundfarbe her gleich gefärbt. Die Jungen werden von beiden Eltern gefüttert. Die kleinen Baumpieper verlassen noch flugunfähig das Nest und verstecken sich in der Umgebung. Erst mit 18 bis 20 Tagen sind sie voll flugfähig. Nach weiteren 14 Tagen sind die Jungen selbständig.

Männchen und Weibchen sind äußerlich nicht zu unterscheiden.

Brutzeit	April - Juli	Gelegegröße	4 - 5 Eier
Gelege pro Jahr	1 - 2	Brutdauer	12 - 14 Tage
Nestlingszeit	11 - 13 Tage		

Nahrung

Auf dem Speiseplan stehen Insekten, Insektenlarven, Spinnentiere, Kerb- und Kriechtiere. In der Ruhephase werden manchmal feine Sämereien aufgenommen.

Unterbringung

Eine geschützte Gartenvoliere, die entsprechend dem natürlichen Habitat eingerichtet ist, bietet gute Voraussetzungen für eine erfolgreiche Haltung des Baumpiepers. Einige Büsche und niedrige Pflanzen, Baumstümpfe und Findlinge sowie ein paar höher angebrachte Sitzstangen gehören zur Ausstattung. Freie Bodenflächen sollten aber ebenso vorhanden sein. Die Partner können das ganze Jahr hindurch zusammengehalten werden.

Vermehrung

Neben Bodennestern bauen Baumpieper in Volierenhaltung ihre Nester auch sehr gerne in unterschiedlichen Nisthilfen. Deshalb sollten einige Halbhöhlen und Holzkaisernester in unterschiedlichen Ebenen angebracht werden. An Baustoffen für das Nest wird allerlei Material angenommen. Es haben sich trockene Gräser, Kokosfasern, Wurzelfasern, kleine Blätter, Tierhaare, Moos und Sisalfasern bewährt.

Fütterung

Ganzjährig wird ein feines Weichfresserfutter angeboten. Daneben sind im Winterhalbjahr Mehlkäferlarven und Pinkies ausreichend. Ab dem zeitigen Frühjahr wird dann das Futterangebot um alles beschaffbare Lebendfutter erweitert. Neben Getreideschimmelkäferlarven werden auch Heimchen, kleine Soldatenfliegenlarven und Wachsmottenlarven sehr gerne angenommen.

Baumpiepernest in einer Nisthilfe.

23.1. Buchfink *Fringilla coelebs*

Fringilla coelebs (Linnè, 1758) · Engl.: Common Chaffinch

Unterarten

F. c. gengleri	Großbritannien
F. c. coelebs	Europa (außer Großbritannien und Sardinien) bis Zentralasien, West- u. Nordtürkei, Zentral- und Ostkaukasus und Nordwestiran
F. c. solomkoi	Krim und Südwestkaukasus
F. c. sarda	Sardinien
F. c. syriaca	Zypern, Südosttürkei bis Nordirak und Jordanien
F. c. alexandrovi	Nordiran
F. c. transcaspia	Nordostiran und Südwestturkmenistan
F. c. africana	Marokko bis Nordwesttunesien
F. c. harterti	Nordostlibyen
F. c. spodiogenys	Nord- und Osttunesien sowie Nordwestlibyen
F. c. moreletti	Azoren
F. c. maderensis	Madeira
F. c. canariensis	La Gomera, Teneriffa
F. c. bakeri	Gran Canaria
F. c. ombriosa	Hierro
F. c. palmae	La Palma

Beschreibung

Länge ca. 14 bis 16 cm. Die Männchen der Nominatform zeigen eine weinrote Unterseite, die am Bauch etwas heller erscheint. Der Rücken ist rotbraun. Die Kopfplatte ist bis zum Nacken blaugrau gefärbt. Über der Schnabelwurzel ist ein schwarzer Fleck zu erkennen. Der Bürzel ist grünlich. In den Flügeln ist der weiße Spiegel auffallend. Der Schnabel ist außerhalb der Brutzeit braungrau und färbt sich zu Beginn der Brutzeit in ein sehr schönes Bleigrau. Die Füße und auch die Iris sind braun. Die Flügel und der Schwanz der Weibchen sind ähnlich wie beim Männchen gefärbt, nur etwas brauner, die Unterseite ist hell graubraun, der Rücken olivbraun gefärbt. Die Jungvögel ähneln dem Weibchen. Je nach Unterart und regionaler Herkunft ist die Farbintensität mehr oder weniger stark ausgeprägt. In Menschenobhut wird eine Vielzahl von Farbmutationen gehalten.

Der Buchfink gehört zu den häufigsten europäischen Vogelarten.

Lautäußerungen

Am häufigsten lässt der Buchfink seinen Kontakt- oder auch Erregungsruf, ein ein- oder mehrsilbiges „pink", ertönen. Daneben kann man häufig den sogenannten Regenruf, „wrüt" oder „trürr", vernehmen. Dem Volksmund nach soll dieser Ruf Regen ankündigen. Der eigentliche Gesang des Buchfinken ist ein lautes, kurzes und beschleunigendes Schmettern mit anschließendem Trillern („zizizizjazjazoritiu-zip"). Der Gesang wird auch als „Schlag" oder „Finkenschlag" bezeichnet.

Der Buchfink war durch seinen Gesang von jeher ein beliebter Stubenvogel. Bei Wettbewerben wurden die besten „Schläger" gekürt. Noch heute finden einige wenige dieser Wettbewerbe, vor allem im Harz und in Belgien, statt. Dieses jahrhundertealte Brauchtum ist seit 2014 von der deutschen UNESCO-Kommission als immaterielles Kulturerbe anerkannt.

Vorkommen / Lebensraum

Der Buchfink kommt mit seinen Unterarten in ganz Europa, im Norden Afrikas und in Teilen Asiens vor. An seinen Lebensraum stellt er keine allzu hohen Ansprüche. Fast überall ist er anzutreffen. Er bewohnt Nadel-, Laub- und Mischwälder, aber auch in Parks, Gärten, auf Friedhöfen, in Dörfern und Städten kann man ihn beobachten. Im Winter ist er hin und wieder im Schwarm mit Bergfinken zu beobachten. Die Buchfinken aus dem Nordosten überwintern zumeist in Mittel- und Südeuropa. Die restlichen Populationen verlassen ihr Brutgebiet nur in strengen Wintern. Die weiblichen Buchfinken neigen eher zum Wegzug. Dadurch kann man im mitteleuropäischen Winter oftmals nur, oder überwiegend, Männchen beobachten.

Jungvogel der Unterart F. c. spodiogenys.

Sie ernähren ihren Nachwuchs fast ausnahmslos mit tierischer Nahrung.

Fortpflanzung

Die Brutzeit beginnt bereits Anfang April. Mehr als zwei Bruten pro Jahr sind allerdings sehr selten. Die stabilen Nester werden in Bäumen oder Sträuchern erstellt. Durch die Verwendung von Nistmaterialien, die dem Neststandort ähneln, ist das Nest bestens getarnt.

Nahrung

Während des Sommerhalbjahres ernähren sich Buchfinken überwiegend von Insekten, Insektenlarven, Spinnentieren und anderen Kerb- und Kriechtieren. Die Brut wird fast ausschließlich mit tierischer Kost versorgt. Außerhalb der Brutzeit fressen Buchfinken überwiegend pflanzliche Nahrung. Auf dem Speiseplan stehen dann Baumsämereien, Beeren sowie Samen und Blattgrün verschiedener Wildkräuter. Bucheckern sind eine Leibspeise der Buchfinken und auch namensgebend.

Weibchen der Unterart F. c. spodiogenys in der Ruhephase.

Brutzeit	April - Juni	Gelegegröße	4 - 6 Eier
Gelege pro Jahr	1 - 2	Brutdauer	12 - 14 Tage
Nestlingszeit	13 - 15 Tage		

Unterbringung

Buchfinken hält man in geschützten Außenvolieren. Eine Vergesellschaftung mit anderen Arten kann möglich sein, doch zeigen sich manche Exemplare durchaus aggressiv. Somit ist die optimale Unterbringung eine paarweise Haltung. Auf eine Zusammenhaltung mit Bergfinken und Kirschkernbeißern sollte gänzlich verzichtet werden. Buchfinken sind anspruchslos und können ein Alter von mehr als zehn Jahren erreichen. Die Volieren sollten bepflanzt oder mit Koniferenzweigen ausgestattet werden.

Buchfinkennest.

Vermehrung

Im Gegensatz zu der recht einfachen Haltung, ist die Vermehrung des Buchfinken doch etwas aufwendiger. Eine natürlich bepflanzte Voliere bietet gute Voraussetzungen. Gerne werden verschiedene Nisthilfen in Anspruch genommen. In erster Linie sind dies Kaisernester, Körbchen oder Nistklötze. Es werden aber durchaus freistehende Nester in Büschen oder Koniferenzweigen erstellt. Als Nistmaterial kommen u. a. Gräser, Moos, Wurzelfasern, Scharpie, Tierhaare und kleine Federn in Frage. Die Jungen werden fast ausschließlich mit tierischer Nahrung gefüttert.

Männchen der Unterart F. c. spodiogenys im ersten Winter.

Männchen der Unterart F. c. spodiogenys im Brutkleid.

Fütterung

Buchfinken nehmen gerne Samen von unterschiedlichen Wildpflanzen. Je nach Jahreszeit kann man den Finken einen abwechslungsreichen Speiseplan bereitstellen. Eine Samenmischung, bestehend aus Spitzsaat, Sonnenblumenkernen, Baumsämereien, Rübsen, Perilla, Negersaat, Grassamen, Hafer und Weizen, sollte als Basis ständig zur Verfügung stehen. Als Ergänzung zum täglichen Futter eignen sich verschiedene Wildkräuter in allen Reifestadien. Weiterhin muss im Sommerhalbjahr eine gutes Weichfutter und Lebendfutter zur Verfügung stehen. Zur Jungenaufzucht gibt man u. a. Mehlkäferlarven, Getreideschimmelkäferlarven und Pinkies.

23.2. Bergfink *Fringilla montifringilla*

Fringilla montifringilla (Linnè, 1758) · Engl.: Brambling

Unterarten
keine

Bergfink-Männchen im Winterkleid.

Beschreibung

Länge ca. 15 cm. Bergfinken bestechen durch eine sehr hübsche Gefiederfärbung. Die Männchen haben eine orange bis gelbbräunliche Brust und Kehle, das Bauchgefieder und der Bürzel sind weiß. Die Flanken sind mit dunklen Tupfen besetzt, die Oberseite ist schwarz, die Flügeldecken sind braun. Die Schwingen sind schwarz mit weißen Innensäumen und gelblichen bis weißen Außensäumen. Im Oberflügel ist ein weißer Spiegel erkennbar. Der Schnabel des Männchens ist gelblich mit schwarzer Spitze (während der Brutphase dunkel), die Füße und Ständer sind gräulich. Die Iris ist braun. Im Ruhekleid ist das Männchen farblich wesentlich weniger intensiv. Die Weibchen sind deutlich schlichter gefärbt. Sie haben einen bräunlichen Kopf mit dunklen Streifen auf dem Oberkopf. Der Rücken ist braun gefleckt und die Brust ist deutlich matter gefärbt als die der Männchen.

Bergfink-Weibchen im Winterkleid.

Lautäußerungen

Der charakteristische Ruf des Bergfinken ist ein nasal quäkendes „dschäe“. Während des Fluges rufen sie kurz und hart „tjek“.

Vorkommen / Lebensraum

Bergfinken brüten in Nordeuropa und Nordasien bis Kamtschatka. In seinem Verbrei-

Brütendes Bergfink-Weibchen.

tungsgebiet ist der Bergfink ein sehr häufiger Vogel. Im Winter ist er häufig als Invasionsvogel in Mitteleuropa anzutreffen. Als Wintergast ist er dann oft im Verband mit Buchfinken an Futterstellen zu beobachten.

Sie leben in lichten Nadel-, Misch- und Laubwäldern. Im Winter suchen sie gerne Buchenwälder auf. Man findet sie dann aber auch in Parks, Gärten und halboffenen Landschaften.

Fortpflanzung
Die Bergfinken bauen ihre Nester gerne in Birken, Nadelbäumen oder Weiden. Das Nest aus Halmen und anderen Pflanzenfasern ist umfangreicher als das des Buchfinken. Von außen wird es mit Flechten und Rindenteilchen getarnt. Die Nestmulde wird mit Tierhaaren und Federn ausgepolstert

Brutzeit	April - Juli	Gelegegröße	4 - 6 Eier
Gelege pro Jahr	1 - 2	Brutdauer	13 - 14 Tage
Nestlingszeit	14 - 16 Tage		

Nahrung
Im Winter ernähren sie sich von Wildsämereien und Baumsämereien, insbesondere von Bucheckern. Im Sommerhalbjahr und insbesondere zur Jungenaufzucht ernähren sich die Bergfinken fast ausschließlich von tierischer Nahrung. Sehr gerne werden Raupen und Käferlarven verzehrt.

Unterbringung
Da den Bergfinken die winterlichen Wettereinflüsse nichts ausmachen, können sie das ganze Jahr über in einer geschützten Außenvoliere untergebracht werden. In kleineren Volieren sollten sie paarweise gehalten und nicht vergesellschaftet werden, da sich manche Paare durchaus aggressiv gegenüber Mitbewohnern verhalten. In größeren Volieren kann man sie meistens ohne Probleme vergesellschaften. Die Voliere kann mit Laub- und Nadelgehölzen bepflanzt werden. Weiterhin bieten Koniferenzweige Deckung und Nistgelegenheiten zugleich.

Ungewöhnlicher Nistplatz in einer Halbhöhle.

Vermehrung
Bergfinken bauen ihre Nester in Menschenobhut sowohl freistehend in Koniferen, wie auch in angebotenen Nisthilfen. Hierzu haben sich mit etwas Grün verkleidete Holzkaisernester bewährt. Gerne werden aber auch kleine Körbchen als Nestunterlage angenommen. Zur Jungenaufzucht muss den Vögeln uneingeschränkt tierische Kost als Lebend- und Frostfutter zur Verfügung stehen.

Fütterung
Ganzjährig reicht man eine gute, mit Baumsämereien angereicherte Sämereienmischung für Waldvögel. Des Weiteren biete man Wildsämereien, Beeren und knospentragende Zweige der Saison an. Im Sommerhalbjahr müssen ein Weichfresserfutter und verschiedenes Lebendfutter angeboten werden. Sehr gerne werden Mehlkäferlarven, Pinkies und Getreideschimmelkäfer angenommen.

23.3. Kernbeißer *Coccothraustes coccothraustes*

Coccothraustes coccothraustes (Linnè, 1758) · Engl.: Hawfinch

Unterarten

C. c. coccothraustes	Europa bis Zentralsibirien und Nordmongolei
C. c. buvryi	Nordwestafrika
C. c. nigricans	Südukraine, Kaukasus, Nordosttürkei und Nordiran
C. c. humii	Südkasachstan und Ostusbekistan bis Nordostafghanistan
C. c. shulpini	Südostsibirien, Nordostchina und Korea
C. c. japonicus	Kamtschatka, Sachalin, Kurilen und Japan

Kernbeißer-Weibchen.

Beschreibung

Länge ca. 18 cm. Beim Kernbeißer fällt neben der hübschen Gefiederfärbung sofort der klobige Schnabel ins Auge. Bei der Nominatform ist die Kehle schwarz und sticht von der hellbraunen Unterseite ab. Kopf und Bürzel tragen einen hellbraunen Farbton, der Rücken dagegen ist dunkelbraun. Der Nacken ist gräulich. Die braunen Schwanzfedern zeigen weiße Spitzen. Die Flügel enthalten braune, weiße, schwarze und bläuliche Anteile. Der Schnabel ist in der Ruhephase fleischfarben und färbt sich zur Brutzeit bläulich. Die Beine und Iris sind braun. Das Weibchen ähnelt dem Männchen, ist aber deutlich blasser gefärbt. Die Jungvögel zeigen eine hellgelbe Kehle, einen etwas gefleckten Rücken und braune Flecken an den Federspitzen der Unterseite. Nestlinge haben ein fast reinweißes Daunenkleid. Die Gefiederfärbung variiert je nach Unterart in Intensität und Färbung.

Lautäußerungen

Kernbeißer lassen am häufigsten ein scharfes „zicks" ertönen, das als Stimmfühlungslaut fungiert. Das scharfe „tsieck" hingegen ist ein Angstruf. Bei Erregung hört man „zick zick zick". Der einfache Gesang ist schwätzend. In manchen Situationen lassen Kernbeißer ein Schnabelklappern ertönen.

Vorkommen / Lebensraum

Kernbeißer kommen in Teilen Asiens, in ganz Europa, mit Ausnahme des Nordens, und lückenhaft in Nordafrika vor. Sie bewohnen Laub- und Mischwälder, Obstplantagen, Parks, Friedhöfe und große Gärten. Da sie sich zur Brutzeit fast ausnahmslos in den Baumwipfeln aufhalten, sind sie zu diesem Zeitpunkt nur schwer zu beobachten. Im Winter kommen Kernbeißer in manchen Regionen gerne ans Futterhäuschen.

Fortpflanzung

Die Brutzeit ist von Anfang Mai bis Ende Juli. Die Nester werden meistens hoch in Bäumen erstellt, wobei Laubbäume bevorzugt werden. Durch die erhebliche Druckkraft seines Schnabels ist er in der Lage, kleine Zweige von Bäumen zum Nestbau abzubrechen. Diese werden für die Unterkonstruktion des Nestes benötigt. Ansonsten werden überwiegend Halme und Wurzelfasern verbaut.

Nahrung

Kernbeißer ernähren sind von pflanzlicher Kost. Zum Nahrungsspektrum gehören neben Wildkräutern auch Baumsämereien, wie z. B. von Buche und Ahorn. Gerne werden auch die hartschaligen Samen von Steinostfrüchten verzehrt. Nicht umsonst wird der Kernbeißer auch Kirschkernbeißer genannt. Im Sommerhalbjahr, und besonders zur Jungenaufzucht, nehmen Kernbeißer auch tierische Kost auf.

Kernbeißer-Männchen.

Brutzeit	April - Juli	Gelegegröße	4 - 5 Eier
Gelege pro Jahr	1 -2	Brutdauer	12 - 13 Tage
Nestlingszeit	12 - 14 Tage		

Unterbringung

Kernbeißer können ganzjährig in geschützten Gartenvolieren untergebracht werden. Sie kommen mit unserem mitteleuropäischen Wetter bestens klar. Die Voliere muss aber wind- und wettergeschützte Bereiche aufweisen. Obwohl Kernbeißer auch in Kistenkäfigen gehalten werden können, sollte man sie in Volieren mit den Mindestmaßen 1 m x 2 m x 2 m unterbringen. Je größer die Voliere, desto weniger fällt das teilweise stürmische Verhalten auf. Es gibt allerdings auch Exemplare, die sich völlig entspannt zeigen und sich sehr ruhig verhalten. Die Voliere oder der Kistenkäfig sollte mit reichlich Grün ausgestattet werden. Es bietet den Vögeln Deckung, Sicherheit und Möglichkeiten zum Nestbau.

Vermehrung

Zur Brutzeit hin werden Kernbeißer vom Verhalten her oftmals sehr heimlich und bauen manchmal unbemerkt vom Pfleger ihr Nest. Als Nisthilfen werden Drahtkörbchen, Nistklötze und mit Koniferenzweigen verkleidete Kaisernester gerne angenommen. Sofern das Gehege gut mit Koniferenzweigen ausstaffiert ist, finden die Kernbeißer auch hier Möglichkeiten ein Nest zu bauen. Man stellt den Vögeln kleine Zweige, Halme, Kokosfasern und Wurzelfasern zur Verfügung. Manche Paare polstern ihr Nest auch mit Scharpie aus.

Fütterung

Der Handel bietet speziell auf Kernbeißer abgestimmte Futtermischungen. Diese Mischungen enthalten alle für die gesunde Ernährung der Kernbeißer wichtigen Sämereien. Dazu gehören Sonnenblumen-, Kürbis- und Obstkerne, Baumsämereien, Hanf, Mohn, Kardisaat, Rübsen, Kanariensaat, Hirse und Getreide. Neben diesem Grundfutter reicht man Obst und Gemüse der Saison. Gerne werden Äpfel, Birnen und Salatgurken gefressen. Weiterhin gibt man unterschiedliche Beeren, Obstbaumknospen und milchigen Mais. Zur Jungenaufzucht muss man zudem tierische Kost zur Verfügung stellen. Recht gerne werden gut ernährte Mehlkäferlarven, Getreideschimmelkäferlarven, Pinkies, Heimchen, Ameisenpuppen und Wiesenplankton angenommen. Keimfutter und Wildkräuter gehören ebenfalls auf den Speiseplan der Kernbeißer.

23.4. Hakengimpel *Pinicola enucleator*

Pinicola enucleator (Linnè, 1758) · Engl.: Pine Grosbeak

Unterarten

P. e. enucleator	Skandinavien bis Zentralsibirien	*P. e. montana*	Festland Südwestkanada bis Westzentral-USA
P. e. kamtschatkensis	Nordostsibirien	*P. e. californic*	Ostkalifornien
P. e. sakhalinensis	Sachalin, Kurilen und Nordjapan	*P. e. leucura*	Festland West- und Zentralalaska bis Ostkanada und Nord-New-England (USA)
P. e. flammula	Küsten Südalaskas und Westkanada		
P. e. carlottae	Haida Gwaii		

Hakengimpel sind, wie viele norische Vogelarten, sehr ruhige Vögel, die gegenüber dem Pfleger kaum Scheu zeigen.

Beschreibung

Länge 20 bis 22 cm. Die Männchen sind am Kopf, auf der Oberseite, am Bürzel, am Kinn, an der Kehle und auf der Brust dunkel rosarot. Auf dem Rücken sind sie leicht dunkel gestrichelt. Der Bauch und die Unterschwanzdecken sind grau bis weißlich grau. Die Flügeldecken, Schwingen und Schwanzfedern sind schwarz. Dabei zeigen die Flügeldecken zwei weiße Binden. Der recht kräftige Hakenschnabel ist schwarz und die Füße sowie Ständer dunkelbraun. Die Weibchen sind insgesamt grünlich aschgrau. Der Kopf und der Hals sind dunkel ockergelb. Die Unterseite ist hell graugelblich. Die Jungtiere sind ockergelb mit aschgrauem Anflug, also den Weibchen sehr ähnlich. Die rötliche Färbung des Klcingcficdcrs dcr adultcn Männ chen kann in Menschenobhut nur mit entsprechender Carotinversorgung sichergestellt werden.

Lautäußerungen

Der klare Gesang mit flötenden und gequetschten Tönen erinnert entfernt an die Heidelerche. Häufig kann man ein „tui thü tiu" vernehmen. Bei Gefahr rufen Hakengimpel „tschinwli tschinwli".

Vorkommen / Lebensraum

Hakengimpel sind überwiegend Bewohner der Holarktis und bewohnen die nördliche Waldzone Europas, Asiens und Nordamerikas. Je nach Verbreitung sind Hakengimpel Teil-, Stand- oder Strichvögel. Sie bewohnen bevorzugt lockere Fichten-, Kiefern- und Lärchenwälder, kommen aber auch in Birken- und Mischwäldern vor.

Fortpflanzung

Das Nest wird in ein bis vier Metern Höhe in Fichten, Kiefern, Wacholderbüschen oder Birken angelegt. Der Unterbau des Nestes besteht aus dünnen Zweigen. Der weitere Aufbau wird aus Wurzelfasern, Halmen, Moos und Flechten erstellt. Das Nest ist zwar ein lockeres Gebilde, aber dennoch sehr stabil.

Hakengimpel sind imposante Finkenvögel.

Brutzeit	Mai - Juni	Gelegegröße	3 - 5 Eier
Gelege pro Jahr	1	Brutdauer	13 - 14 Tage
Nestlingszeit	13 - 15 Tage		

Nahrung

Hakengimpel ernähren sich von allerlei reifen und halbreifen Sämereien. Sehr gerne fressen sie Knospen von Fichten, Kiefern und Weiden. Sie zerbeißen auch junge Fichtenzapfen, um dann die Fichtensamen zu fressen. Daneben nehmen sie auch gerne Ebereschen-, Preisel-, Wacholder- und Krähenbeeren zu sich. Insbesondere zur Jungenaufzucht erbeuten sie Insekten, Insektenlarven, Spinnentiere und kleine Schnecken.

Unterbringung

Als nordische Vögel vertragen Hakengimpel keine nasskalte Witterung. Deshalb sollten Hakengimpel in trockenen Volieren untergebracht werden. Eine Überdachung des Geheges ist zwingend erforderlich. Der Boden muss trocken sein. Tiefe Temperaturen können ihnen dagegen nichts anhaben. Hakengimpel werden sehr zutraulich und nehmen Leckerbissen bald aus der Hand des vertrauten Pflegers. Die Vögel fühlen sich in einem mit Fichten-, Kiefern- und Birkenzweigen ausgestatteten Gehege sehr wohl. Eine natürliche Bepflanzung der Voliere hat nur wenige Überlebenschancen, da Hakengimpel alle Knospen fressen werden.

Vermehrung

Eine mit Koniferenzweigen ausgestattete Voliere bietet beste Voraussetzungen für eine erfolgreiche Vermehrung. Als Nisthilfe hängt man Drahtkörbchen und geräumige Holzkaisernester in die Voliere. Sollte sich das Weibchen für einen freistehenden Platz zum Nestbau entscheiden und hat dort Schwierigkeiten ein Nest zu errichten, kann man helfen und an dieser Stelle ein Körbchen anbringen. Meistens wird diese Nisthilfe dann dankend angenommen. Man gibt den Hakengimpeln zum Nestbau kleine Zweige, Kokosfasern, Moos und trockene Stängel. In Menschenobhut werden durchaus zwei Bruten durchgeführt.

Fütterung

Im Fachhandel sind mittlerweile recht gute Sämereienmischungen für Hakengimpel erhältlich. Diese beinhalten u. a. Glanzgräser, Kiefersamen, Kardisaat, Sonnenblumenkerne, Buchweizen Mariendistelsamen, Negersaat, Perilla, Hanf, Hafer, Leinsamen, Ebereschenbeeren, Zichorien. Daneben bietet man je nach Jahreszeit Beeren, Obst und reife sowie halbreife Wildsämereien. Ständig sollten frische Obstbaum-, Kiefern- und Fichtenzweige zur Verfügung stehen. Insbesondere zur Jungenaufzucht muss tierische Kost gereicht werden. Dazu gibt man in Maßen Mehlkäferlarven, Getreideschimmelkäferlarven, Pinkies, Heimchen, Ameisenpuppen und Wiesenplankton.

23.5. Gimpel *Pyrrhula pyrrhula*

Pyrrhula pyrrhula (Linnè, 1758) · Engl.: Eurasian Bullfinch

Unterarten

P. p. pileata	Großbritannien
P. p. pyrrhula	Nord- Südzentral- und Osteuropa bis Zentralsibirien
P. p. europaea	Westeuropa
P. p. iberiae	Südwestfrankreich, Nördliche Iberische Halbinsel
P. p. rossikowi	Nordosttürkei und Kaukasus
P. p. cineracea	Westsibirien, Nordostkasachstan bis Ostsibirien und Nordostchina
P. p. caspica	Aserbaidschan und Nordiran
P. p. cassinii	Ostsibirien
P. p. griseiventris	Kurilen, Hokkaido und Nord- sowie Zentralhonshū
P. p. rosacea	Sachalin

Gimpel-Männchen.

Gimpel-Weibchen.

Beschreibung

Je nach Unterart 14 - 18 cm. Die Männchen der Nominatform haben einen blauschwarzen Oberkopf und eine farbgleiche Gesichtsmaske. Die Unterseite ist rot, der Unterkörper und die Unterschwanzdecken sind weiß. Der Rücken ist aschgrau und der Bürzel reinweiß. Die schwarzen Flügel zeigen eine weißliche Binde. Der schwarze Schnabel ist kurz und dick. Die Füße und die Iris erscheinen bräunlich. Die Weibchen sind wie die Männchen gefärbt, aber anstatt der roten Gefiederpartien zeigen sie eine graue Färbung. Im Jugendkleid sind beide Geschlechter gleich gefärbt. Sie sind einfarbig rostbräunlich, ohne schwarze Kopfplatte. Je nach Unterart variieren die Körpergröße und die Intensität der Gefiederfärbung. Bei *P. p. cineracea* („Blaugimpel") zeigen die Männchen anstatt eines roten, einen grauen Bauch. Die Männchen der Unterart *P. p. griseiventris* („Japangimpel") haben rote Kopfseiten und eine rote Binde unter dem Kinn. Ansonsten ist der Bauchbereich bläulich grau. In Menschenobhut werden zahlreiche Farbmutationen gehalten.

Lautäußerungen

Der charakteristisch sanfte Lockruf „diü diü" ist dem Gimpel klar zuzuordnen. Ebenfalls oft ertönt der Stimmfühlungslaut „bitbit". Der eigentliche Gesang ist sehr leise. Es ist ein zwitschernder Plaudergesang, der knirschende und weiche Flötentöne beinhaltet. Je nach Unterart kann der Gesang in Höhe und Tiefe variieren.

Kopfstudie eines Gimpel-Männchens.

Vorkommen / Lebensraum

Der Gimpel, im Volksmund auch Dompfaff genannt, lebt in großen Teilen Europas und Asiens. Er ist je nach Vorkommen Stand- oder Strichvogel. Zumeist ziehen die nördlichen Populationen in Winter etwas südwärts. Er bewohnt Nadel- und Mischwälder, Fichtenschonungen, Gärten, Parks, Feldgehölze, Friedhöfe und ähnliche Lebensräume.

Brutzeit	April - August	Gelegegröße	4 - 6 Eier
Gelege pro Jahr	1 - 3	Brutdauer	13 - 14 Tage
Nestlingszeit	14 - 17 Tage		

Gimpel-Männchen in der Farbmutation gelbbraunpastell.

Gimpel-Männchen in der Farbmutation braunpastell.

Fortpflanzung

Gimpelpaare bleiben oft ein Leben lang oder mehrjährig zusammen. Sie brüten vorzugsweise in Nadelbäumen oder auch in dichten Laubbüschen. Der Nestunterbau wird aus dürren Zweigen und Stängeln erstellt. Darauf wird das Nest aus Wurzelfasern, Halmen, Tier- und Pflanzenfasern errichtet. Die Männchen versorgen das Weibchen sehr sorgsam mit Futter am Nest.

Nahrung

Gimpel ernähren sich außerhalb der Brutzeit von pflanzlicher Kost. Es stehen reife und halbreife Sämereien, Knospen und Beeren auf dem Speiseplan. Zur Jungenaufzucht werden auch Insekten, Insektenlarven, Spinnentiere und kleine Schnecken aufgenommen.

Unterbringung

Gimpel können in der Brutzeit am besten paarweise in geräumigen Kistenkäfigen oder kleinen Volieren gehalten werden. Die beliebte Nominatform *P. p. pyrrhula,* der „nordische" Gimpel, verträgt kein nasskaltes Wetter. Er muss in geschützten und überdachten Volieren oder in Kistenkäfigen gehalten werden. Der Boden muss stets trocken sein. Die westeuropäische Unterart *P. p. europaea* hingegen, kommt sehr gut mit dem mitteleuropäischen Klima zurecht und kann gut in geschützten Außenvolieren gehalten werden.

Die Volieren oder Kistenkäfige für die nordischen Gimpel sollten spartanisch eingerichtet sein, damit sie leicht zu reinigen sind. Ein paar Sitzstangen und Koniferenzweige, die leicht gewechselt werden können, sind ausreichend. Eine Vergesellschaftung mit nicht verwandten Arten ist durchaus möglich, jedoch wird die paarweise Unterbringung letztendlich größere Erfolge in Bezug auf die Vermehrung bringen. Bei der Haltung in bepflanzten Volieren werden die Pflanzen sehr leiden, denn Gimpel werden im Laufe der Zeit alle Knospen gefressen haben. Außerhalb der Brutzeit können Gimpel sehr gut im Schwarm, am besten nach Geschlechtern getrennt, gehalten werden.

Vermehrung

Gimpel nehmen ausgesprochen gerne Nisthilfen in Form von Holzkaisernestern oder Kapellchen an. Diese Art der Nisthilfen bieten von allen Seiten Deckung und

Junge Gimpel während einer Nestkontrolle.

Gimpel-Männchen in der Farbmutation gelbbraun.

nach vorne eine gute Sicht. Gerne werden für den Nestunterbau dünne Tannenzeige verwandt, die dem eigentlichen Nest einen guten Halt geben. Das übrige Nest wird oftmals nur aus Kokosfasern erstellt.

Fütterung

Gimpel fressen gerne reife und halbreife Sämereien, wie beispielsweise von Hirtentäschel, Vogelmiere, Sauerampfer, Stiefmütterchen, Vergißmeinnicht und Löwenzahn. Weiterhin werden knospentragende Obstbaumzweige, verschiedene Beeren und süße Äpfel sowie Salatgurken nicht verschmäht. Als Grundfutter hält der Fachhandel speziell auf den Gimpel abgestimmte Sämereienmischungen bereit. Zur Brutzeit hin gehört Keimfutter, Eifutter und tierische Kost zum Futterangebot. Recht gerne werden gefrostete Pinkies angenommen, die zum Beispiel unter das Keimfutter gemischt werden.

Gimpel-Weibchen in der Farbmutation braunpastell.

23.6. Wüstengimpel *Bucanetes githagineus*

Bucanetes githagineus (Lichtenstein, 1823) · Engl.: Trumpeter Finch

Unterarten

B. g. amantum	Zentrale und östliche Kanaren
B. g. zedlitzi	Südspanien, Nordwest- und Nordzentralafrika
B. g. githagineus	Ägypten, Nordzentral- und Nordostsudan
B. g. crassirostris	Mittlerer Osten bis Pakistan und Nordwestindien

Wüstengimpel ernähren sich überwiegend von Samen und weiteren Pflanzenteilen. Allerdings wird auch tierische Nahrung nicht verschmäht.

Beschreibung

Länge 13 bis 14 cm. Wüstengimpel sind von rundlicher, untersetzter Gestalt und der kräftige Schnabel wirkt leicht gekrümmt. Die Männchen tragen ein silbergraues, seidiges Gefieder. Das Bauchgefieder ist rosa angehaucht. Die Schwingen und Schwanzfedern sind schwarz mit grauer Säumung und rosaroten Federkanten. Auf der deutlich gewölbten Stirn und am Scheitel ist eine helle silbrige Schuppenzeichnung zu erkennen, die sich sichtlich vom übrigen Gefieder abhebt. Frisch vermauserte Wüstengimpel zeigen durch die silbergrauen Federsäume eine nur schwache rötliche Färbung. Aufgrund des Federabriebes erscheint das Gefieder während der Brutphase rosarot, zum Teil karminrot. Der Schnabel ist in der Brutzeit korallenrot, außerhalb hingegen gelblich. Die Weibchen sind an der Ober- und Unterseite graubraun. Auf dem Brustbereich ist eine feine Längsstrichelung erkennbar. Weibchen zeigen kaum Rotanteile im Gefieder und auch keine Schuppenzeichnung auf Stirn und Scheitel. Der Kopf ist meistens etwas kleiner. Der Schnabel ist während der Brutzeit orangegelb gefärbt, ansonsten gelblich bis hellhornfarben. Jungtiere tragen ein Immatgefieder. Sie sind sandfarben bräunlich ohne Rotanteile. Die rötliche Gefiederfärbung lässt sich in Menschenobhut nur unter Beigabe von Carotin erhalten.

Lautäußerungen

Wüstengimpel rufen nasal, quäkend und langgezogen „töd" oder „dwääääd". Die Rufe erinnern an eine Kindertrompete. Als Stimmfühlungslaut lassen sie ein klares „tzik", „tzit" oder „wik" ertönen. Bei Erregung hört man ein „dzöng dzöng“. Der Gesang klingt metallisch nasal und enthält kieksende und schnurrende Töne. Weiterhin kann man immer mal wieder die ammernartigen Rufe „dwii dwii tsch-tsch-tschäarr“ vernehmen.

Wüstengimpel besetzen und verteidigen kein Revier, sondern sie brüten durchaus in kleineren Kolonien.

Vorkommen / Lebensraum

Wüstengimpel kommen, zum Teil sehr lückenhaft, von den Kanaren, Südspanien, über Teilen der Sahara, Ägypten, Israel, Südosttürkei, nördliche Arabische Halbinsel, Vorderasien bis Nordwestindien vor. Sie bewohnen die Wüsten und Halbwüsten der Südpaläarktis. Der Lebensraum sind steinige Wüsten und Halbwüsten, die nur mit wenig Gras und anderen Stauden bewachsen sind. Sie halten sich überwiegend am Boden auf. Im südlichen Verbreitungsgebiet sind es Standvögel. Die mittelasiatischen Vorkommen zieht es Richtung Südosten bis Westindien.

Fortpflanzung

Wüstengimpel brüten einzeln oder auch in lockeren Kolonien. Die Nester werden oftmals am Boden unter Steinen, in Vertiefungen von Felsen oder unter kleinen Büschen angelegt. Aber sie finden auch in mehreren Metern Höhe, wie zum Beispiel in Felsspalten und -nischen, in Ruinen oder an bewohnten Häusern, Nistmöglichkeiten. Das Nest wird aus Halmen, Stängeln, Wurzelfasern, Pflanzenwolle und Tierhaaren erstellt. Beide Elternteile versorgen die Jungen mit Nahrung.

Brutzeit	Februar - Juni	Gelegegröße	4 - 6 Eier
Gelege pro Jahr	1 - 2	Brutdauer	13 - 14 Tage
Nestlingszeit	12 - 14 Tage		

Nahrung

Die Nahrung ist fast ausschließlich pflanzlicher Natur. Sie fressen Samen von Wildkräutern, wie zum Beispiel von Gänsefußgewächsen, Kreuzblütler und Knöterich. Aber auch Kulturpflanzen, wie zum Beispiel Hirse und andere Getreidesorten, können eine Rolle spielen. An tierischer Kost werden hin und wieder Insekten und Insektenlarven erbeutet.

Unterbringung

Wüstengimpel hält man in trockenen Volieren und im Winter frostfrei. Die Voliere sollte, dem natürlichen Habitat entsprechend, spartanisch eingerichtet sein. Einige kräftige Äste und verschiedene Steine dürfen nicht fehlen. Dazu ein Bodenbelag aus grobem Sand.

Vermehrung

In Steinhaufen kann man den Wüstengimpeln Nistgelegenheiten schaffen. Zudem können Halbhöhlen und Holzkaisernester in verschiedenen Höhen angebracht werden. Man bietet ihnen trockene Stängel von Wildkräutern, trockene Grashalme, Kokosfasern, Scharpie und Tierhaare.

Fütterung

Dem Wüstengimpel ist eine möglichst fettarme Sämereienmischung anzubieten. In die magere Mischung gehören Hirse, Glanz, Gerste, Weizen, Hafer, Salatsamen und nur etwas Perilla und Mohn. Gerne werden Samen und Blattgrün reifer und halbreifer Wildkräuter verzehrt. Man kann den Wüstengimpeln beispielsweise Vogelmiere, Löwenzahn, Knöterich, Hirse, Gräser, Hirtentäschel und Beifuss anbieten. Im Herbst werden zudem unterschiedliche Beeren recht gerne aufgenommen. Keimfutter sollte nicht fehlen. Zur Jungenaufzucht gibt man Mehlkäferlarven, Buffalos und Pinkies.

23.7. Karmingimpel *Carpodacus erythrinus*

Carpodacus erythrinus (Pallas, 1770) · Engl.: Common Rosefinch

Unterarten

C. e. erythrinus	Nord-, Zentral- und Osteuropa bis Zentralsibirien
C. e. grebnitskii	Ostsibirien, Nordmongolei, Nordostchina und Korea
C. e. kubanensis	Türkei, Kaukasus, Nordiran und Turkmenistan
C. e. ferghanensis	Ostkasachstan bis Westchina, Westhimalaya, Pakistan und Afghanistan
C. e. roseatus	Zentral- und Osthimalaya bis Zentral- und Südchina

Karmingimpel beeindrucken durch einen wohltönenden Gesang.

Beschreibung

Länge ca. 14 bis 15 cm. Die Männchen sind an Kopf, Kehle, Oberhals und Bürzel karminrot. Der Hinterhals und der Rücken sind braungrau und rötlich gefleckt. Die Brust ist karminrot. Zum Bauch hin wird die Vorderseite heller bis weißlich graubraun am Bauch und an den Unterschwanzdecken. Wobei je nach Unterart die komplette Unterseite rosa sein kann. Die Schwingen sind dunkelbraun und außen gelblichweiß sowie rötlich gesäumt. Auf den Flügeln ist ein heller Querstreif erkennbar. Die Schwanzfedern sind graubraun mit helleren und rötlichen Federsäumen. Der Schnabel ist rötlichgraubraun, die Füße und Ständer dunkel bräunlich. Die Weibchen sind oberseits olivbraun und die Federn insgesamt heller gesäumt. Der Bürzel ist gelblich grün und die Brust bräunlich grau und braun gefleckt. Der Bauch ist weißlich, die Flügeldecken braungrau und heller gesäumt und quergestreift. Jungvögel sind grünlich graubraun mit gelbgrünem Bürzel. Der Bauch ist bräunlichweiß und fahlbraun gefleckt. Die Männchen tragen erst im zweiten Jahr ihr rotes Federkleid und sind erst dann deutlich von den Weibchen zu unterscheiden.

Lautäußerungen

Karmingimpel rufen weich und unauffällig „djü", djüi" oder „wüh". Der Gesang „ti tü tehütja" ist flötend und wohlklingend. Er erinnert an den Gesang des Pirols. Am liebsten singen die Karmingimpel von erhöhten Warten aus. Als Warten dienen insbesondere Baum- oder Buschspitzen.

Vorkommen / Lebensraum

Das Verbreitungsgebiet erstreckt sich von Nord- und Zentraleuropa über den Balkan, West- und Zentralsibirien, südwärts zur Mongolei, Himalayaregion, Pakistan, Afghanistan bis China. Westlich erweitern die Karmingimpel stetig ihr Verbreitungsgebiet. Die Überwinterungsgebiete reichen von Iran und Pakistan bis Indien sowie Süd- und Südostchina. Karmingimpel mögen Auwälder- und Bruchwälder, Laub- und Mischwaldränder, halboffene Landschaften, Moore, Parks, große Gärten und Friedhöfe.

Fortpflanzung

Karmingimpel legen ihre Nester recht niedrig, oft in unter einem Meter Höhe, in dichten Büschen an. Allerdings werden Nester auch in Nadelbäumen in über zwei Metern Höhe gebaut. Das Nest wird aus Reisig und Halmen erstellt, zur Innenauspolsterung werden sehr feine Gräser und Tierhaare verbaut. Manchmal brüten sie in lockeren Kolonien.

Brutzeit	Mai - Juni	Gelegegröße	4 - 6 Eier
Gelege pro Jahr	1	Brutdauer	11 - 13 Tage
Nestlingszeit	12 - 14 Tage		

Nahrung

Sie ernähren sich in erster Linie von Samen und Knospen verschiedener Laubgehölze und Wildkräuter. Lebendfutter wird nur in geringem Maße gefressen.

Unterbringung

Man sollte den Karmingimpeln eine geräumige Voliere zur Verfügung stellen. Etwa 2 m x 2 m Grundfläche sollten veranschlagt werden. Ideal ist eine Gartenvoliere mit anschließendem Schutzraum. Darin können die Vögel ganzjährig verbleiben. Es ist sogar eine Vergesellschaftung mehrerer Exemplare möglich. Auch das Zusammenhalten mit anderen Vogelarten ist kein Problem. Das Gehege ist gut mit Koniferenzweigen auszustatten, dann fühlen sich die Karmingimpel wohl und sicher.

Im Vergleich zum Karmingimpel, zeigt der in Menschenobhut weit verbreitete Hausgimpel oder Mexikanischer Karmingimpel (Haemorhous mexicanus) eine Flankenstrichelung.

Die Männchen tragen erst im zweiten Lebensjahr das hübsche rötliche Federkleid.

Vermehrung

Zwischen den Koniferenzweigen bringt man mehrere Nisthilfen an. Es eignen sich beispielsweise Holzkaisernester, Nistklötze und Drahtkörbchen. Im dichten Geäst werden zudem freistehende Nester errichtet. Zum Nestbau gibt man Kokosfasern, Scharpie, Halme, Wurzelfasern und Tierhaare in die Voliere. Da die Jungen recht früh das Nest verlassen können, sollte man ab dem 10. Lebenstag keine unnötigen Störungen vornehmen. Selten wird eine zweite Brut durchgeführt.

Fütterung

Eine gute Sämereienmischung für Karmingimpel muss u. a. Glanzgräser, Grassamen, Hirse, Koniferensamen, Perilla und etwas Hanf beinhalten. Dies ist aber nur ein Grundfutter. Man stellt den Vögeln ansonsten reife und halbreife Wildkräuter der Saison zur Verfügung. Löwenzahn, Wegwarte, Sauerampfer, Gänsedisteln, Beifuss, Knöterich, und viele andere sind sehr beliebt und werden gerne gefressen. Aber auch verschiedene knospen- und samentragende Laubbaumzweige sind sehr begehrt. Erlen-, Birken-, Weiden- und Koniferenzweige sollten immer zum Beknabbern in der Voliere vorhanden sein. Verschiedene heimische Beeren sind ebenso eine gute Abwechslung auf dem Speiseplan. Gerne werden Ebereschen-, Holunder- und Feuerdornbeeren gefressen. Ligusterbeeren fördern sogar die Rotfärbung des Gefieders. Auch Obst und Gemüse, wie z. B. Äpfel und Salatgurken, werden gefressen.

23.8. Grünfink *Chloris chloris*

Chloris chloris (Linnè, 1758) · Engl.: European Greenfinch

Unterarten

C. c. harrisoni	Großbritannien (außer Nordschottland) und Irland
C. c. chloris	Nordschottland, Nord- und Zentralfrankreich, Norwegen bis Westsibirien
C. c. muehlei	Serbien und Montenegro bis Moldau, Bulgarien und Griechenland
C. c. aurantiiventris	Südspanien über Südeuropa bis Westgriechenland
C. c. madaraszi	Korsika und Sardinien
C. c. vanmarli	Nordwestspanien, Portugal und Nordwestmarokko
C. c. voousi	Zentralmarokko und Nordalgerien
C. c. chlorotica	Südzentraltürkei bis Nordostägypten
C. c. bilkevitchi	Südukraine, Kaukasus und Nordosttürkei bis Nordiran und Südwestturkmenistan
C. c. turkestanica	Südkasachstan bis Kirgistan und Zentraltadschikistan

Beschreibung

Länge 14 bis 15 cm. Die Männchen sind insgesamt gelbgrün gefärbt. Ins Auge fallen die leuchtend gelben Armschwingen. Auch die Schwanzwurzel zeigt gelbe Federn. Die Schwanz-, Hand- und Armschwingen sind schwarz. Die Flügeldecken gräulich. Die Weibchen sind im Ganzen blasser gefärbt und zeigen mehr graubraune Anteile. Der Rücken ist verwaschen dunkel gestreift. Die Jungvögel sind noch bräunlicher sowie ober- und unterseits längsgestreift. Je nach Unterart variiert die Körpergröße und das Gelb ist mehr oder weniger intensiv. In Menschenobhut werden zahlreiche Mutationen gehalten.

Lautäußerungen

Der Gesang ist recht abwechslungsreich und erinnert an Kanarienvögel. Es ist eine Kombination aus trillern, pfeifen und zwitschern „djüpp-djüpp-djüpp djürrrrrrrr tuj-tuj-tuj duit tjipp-tjipp-tjipp-tjipp dürdürdürdür djürrrrrrr“. Der Lockruf ist ein weiches „dvuit“. Im Flug ertönt „djürürrüpp“. Ansonsten kann man noch ein quäkendes „dschväsch“ vernehmen.

Grünfink-Männchen zeigen auffällige Gelbanteile.

Vorkommen / Lebensraum

Grünfinken bewohnen, bis auf den äußersten Norden, ganz Europa, Teile Asiens und Nordafrika. In einigen Ländern Südamerikas, in Neuseeland und Australien wurden sie eingebürgert. Sie sind in Städten, Dörfern, an Waldrändern, in Gehölzen, in Parks und in Gärten heimisch.

Grünfink-Weibchen sind unauffälliger gefärbt als die Männchen.

Grünfink-Männchen in der Farbmutation achat.

Grünfink-Weibchen in der Farbmutation braun.

Fortpflanzung

Grünfinken sind im Bezug auf die Nistplatzwahl recht flexibel. Sie brüten in Büschen, auf Bäumen, in Hecken, in Kletterpflanzen oder in Städten sogar in Blumenkästen. Das Nest wird alleine vom Weibchen erstellt, wobei es vom Männchen beim Materialsammeln begleitet wird. Es verwendet zum Nestbau kleine Zweige, Halme, Stängel, Moos, Tierhaare und Federn. Oftmals wird auch die Folgebrut im selben Nest durchgeführt.

Brutzeit	April - Juli	Gelegegröße	4 - 6 Eier
Gelege pro Jahr	2 - 3	Brutdauer	13 - 14 Tage
Nestlingszeit	14 - 16 Tage		

Nahrung

Die Nahrung besteht aus Wild- und Baumsämereien in allen Reifestadien. Sehr gerne werden auch Knospen verschiedener Laub- und Nadelbäume verzehrt. Außerdem mögen sie Beeren und Hagebutten. Zur Brutzeit werden zudem Insekten, Insektenlarven und Spinnentiere nicht verschmäht.

Unterbringung

Grünfinken sind robuste Singvögel und können ganzjährig in einer geschützten Gartenvoliere verbleiben. Ein Schutzraum ist nicht erforderlich. Für eine Käfighaltung eignet sich der Grünfink weniger. Das Gehege sollte mit reichlich Kiefern- und Koniferenzweigen ausgestattet sein. Sie bieten den Grünfinken Sichtschutz und Nistgelegenheiten zugleich.

Vermehrung

Seine Nester erstellt der Grünfink gerne in Nisthilfen in Form von Drahtkörbchen, Ginstertaschen oder Kaisernestern, aber ebenso baut er sie auch im Gewirr von Koniferenzweigen. Die Vermehrung gelingt relativ einfach. Während der Jugendmauser bekommen Grünfinken hin und wieder Probleme mit Kokzidien. Man muss dann schnell reagieren und ggf. Kotproben von einem versierten Tierarzt untersuchen lassen und die Vögel mit entsprechenden Medikamenten behandeln.

Fütterung

Eine gute Sämereienmischung für Waldvögel bildet die Nahrungsgrundlage. Sofern die Mischung sie nicht bereits beinhaltet, sollten Samen von Nadel- und Laubhölzern hinzugefügt werden. Keimfutter sollte im Sommerhalbjahr ständig zur Verfügung stehen. Je nach Jahreszeit gibt man verschiedene Wildkräuter in allen Reifestadien. Verschiedene Beeren und Hagebutten bringen Abwechslung in die Fütterung. Lebendfutter wird zur Jungenaufzucht nur in kleinen Mengen gefressen. Für eine erfolgreiche Vermehrung ist Lebendfutter nicht zwingend notwendig.

23.9. Berghänfling *Linaria flavirostris*

Linaria flavirostris (Linnè, 1758) · Engl.: Twite

Unterarten

L. f. pipilans	Nordirland und Nordgroßbritannien
L. f. flavirostris	Nordskandinavien und Nordwestrussland
L. f. brevirostris	Türkei, Kaukasus und Nordiran
L. f. kirghizorum	Nord- und Zentralkasachstan
L. f. korejevi	Nordostkasachstan bis Nordwestchina
L. f. altaica	Nordwestsibirien, Nord- und Westmongolei
L. f. montanella	Kirgistan, Tadschikistan, Nordafghanistan und Nordwestpakistan bis Nordwestchina
L. f. miniakensis	Osttibet und Westchina
L. f. rufostrigata	West- und Südtibet, Nordindien und Nordnepal

Beschreibung

Länge 13 bis 14 cm. Der Oberkopf, der Nacken und die Oberseite sind braun und schwarz gestrichelt. Die Männchen zeigen einen rosa Bürzel. Die Kopfseiten sind ockerbraun und zart gestrichelt. Die Zügel, der Überaugenstreif, das Kinn und die Kehle sind hell rost- bis gelblichbraun und ungestrichelt. Die Brust und die Flanken sind blass gelblich braun und dunkel gestrichelt. Der Bauch und die Unterschwanzdecken sind weißlich und leicht ockerfarben überflogen. Der Schwanz und die Flügel sind braunschwarz und zeigen schmale helle Säume. Die großen Armdecken sind schwarzbraun mit hell gelblichbraunen Säumen. Der Schnabel ist im Winter strohgelb und im Sommer hellgrau mit gelblichem Anflug und dunkler Spitze. Die Zeichnung ist je nach Unterart unterschiedlich intensiv.

Im Schlichtkleid zeigen Berghänflinge einen wachsgelben Schnabel mit dunkler Spitze. Im Brutkleid ist der Schnabel graubraun.

Lautäußerungen

Im Flug hört man „tjip-ep-ep“. Als Kontaktruf lassen Berghänflinge ein „jätt“ ertönen. Weiterhin kann man quäkende „gja“ - Rufe vernehmen. Der eigentliche Gesang ist zwitschernd und holprig rollend.

Vorkommen / Lebensraum

Der Berghänfling bewohnt mit seinen Unterarten zum einen Nordeuropa, einschließlich Nordgroßbritannien und Nordwestrussland und zum anderen ein großes Gebiet in Vorder- und Zentralasien. In Deutschland ist

Der Bürzel der Männchen ist rosa überhaucht.

er nur Wintergast. Berghänflinge fühlen sich auf offenen Flächen mit einer Krautschicht, aber nur wenig Baum- und Buschbestand wohl. In Deutschland sind sie im Winter überwiegend in den Salzwiesen des Wattenmeeres anzutreffen. Bei zu starker Kälte und viel Schnee ziehen sie auch weiter ins Landesinnere.

Fortpflanzung

Aufgrund der kargen Vegetation in den Brutgebieten, bauen die Berghänflinge ihre Nester oftmals am Boden oder in Bodennähe. Neststandort kann die Krautschickt sein oder auch der steinige Boden. Sofern vorhanden, wird das Nest auch in niedrigen Büschen erstellt. Oftmals brüten sie in lockeren Kolonien. Das Weibchen baut das Nest allein aus Wurzelfasern, kleinen Zweigen, Halmen, Stängeln, Moos, Tierhaaren und Federn. Die Versorgung der Jungvögel obliegt beiden Elternteilen.

Brutzeit	April - Juni	Gelegegröße	4 - 6 Eier
Gelege pro Jahr	1 - 2	Brutdauer	12 - 13 Tage
Nestlingszeit	14 - 15 Tage		

Nahrung

Die Nahrung besteht aus Samen von Wildkräutern und Stauden. Im Winter fressen sie auf den Salzwiesen gerne Samen von Quellern, Korbblütlern und Gänsefußgewächsen. Insekten und anderes Kleingetier werden immer mal wieder aufgenommen und auch an die Jungen verfüttert.

Unterbringung

Berghänflinge sind außerordentlich zutrauliche und friedfertige Vögel. Sie können ganzjährig in einer geschützten Gartenvoliere untergebracht werden. Eine Vergesellschaftung mit anderen Arten ist absolut problemlos. Das Gehege sollte mit reichlich Koniferenzweigen ausgestattet werden, die von den Vögeln gerne beknabbert werden. So haben die Vögel genügend Beschäftigung und fühlen sich zudem sicher.

Vermehrung

Im Gegensatz zum Freiland, brüten Berghänflinge in Menschenobhut auch gerne in höheren Lagen in der Voliere. Man bietet den Vögeln deshalb einige Nisthilfen in unterschiedlichen Höhen an. Kaisernester, Ginstertaschen und Drahtkörbchen werden gerne als Nestunterlage angenommen. Zum Nestbau gibt man kleine, dürre Zweige, Wurzelfasern, trockene Halme, Kokosfasern, Tierhaare, Moos und Federn in die Voliere.

Fütterung

Als Grundfutter gibt man eine Sämereienmischung mit Hirse, Grassamen, Distelsamen, Kiefern-, Fichten- und anderen Baumsämereien, etwas Negersaat, Mohn, Perilla und Rübsen. Wildkräuter der Saison sollten immer gegeben werden. Besonders zur Jungenaufzucht stellt man auch tierische Kost zur Verfügung. Es eignen sich u. a. Blattläuse, kleine Mehlkäferlarven, Getreideschimmelkäferlarven und Pinkies.

23.10. Bluthänfling *Linaria cannabina*

Linaria cannabina (Linnè, 1758) · Engl.: Common Linnet

Unterarten

L. c. autochthona	Schottland
L. c. cannabina	West-, Zentral- und Nordeuropa, West- und Südzentralsibirien
L. c. bella	Mittlerer Osten bis Mongolei und Nordwestchina
L. c. mediterranea	Iberische Halbinsel, Italien, Griechenland, Nordwestafrika und Mittelmeerinseln
L. c. guentheri	Madeira
L. c. meadewaldoi	Westliche und zentrale Kanarische Inseln
L. c. harterti	Östliche Kanarische Inseln

Die hübsche rote Brustfärbung ist in Menschenobhut nicht zu erhalten.

Bluthänflinge überzeugen durch einen angenehmen Gesang.

Beschreibung

Länge ca. 14 cm. Die Männchen zeigen zur Brutzeit eine rote Kopfplatte und rote Brust. Bei Volierenhaltung verlieren sie leider jegliche Rotfärbung. Auch bei reichlicher Fütterung von Grünzeug und Haltung in Großvolieren, ist diese wunderschöne Färbung nicht zu erhalten. Der Kopf und auch der Hals sind graubraun gefärbt. Der Rücken und die Flügeldecken sind kastanienbraun, der Bürzel ist weißlich. Der Bauch ist grauweiß und die Flanken sind rotbraun. Die Flügel sind schwarzbraun, wobei die Handschwingen und Steuerfedern weiß umsäumt sind. Der Schnabel ist bräunlich, die Füße braun und die Iris dunkelbraun. Die Weibchen sind ähnlich gefärbt. Sie lassen jegliches Rot vermissen und sind insgesamt mehr gefleckt und gestreift. Im Jugendkleid ähneln Bluthänflinge dem Weibchen.

Lautäußerungen

Der Gesang gehört zu den besten unter den heimischen Körnerfressern. Er besteht aus zwitschernden, rollenden und flötenden Tönen und wird oft von einer exponierten Stelle aus, z. B. Baumspitzen, vorgetragen. Der Stimmfühlungslaut ist ein hartes „gigigi" oder „gegege". Der Warnruf ist ein langgezogenes „tjuiid". Weiterhin hört man als Lockruf ein „gjä gjä" oder auch ein nasales „glü".

Vorkommen / Lebensraum

Das Vorkommen erstreckt sich von den Kanaren über fast ganz Europa bis Westsibirien. Nördlich beginnt die Verbreitung etwa in Nord- und Zentralskandinavien, südlich reicht es bis nach Nordafrika. Je nach Verbreitungsgebiet sind sie Stand-, Strich- oder Zugvögel. Sie lieben weitgehend offenes Gelände, das nur locker mit Sträuchern, Bäumen und Büschen bewachsen ist. Heidelandschaften, Waldränder, Ackerland, Weinberge, Gärten, Parkanlagen und ähnliche Landschaften werden vom Bluthänfling besiedelt.

Fortpflanzung

Bluthänflinge brüten manchmal in kleinen, lockeren Kolonien. Die Nester werden nicht sehr hoch in dichten Hecken und Büschen angelegt. Sehr gerne bilden Brombeergestrüpp und Weißdornbüsche den Neststandort. Durch die stacheligen Zweige sind die Nester hier besonders gut vor Räubern geschützt. Das Männchen begleitet das Weibchen stets bei der Nistmaterialsuche, aber nur das Weibchen sammelt das Material und baut das Nest. Zwei Bruten pro Jahr sind die Regel, bei sehr günstigen Bedingungen wird sogar dreimal gebrütet.

Nahrung

Das Nahrungsspektrum umfasst Sämereien von Wildkräutern und Bäumen in allen Reifestadien. Die bei uns überwinternden Bluthänflinge kommen gewöhnlich nicht an Winterfutterstellen. Vielmehr suchen sie auch im Winter bei Eis und Schnee Wildstauden nach Nahrung ab. Tierische Kost wird auch zur Jungenaufzucht nur selten aufgenommen.

Unterbringung

Bluthänflinge zeigen auch jetzt noch, nach vielen Generationen in Menschenobhut, ein manchmal unruhiges Verhalten und sind deshalb nicht für eine Käfighaltung geeignet. In gut mit Koniferenzweigen ausgestatteten Volieren fallen sie kaum auf und sind empfehlenswerte

Brutzeit	April - August	Gelegegröße	4 - 6 Eier
Gelege pro Jahr	1 - 2	Brutdauer	12 - 13 Tage
Nestlingszeit	13 - 15 Tage		

Volierenbewohner. Sie können ganzjährig in einer geschützten Voliere gehalten werden. Eine Vergesellschaftung mit anderen Arten ist problemlos.

Vermehrung

Da sie sehr fürsorgliche Eltern sind, lassen sich Bluthänflinge sehr gut vermehren. Gerne bauen sie ihre Nester freistehend in Büschen und kleinen Bäumen. Auch ein dichtes Gewirr aus Koniferenzweigen an den Volierenwänden bietet sehr gute Möglichkeiten zum Nestbau. Manchmal werden kleine Körbchen als Nestunterlage angenommen. An Baumaterial für das Nest bietet man trockene Grashalme, Wurzelfasern, Moos, Tierhaare und kleine Federn an.

Fütterung

Ganzjährig bietet man eine feine Sämereienmischung für Waldvögel an. Ansonsten sind ständig Wildkräuter der Saison anzubieten. Bluthänflinge lieben es, die Samen herauszuklauben. Keimfutter darf zur Brutzeit auf dem Speiseplan nicht fehlen. Im Winter wird auch gerne von Beerenfrüchten, zum Beispiel Liguster- und Weißdornbeeren, genascht. Man sollte zur Jungenaufzucht Blattläuse und andere kleine Insekten anbieten. Manche Exemplare nehmen sie gerne auf. Versuchsweise kann man auch kleine Mehlkäfer- und Getreideschimmelkäferlarven sowie Pinkies reichen.

Nest der Bluthänflinge in einem Lebensbaum.

23.11. Taigabirkenzeisig *Acanthis flammea*

Acanthis flammea (Linnè, 1758) · Engl.: Common Redpoll

Unterarten

A. f. flammea	Nordeuropa, Sibirien, Alaska und Kanada
A. f. rostrata	Nordostkanada, Grönland und Island

Taigabirkenzeisig in der Farbmutation achat.

Beschreibung

Länge je nach Vorkommen 12 bis 15 cm. Die Nominatform der Taigabirkenzeisige ist insgesamt eine graubraune Erscheinung mit dunkler Strichelung. Der Bürzel ist grauweiß und gestrichelt. Die Kopfplatte ist satt rot. Der Schnabelgrund und der Kehllatz sind schwarz. Der Überaugenstreif ist undeutlich zu sehen. Auf den Flügeln sind zwei helle Binden zu erkennen. Die Unterseite ist weißlich. Im ersten Lebensjahr sind Männchen und Weibchen gleich gefärbt. Im zweiten Jahr zeigen die Männchen eine rötliche Brust und auch der Bürzel ist rot überhaucht.

A. f. rostrata erscheint dunkler und ist größer als die Nominatform *A. f. flammea*. Der Schnabel ist größer, ebenso wie der schwarze Kinnfleck. Der Bürzelbereich und die Flanken sind intensiver gestrichelt. In Menschenobhut werden zahlreiche Farbmutationen gehalten.

Lautäußerungen

Im Flug hört man „tschett-tschett-tschett" oder „tsche tsche tsche". Der Kontaktruf ist ein weiches, ansteigendes „djüii". Der eigentliche Gesang ist rau schwirrend „tschrrrr" mit anschließenden Flugrufen.

Vorkommen / Lebensraum

Das riesige Verbreitungsgebiet erstreckt sich über die gemäßigte, boreale und polare Nordhalbkugel. Je nach Vorkommen sind Taigabirkenzeisige Stand-, Strich- oder Zugvögel und im Winter auch in Deutschland anzutreffen. Der Lebensraum sind Birken- Fichten- und Weidenwälder. Ganz im Norden bewohnen sie auch baumlose Heidelandschaften mit einzelnen Zwergbirken.

Fortpflanzung

Taigabirkenzeisige legen die Nester in Gebüschen und Bäumen an. Die Neststandorthöhe ist abhängig von den vorhandenen Möglichkeiten. Es wird in niedrigen Büschen und auch in mehreren Metern Höhe in Bäumen gebrütet. Das Nest besteht aus Halmen, Flechten, Moosen, Tierhaaren und Pflanzenwolle.

Brutzeit	April - August	Gelegegröße	4 - 6 Eier
Gelege pro Jahr	1 - 2	Brutdauer	12 - 13 Tage
Nestlingszeit	13 - 15 Tage		

Nahrung

Die Nahrung besteht aus Samen von Wildkräutern, Nadel- und Laubbäumen sowie von Gräsern. Sehr gerne werden Samen von Birken, Erlen, Weiden und Pappeln verzehrt. Sie naschen auch gerne vom Nektar und von den Pollen der Weiden. Kleine Insekten und Insektenlarven werden ebenfalls verzehrt.

Unterbringung

Taigabirkenzeisige können bereits in geräumigen Kistenkäfigen sehr gut gehalten und auch vermehrt werden. Wobei kleine Volieren sicherlich die bessere Wahl wären. Die Kistenkäfige brauchen nicht einmal mit viel Koniferenzweigen ausgestattet zu werden, da Taigabirkenzeisige recht ruhig und sogar zutraulich werden können. Es sollten aber ständig Koniferen- und Laubbaumzweige zum Beknabbern vorhanden sein. Gerne turnen die Vögel in Erlen- und Birkenzweigen herum. Eine ganzjährige Haltung in geschützten Gartenvolieren ist möglich. Die Vergesellschaftung mit anderen Arten ist ohne Einschränkungen machbar.

Vermehrung

Taigabirkenzeisige lassen sich gut und meistens ohne Probleme vermehren. Sie nehmen sehr gerne Nisthilfen in Form von Draht- oder Bastkörbchen sowie Kaisernester an. Das Weibchen erstellt das Nest u. a. aus Gräsern, Scharpie, Wurzelfasern, Tierhaaren und Sisal.

Taigabirkenzeisig in der Farbmutation isabell.

Taigabirkenzeisig-Männchen mit schönem roten Vorderscheitel und rot überhauchter Brust.

In Volieren kann ein Männchen durchaus mit zwei oder drei Weibchen zusammen fliegen, sich verpaaren und Junge aufziehen.

Fütterung

Ganzjährig gibt man eine gute Sämereienmischung, die u. a. Gras- und Baumsamen enthalten sollte. In Kistenkäfigen dürfen ölhaltige Sämereien nur in Maßen gegeben werden. Ansonsten stellt man alle möglichen Wildkräuter in reifem und halbreifem Zustand zur Verfügung. Auch Keimfutter darf im Sommerhalbjahr nicht fehlen. Zur Jungenaufzucht sollte auch ein Eifutter und tierische Kost gereicht werden.

23.12. Alpenbirkenzeisig *Acanthis cabaret*

Acanthis cabaret (Müller, 1776) · Engl.: Lesser Redpoll

Unterarten
Keine

Alpenbirkenzeisige sind wesentlich dunkler gefärbt als Taiga- und Polarbirkenzeisige.

Beschreibung

Länge ca. 12 cm. Der Alpenbirkenzeisig ist recht klein und sehr dunkel gezeichnet. Die Federn auf dem Rücken sind dunkelbraun mit rostbraunen Säumen. Ebenso sind die Wangen, Flanken und der Bürzel gefärbt. Die Flanken sind dunkelbraun gestrichelt. Der Bürzel ist kräftig gestrichelt. Die Flügelbinden sind nur schwach sichtbar. Der Bauchbereich ist beigebräunlich gefärbt. In Menschenobhut werden zahlreiche Farbmutationen gehalten.

Lautäußerungen

Wie der Taigabirkenzeisig, lässt auch der Alpenbirkenzeisig während des Fluges sein „tschett-tschett-tschett“ oder „tsche tsche tsche“ ertönen. Auch den Kontaktruf nimmt man als weiches und ansteigendes „djüii“ wahr. Ein schwirrendes „tschrrrr“ mit den „tschett-tschett-tschett“ - Rufen bildet den Gesang.

Vorkommen / Lebensraum

Alpenbirkenzeisige haben ihre Brutgebiete in Teilen Mitteleuropas, Großbritanniens, Rumäniens und Südskandinaviens. Sie sind überwiegend Standvögel. Der Lebensraum sind Nadel-, Laub- und Mischwälder. Es werden aber auch Moore, Parks, größere Gärten und ähnliche Landschaften besiedelt.

Fortpflanzung

Sie bauen die Nester gerne in hohen Bäumen, wie zum Beispiel Fichten und Lärchen, aber auch in niedrigen Bäumen oder Büschen. Das Nest wird oftmals in Stammnähe erstellt und besteht aus trockenem Gras, kleinen Zweigen, Wurzelfasern, Pflanzenwolle, Tierhaaren und Moos.

Alpenbirkenzeisige können bereits in geräumigen Flugkäfigen gehalten und zur Brut bewegt werden.

Alpenbirkenzeisig in der Farbmutation braunkobalt.

Vermehrung
Als Nisthilfen werden Körbchen aller Art und Kaisernester gerne angenommen. Aber auch freistehende Nester werden in Koniferenzweigen errichtet. An Nistmaterial reicht man Kokosfasern, trockene Halme, sehr kleine Zweige, Wurzelfasern, Scharpie, Tierhaare und Pflanzenwolle.

Fütterung
Eine gute Sämereienmischung, die auch Gras- und Baumsamen enthält, bildet das Grundfutter. Dazu reicht man Wildkräuter der Saison und ständig frische Lärchen, Kiefer-, Fichten, Erlen-, Birken- und Laubbaumzweige zum Benagen. Die Zweige sind für die Vögel eine herausragende Beschäftigung. Zur Brutzeit wird zudem Keimfutter, Eifutter und tierische Kost angeboten. An animalischer Kost gibt man Blattläuse, kleine Mehlkäferlarven und Fliegenlarven (Pinkies).

Brutzeit	April - August	Gelegegröße	4 - 6 Eier
Gelege pro Jahr	2	Brutdauer	12 - 13 Tage
Nestlingszeit	13 - 15 Tage		

Nahrung
Alpenbirkenzeisige ernähren sich von Samen verschiedener Wildkräuter und Bäume. Weiterhin von Knospen, Beeren, Pollen und Nektar. Kleine Wirbellose gehören ebenfalls zum Nahrungsspektrum.

Unterbringung
Die Haltung und auch Vermehrung ist in geräumigen Kistenkäfigen möglich und wird vielfach praktiziert. Aber erst in Volieren können diese aktiven Vögel angemessen fliegen. Die Ausstattung der Voliere sollte mit verschiedenen Koniferen- sowie Birken- und Erlenzweigen erfolgen. Darin turnen sie liebend gerne herum und suchen nach Fressbarem. Man kann Alpenbirkenzeisige ganzjährig in geschützten Freivolieren unterbringen. Sie sind sehr friedfertig und können mit anderen Arten problemlos vergesellschaftet werden. Eine Vergesellschaftung mit Taiga- und Polarbirkenzeisigen zur Brutzeit sollte vermieden werden, damit Mischlinge ausgeschlossen werden.

Alpenbirkenzeisig in der Farbmutation schwarzkobalt.

23.13. Polarbirkenzeisig *Acanthis hornemanni*

Acanthis hornemanni (Holbøll, 1843) · Engl.: Arctic Redpoll

Unterarten

A. h. exilipes	Nordeurasien, Alaska und Nordwestkanada
A. h. hornemanni	Nordostkanada und Grönland

Polarbirkenzeisige zeigen wenig bis gar keine Flankenzeichnung.

Charakteristisch ist der sehr kurze Kegelschnabel.

Beschreibung

Länge ca. 13 bis 15 cm. Polarbirkenzeisige sind eine helle Erscheinung. Insgesamt sind sie grauweiß und zeigen einen recht deutlichen Überaugenstreif. Die Stirn ist weiß und ebenso die Flügelbinden. Adulte Männchen zeigen kaum oder keine Flankenstrichelung. Auch der Bürzel ist bei ihnen ohne Strichelung. Die Kopfplatte ist rot und die Brust und der Bürzel rosa überhaucht. Die Weibchen und auch die Jungvögel zeigen eine schwache Flanken- und Bürzelstrichelung. Auffallend ist der sehr kurze Schnabel. Die Unterart *A. h. hornemanni* ist größer und insgesamt heller als *A. h. exilipes*. Vermutlich kommt *A. h. hornemanni* in Europa nicht in Menschenobhut vor. Es existieren in Menschenobhut nur wenige Farbmutationen.

Lautäußerungen

Die Rufe des Polarbirkenzeisigs ähneln denen des Taiga- und Alpenbirkenzeisigs, scheinen aber klarer voneinander abgegrenzt. Flugruf „tschett-tschett-tschett“ oder „tsche tsche tsche“, Kontaktruf ansteigend „djüii“ und der Gesang ist ein schwirrendes „tschrrrr“ mit „tschett-tschett-tschett“ - Rufen.

Vorkommen / Lebensraum

Polarbirkenzeisige leben im nördlichen Eurasien bis zum nördlichen Nordamerika, in Grönland, Nordkanada. Dort bewohnen sie Fjällbirkenwälder, die Strauchtundra, Weidengebüsche und den nördlichen Rand der Nadel- und Birkenwaldtaiga.

Fortpflanzung

Polarbirkenzeisige brüten oft in Birken, Weiden oder im niedrigen Gebüsch. Das Napfnest wird allein vom Weibchen gebaut. Sie erstellt es aus Gräsern, kleinen Zweigen, Halmen, Wurzeln, Moos und Flechten. In Überschneidungsgebieten kommt es zu Mischbruten mit dem Taigabirkenzeisig.

Brutzeit	April - August	Gelegegröße	4 - 6 Eier
Gelege pro Jahr	1 - 2	Brutdauer	12 - 13 Tage
Nestlingszeit	12 - 14 Tage		

Polarbirkenzeisig-Weibchen bei der Aufnahme von Pinkies und Getreideschimmelkäferlarven.

Nahrung

Die Nahrung besteht überwiegend aus Samen von Wildkräutern und Bäumen. Gerne werden auch Knospen gefressen. Insekten- und Insektenlarven stehen besonders zur Jungenaufzucht auf dem Speiseplan.

Unterbringung

Polarbirkenzeisige sind ruhige Vögel, die gut in geräumigen Kistenkäfigen gehalten werden können. Ideal sind aber kleine Volieren von 1 m x 2 m x 2 m zur paarweisen Haltung. Eine Vergesellschaftung mit anderen Arten ist in Volieren kein Problem. Man sollte sie nur nicht zusammen mit Alpen- oder Taigabirkenzeisigen halten, um Mischbruten zu verhindern. Die Volieren sollten mit reichlich Koniferenzweigen ausstaffiert werden. Zudem bieten frische Birken- und Weidenzweige Abwechslung, denn diese werden sehr gerne benagt. Niedrige oder eisige Temperaturen machen den Polarbirkenzeisigen nichts aus. Im Sommer sollte für Schatten gesorgt werden.

Freistehendes Nest der Polarbirkenzeisige.

Vermehrung

Polarbirkenzeisige bauen gerne freistehende Nester, nehmen aber genauso gerne Nisthilfen an. Hier bietet man Körbchen und Kaisernester an. Es ist immer daran zu denken, dass die Nisthilfen nicht der direkten Sonneneinstrahlung ausgesetzt sind. Zum Nestbau kann man u. a. Kokosfasern, trockene Halme, kleine Zweige, Wurzelfasern, Scharpie, Tierhaare und Pflanzenwolle anbieten.

Fütterung

Eine gute Sämereienmischung mit Gras- und Baumsamen wird ganzjährig angeboten. Um einer Verfettung vorzubeugen, sind nur geringe Mengen ölhaltiger Sämereien zu reichen. Frische Wildkräuter der Saison stellt man täglich zur Verfügung. Nadel- und Laubbaumzweige werden gerne benagt und sind eine tolle Beschäftigung für die Vögel. Zur Jungenaufzucht verfüttert man Keimfutter, Eifutter und auch etwas tierische Nahrung.

Frisch geschlüpfte Polarbirkenzeisige.

23.14. Kiefernkreuzschnabel *Loxia pytyopsittacus*

Loxia pytyopsittacus (Borkhausen, 1793) · Engl.: Parrot Crossbill

Unterarten
Keine

Kiefernkreuzschnabel-Weibchen.

Kiefernkreuzschnabel-Männchen.

Beschreibung

Länge ca. 17 bis 18 cm. Die Männchen zeigen im ersten Jahr in der Regel ein ockergelbes Gefieder. Im zweiten Jahr wird das Ockergelb durch eine rötliche Färbung ersetzt. Allerdings, abhängig vom Zeitpunkt des Schlupfes und der Mauser sowie der zu Verfügung stehen Nahrung, können die Vögel auch im ersten Jahr eine rötliche Färbung aufweisen. Das Gefieder kann ebenso ockergelb und rötlich gefleckt sein. Ebenso können Männchen im zweiten Jahr auch noch ein ockergelbes Gefieder zeigen. Die Flügel und die Schwanzfedern sind dunkel graubraun. Der Rücken, Oberkopf und Ohrdecken sind verwaschen graubraun gefärbt. Die Weibchen sind insgesamt matt grünlichgelb grau. Die Flügel und das Schwanzgefieder sind dunkler grau als bei den Männchen. Der Oberkopf und der Rücken sind grau geschuppt. Im Jugendkleid sind Kiefernkreuzschnäbel graubraun und dunkel gestrichelt. Der Schnabel ist gekreuzt, dabei kann der Unter- bzw. Oberschnabel nach links oder rechts gebogen sein. Kiefernkreuzschnäbel haben deutlich kräftigere Schnäbel als Fichtenkreuzschnäbel. Im Verhältnis ist der Schnabel genauso hoch wie lang.

Lautäußerungen

Der Kontaktruf „tsip tsip" oder „tschiup tschiup" ist etwas tiefer und metallischer klingend als beim Fichtenkreuzschnabel. Der Gesang ist ein recht hastig vorgetragenes Gezwitscher mit eingebundenen Kontaktrufen. Gegenüber dem Fichtenkreuzschnabel enthält der Gesang mehr schwirrende und schnarrende Töne. Der Warnruf ist ein tiefes „tjück tjück".

Vorkommen / Lebensraum

Der Kiefernkreuzschnabel kommt von Nordeuropa bis Ostzentralrussland vor. Er bewohnt dort die Nadelwaldtaiga. Er bevorzugt Kiefernwälder, lebt aber auch in Nadelwäldern, die aus Kiefern und Fichten bestehen. Kiefernkreuzschnäbel sind meistens Standvögel und ziehen nur auf der Suche nach Futter umher. Nur selten kommen sie auf ihren Wanderungen bis nach Mitteleuropa und Großbritannien.

Fortpflanzung

Kiefernkreuzschnäbel bauen ihre Nester in Nadelbäumen. Während das Weibchen brütet, wird es sehr sorgsam vom Männchen mit Futter versorgt. Da die

Kiefernkreuzschnäbel haben den klobigsten Schnabel unter den Kreuzschnäbeln.

Brutzeit durchaus in den Winter fällt, sind die Nester sehr dickwandig und gut ausgepolstert. Die Unterkonstruktion des Nestes besteht aus kleinen Nadelbaumreisern. Für den weiteren Aufbau des Nestes werden Halme, Wurzelfasern und Flechten verwendet. Mit Tierhaaren, Pflanzenwolle und Federn wird die Brutstätte ausgepolstert. Die Schnäbel der Jungvögel sind erst gerade und beginnen sich etwa ab der fünften bis sechsten Lebenswoche zu krümmen.

Brutzeit	Dezember - Juni	Gelegegröße	4 - 5 Eier
Gelege pro Jahr	1 - 2	Brutdauer	14 - 16 Tage
Nestlingszeit	19 - 22 Tage		

Nahrung

Kiefernkreuzschnäbel ernähren sich von Nadelbaumsämereien. In erster Linie von Kiefernsamen. Es werden weiterhin Fichten-, Tannen-, Lärchen- und Douglasiensamen gefressen. Beim Mangel an Nadelbaumsamen werden auch Beeren, Laubbaumsamen und Samen von Wildkräutern gefressen. Insekten und Insektenlarven werden ebenfalls nicht verschmäht.

Unterbringung

Die Unterbringung sollte in Volieren mit den Mindestmaßen von 2 m x 1 m x 2 m erfolgen. Aufgrund des großen Nagebedürfnisses müssen ständig frische Nadelbaumzweige zur Verfügung stehen. Sind keine frischen Zweige im Gehege, zernagen Kiefernkreuzschnäbel Volierenteile aus Holz. Sinnvoll sind deshalb Volieren aus Metall. Außerhalb der Brutperiode können Kiefernkreuzschnäbel im Schwarm gehalten werden. Eine Vergesellschaftung mit anderen Arten ist problemlos.

Vermehrung

Kiefernkreuzschnäbel können bei der Partnerwahl sehr wählerisch sein. Optimal ist, wenn sich die Partner selber finden können. Bei Schwarmhaltung vor der Brutzeit kann man sehr gut beobachten, wer mit wem harmoniert und dementsprechend werden dann die harmonierenden Paare in Einzelvolieren untergebracht. Zum Nestbau bietet man den Kiefernkreuzschnäbeln etwas größere Körbchen und Kaisernester an, etwa jene, die man für größere Kanarienrassen verwendet. Darin bauen die Vögel ihr Nest u. a. aus Kokosfasern, kleinen Reisern, Wurzelfasern, Halmen, Moos, Scharpie und Tierhaaren. Im Gegensatz zur freien Wildbahn, wo nur eine oder manchmal zwei Bruten durchgeführt werden, können in Menschenobhut durchaus drei Bruten erfolgreich großgezogen werden.

Kiefernkreuzschnäbel haben ein sehr großes Nagebedürfnis. Ihnen müssen ständig frische Nadelbaumzweige zur Verfügung gestellt werden.

Fütterung

Im Handel werden sehr gute, auf Kreuzschnäbel abgestimmte, Sämereienmischungen angeboten. Diese enthalten u. a. eine Vielzahl von Nadelholzsamen. Außerhalb der Brutzeit mischt man dieses wertvolle Futter mit einer handelsüblichen Waldvogelmischung. Ganzjährig reicht man Zapfen der unterschiedlichen Nadelbäume. Mit ihrem gekreuzten Schnabel sind sie in der Lage, die Schuppen der Zapfen anzuheben, um an die Samen zu gelangen. Die Zapfen kann man sehr gut durchbohren und aufgereiht auf einem Draht aufspießen, um sie dann in die Volieren zu hängen. Man sollte darauf achten, dass man nur frisch abgefallene Zapfen sammelt. Weiterhin reicht man den Vögeln verschiedene Wildkräuter in allen Reifestadien und im Herbst Beeren. Gerne nehmen sie auch von süßen Äpfeln, Maiskolben und Karotten, sofern sie daran gewöhnt sind.

23.15. Fichtenkreuzschnabel *Loxia curvirostra*

Loxia curvirostra (Linnè, 1758) · Engl.: Red Crossbill

Unterarten

L. c. curvirostra	Nord-, West- und Zentraleuropa bis Nordostsibirien und Nordmongolei
L. c. balearica	Zentral- und Südspanien, Balearen
L. c. corsicana	Korsika
L. c. poliogyna	Süditalien, Nordwestafrika
L. c. guillemardi	Ostbalkan und Türkei bis zum Kaukasus und Südukraine
L. c. altaiensis	Nordostkasachstan, Südwestsibirien und Westmongolei
L. c. tianschanica	Südostkasachstan bis Tadschikistan und Nordwestchina
L. c. himalayensis	Himalaya bis Südchina
L. c. meridionalis	Südvietnam
L. c. japonica	Südostsibirien bis Sachalin und Kurilen, Nordostchina, Koreanische Halbinsel, Hokkaidō und Nord- und Zentralhonshū
L. c. luzoniensis	Luzon (Nordphilippinen)
L. c. minor	Südostkanada und Nordost-USA
L. c. percna	Neufundland
L. c. sitkensis	Küsten Südalaskas und Westküste der USA
L. c. bendirei	Binnenland Südwestkanada und Nordwest-USA
L. c. benti	Zentrale Rocky Mountains (Westzentral-USA)
L. c. grinnelli	Westzentral- bis Südwest-USA
L. c. stricklandi	Südwest-USA bis Südmexiko
L. c. mesamericana	Guatemala, Belize bis Nicaragua

Fichtenkreuzschnabel-Männchen.

Beschreibung

Länge der Nominatform 16 bis 17 cm. Typisch ist der gekreuzte Schnabel, der es den Fichtenkreuzschnäbeln ermöglicht, Samen aus Nadelbaumzweigen herauszuklauben. Der Unter- bzw. Oberschnabel kann nach links oder rechts gebogen sein. Die Männchen zeigen im ersten Lebensjahr ein ockergelbes Gefieder. Die Flügel und die Schwanzfedern sind dunkel graubraun. Das Rückengefieder, der Oberkopf und die Ohrdecken sind verwaschen graubraun. Im zweiten Lebensjahr sind die ockergelben Gefiederpartien rot. Je nach Zeitpunkt des Schlupfes und der Mauser sowie der zur Verfügung stehenden Nahrung, kann das Gefieder bereits im ersten Jahr rot, rötlich oder scheckig rot-ockergelb sein. Genauso können zweijährige oder ältere Männchen noch ein ockergelbes Gefieder tragen. Die Weibchen sind matt grünlichgelbgrau gefärbt. Die Flügel und die Schwanzfedern sind dunkelgrau. Der Oberkopf und der Rücken sind gräulich geschuppt. Die graubraunen Jungvögel zeigen eine dunkle Strichelung.

Die satte rote Gefiederfärbung erreicht man nur durch die Gabe von Futterzusätzen.

Fichtenkreuzschnabel-Weibchen.

Die zahlreichen Unterarten unterscheiden sich in Größe, Farbintensität oder Schnabelgröße. Die Unterart *L. c. himalayensis,* der sogenannte „Himalayakreuzschnabel“, ist die kleinste Unterart und nur etwa 14 cm lang. In Menschenobhut werden nur wenige Farbmutationen gehalten.

Lautäußerungen

Der Kontaktruf ist ein metallisch klingendes „kip kip“ oder „glipp glipp“. Der Gesang ist ein hastiges Gezwitscher mit scharfen Tönen sowie eingebundenen Kontaktrufen. Fichtenkreuzschnäbel warnen mit einem tiefen „tjück tjück“.

Flügger Fichtenkreuzschnabel.

Vorkommen / Lebensraum

Der Fichtenkreuzschnabel ist mit seinen Unterarten weit verbreitet. Das Verbreitungsgebiet reicht von Westeuropa über Eurasien bis Ostasien sowie Nord- und Mittelamerika. Sogar in Nordafrika und auf einigen Mittelmeerinseln ist er vertreten. Der Lebensraum sind in erster Linie Fichtenwälder, aber auch Nadelwälder mit anderen Nadelbaumarten und Mischwälder werden bewohnt.

Fortpflanzung

Die Paare bilden sich bereits im Herbst. Die Brutzeit der Fichtenkreuzschnäbel ist abhängig vom Nahrungsangebot und fällt durchaus in den Winter. Die Nester werden in Nadelbäumen angelegt. Direkt am Stamm oder auch in den ausladenden Ästen. Je nachdem, wo die Vögel den für sich geeignetsten Standort sehen. Für den Unterbau werden Koniferenzweige verwendet. Ansonsten werden Halme, Moos, Flechten, Wurzelfasern, Tierhaare und Federn verbaut. Um das Gelege nicht unnötig lange zu verlassen, wird das Weibchen sehr zuverlässig vom Männchen mit Futter versorgt. Solange ausreichend Nahrung vorhanden ist, brüten Fichtenkreuzschnäbel sogar bei minus 10, 20 oder sogar 30°C. Die Jungen schlüpfen mit geraden Schnäbeln. Erst im Alter von fünf bis sechs Wochen beginnen die Schnäbel sich zu biegen.

Brutzeit	Dezember - Mai	Gelegegröße	4 - 5 Eier
Gelege pro Jahr	1 - 2	Brutdauer	14 - 16 Tage
Nestlingszeit	14 - 16 Tage		

Nahrung

Fichtenkreuzschnäbel klettern in zapfentragenden Nadelbäumen umher und klauben die wohlschmeckenden Samen aus den Zapfen. In erster Linie fressen sie Samen von Fichten. Sie nehmen aber auch die Samenkörner von Kiefern, Tannen und Lärchen auf. Gerne fressen sie auch Knospen von Laubbäumen

Fichtenkreuzschnabel-Männchen der Unterart Loxia curvirostra himalayaensis *(„Himalayakreuzschnabel").*

Junger, gut gefütterter Fichtenkreuzschnabel.

sowie halbreife und reife Samen von Wildkräutern. Insekten, Insektenlarven und andere kleine Wirbellose werden ebenfalls aufgenommen.

Unterbringung

Fichtenkreuzschnäbel können bereits in geräumigen Flugkäfigen gehalten und vermehrt werden. Geeigneter sind jedoch Volieren mit den Mindestmaßen 2 m x 1 m x 2 m zur paarweisen Haltung. Außerhalb der Brutzeit kann man die Vögel im Schwarm fliegen lassen. Eine Vergesellschaftung mit anderen Arten ist kein Problem. Fichtenkreuzschnäbel sind völlig kälteunempfindlich und können ganzjährig in geschützten Freivolieren untergebracht werden. Das Gehege muss gut mit Koniferenzweigen ausgestattet werden, dann fühlen sich die Vögel sehr wohl. Eine Bepflanzung der Voliere ist zwecklos, denn die Kreuzschnäbel zernagen alles Grüne. Sie benötigen ständig, das heißt am besten wöchentlich, frische Zweige zum Benagen. Die Vögel werden es dem Pfleger mit einer guten Kondition und Gesundheit danken. Solange stets frische Koniferenzweige vorhanden sind, werden Volierenteile aus Holz nicht oder kaum benagt.

Vermehrung

Fichtenkreuzschnäbel sind relativ leicht zu vermehren. Das größte Hindernis stellt die Partnerwahl dar. Am besten hält man die Vögel im Schwarm zusammen und stellt durch Beobachten fest, welche Partner harmonieren. Die vermeintlichen Paare werden kann in die Zuchtvoliere gesetzt. Sie nehmen sehr gerne größere, verkleidete Kaisernester als Nisthilfe an. Diese bieten den Vögeln seitlich und von oben Schutz und einen freien Blick nach vorne. Im dichten Gewirr von Koniferenzweigen legen sie auch freistehende Nester an. Als Nistmaterial verbauen sie gerne Kokosfasern, dürre Zweige von Nadelhölzern, Wurzelfasern, Scharpie und Tierhaare. In Menschenobhut werden durchaus drei Jahresbruten durchgeführt. Die Jungen der vorherigen Brut müssen nicht zwingend aus der Voliere genommen werden. Nur wenn sie offensichtlich das brütende Weibchen stören, sollte man eingreifen.

Nestlinge des Fichtenkreuzschnabels.

Fütterung

Speziell für Kreuzschnäbel zusammengestellte Sämereienmischungen werden als Grundfutter angeboten. Sie enthalten eine Vielzahl von Koniferensamen. Außerhalb der Brutzeit kann diese Mischung mit einer guten Waldvogelmischung etwas gestreckt werden. Wann immer möglich, bietet man Fichtenzapfen an. Auch andere Nadelbaumzapfen werden mit Hingabe benagt und bieten den Vögeln eine tolle Beschäftigung. Es ist immer darauf zu achten, dass nur frische Zapfen für die Vögel gesammelt werden. Um den Speiseplan möglichst abwechslungsreich zu gestalten, gibt man noch verschiedene Wildkräuter in allen Reifestadien. Im Herbst gehören auch Beeren zum Futterangebot. Süße Äpfel, Maiskolben und Karotten können ebenfalls angeboten werden. Zur Jungenaufzucht gibt man noch Keimfutter und tierische Kost.

23.16. Bindenkreuzschnabel *Loxia leucoptera*

Loxia leucoptera (Gmelin, 1789) · Engl.: Two-barred Crossbill

Unterarten

L. l. bifasciata	Nordeuropa bis Ostsibirien und Nordostchina
L. l. leucoptera	Alaska, Kanada and Nord-USA

Bindenkreuzschnabel-Männchen.

Bindenkreuzschnabel-Weibchen.

Beschreibung

Länge der Nominatform ca. 15 bis 16 cm. Bindenkreuzschnäbel zeigen zwei auffallende weiße Flügelbinden. Die Männchen sind, voll ausgefärbt, karminrot. Der Rücken ist dunkel gefleckt. Die Flügel und die Schwanzfedern sind schwarz. Die Weibchen sind gelblich olivgrün mit dunkel geflecktem Rücken und gestrichelter Unterseite. Oftmals wirken sie grau überhaucht. Die Männchen können im ersten Jahr rot, ockergelb oder scheckig rot-ockergelb sein. Die Färbung hängt vom Zeitpunkt des Schlupfes, der Mauser sowie von der zur Verfügung stehenden Nahrung ab. Die Unterart L. l. bifasciata ist etwas größer als die Nominatform und hat einen etwas schlankeren Schnabel.

Lautäußerungen

Bindenkreuzschnäbel rufen weich „glib glib" und nasal „eeeet" und erinnern an das Rufen der Birkenzeisige. Der Gesang ist ähnlich dem hastigen, mit scharfen Tönen versehenen Gesang des Fichtenkreuzschnabels.

Vorkommen / Lebensraum

Die Populationen des Bindenkreuzschnabels leben von Nordeuropa bis Ostsibirien und Nordostchina sowie in Nordamerika. Dort bewohnt er Nadelwälder, vorzugsweise Wälder mit hoher Dichte der Lärche.

Fortpflanzung

Die Brutzeit ist abhängig vom Reifegrad der Nadelbaumzapfen. Daher brüten Bindenkreuzschnäbel auch im Winter. Das Nest wird relativ hoch in Nadelbäumen gebaut. Oftmals ist es auch sehr gut von oben durch überhängende Zweige geschützt. Das Nest besteht aus kleinen Nadelbaumzweigen, Flechten, Moos, morschen Holzstückchen, Gräsern, Tierhaaren und Federn.

Brutzeit	Januar - Mai	Gelegegröße	4 - 5 Eier
Gelege pro Jahr	1 - 2	Brutdauer	12 - 14 Tage
Nestlingszeit	18 - 22 Tage		

Bindenkreuzschnäbel zeigen auffallende weiße Flügelbinden.

Nahrung
Bindenkreuzschnäbel ernähren sich von Nadelholzsamen, vorzugsweise von Lärchen- und Fichtensamen. Weiterhin fressen sie auch Laubbaumsamen und -knospen, Samen von Wildkräutern, Beeren und auch Insekten, deren Larven und andere Wirbellose.

Unterbringung
Die Unterbringung sollte in mit reichlich Koniferenzweigen ausgestatteten Volieren erfolgen. Niedrige Temperaturen vertragen sie sehr gut und können ganzjährig in geschützten Volieren gehalten werden. Die besten Aussichten auf eine erfolgreiche Vermehrung bietet eine paarweise Haltung. Bindenkreuzschnäbel werden gegenüber dem Pfleger sehr zutraulich und nehmen Leckerbissen bald aus der Hand.

Vermehrung
Die Partner sollten sich in einem Schwarm gefunden haben, so hat man gute Chancen, ein harmonierendes Paar zu haben. Die Voliere für das Paar muss gut mit Koniferenzweigen bestückt sein und es sind immer wieder frische Zweige zur Verfügung zu stellen, damit die Holzteile der Voliere nicht unter dem Nagebedürfnis der Vögel leiden. Bindenkreuzschnäbel nehmen Kaisernester und Körbchen als Nisthilfe an und bauen ihr Nest u. a. aus kleinen Zweigen, Kokosfasern, Wurzelfasern und Tierhaaren. Zwei bis drei Bruten pro Jahr sind in Menschenobhut möglich.

Fütterung
Eine Spezialsämereienmischung für Kreuzschnäbel bildet das Grundfutter. Dieses beinhaltet u. a. viele Koniferensamen. Zu einer artgemäßen Ernährung gehören frische Zapfen von Lärchen und Fichten. Die Fichtenzapfen können halbiert werden, denn so gelangen die Vögel leichter an die Samenkörner. Ansonsten reicht man Keimfutter, verschiedene Wildkräuter und Beeren. Gerne werden auch süße Äpfel angenommen. Zweige von Laubbäumen mit frischen Knospen werden sehr gerne benagt und sind eine willkommene Abwechslung. Zur Jungenaufzucht sollte man auch tierische Nahrung bereitstellen. Kleine Mehlkäferlarven, Pinkies und Blattläuse werden recht gerne, aber nicht von allen Exemplaren, gefressen.

23.17. Stieglitz *Carduelis carduelis*

Carduelis carduelis (Linnè, 1758) · Engl.: European Goldfinch

Unterarten

C. c. britannica	Großbritannien, Nordwestfrankreich und Westniederlande
C. c. carduelis	Südskandinavien bis Zentralfrankreich und Italien und von Ost- bis Zentralrussland
C. c. parva	Südwesteuropa, Nordwestafrika, Madeira, Balearen und Kanaren
C. c. tschusii	Korsika, Sardinien und Sizilien
C. c. balcanica	Balkan, Griechenland, Kreta und Nordwesttürkei
C. c. niediecki	Mittlerer Osten
C. c. brevirostris	Osttürkei, Südkaukasus und Nordiran
C. c. colchica	Nordkaukasus und Krim
C. c. volgensis	Südukraine, südliches europäische Russland und Nordwestkasachstan
C. c. frigoris	Südwest- und Südzentralsibirien (umfasst auch die früher eigenständige Unterart *C. c. major*
C. c. paropanisi	Westturkmenistan und Ostiran bis Nordwestchina
C. c. subulata	Nordostkasachstan, Südzentralsibirien und Westmongolai
C. c. caniceps	Westpakistan bis Nordwesthimalaya, Südwesttibet und Zentralnepal
C. c. ultima	Südiran

Stieglitz-Männchen.

Stieglitz-Weibchen.

Beschreibung

Länge der Nominatform ca. 12 bis 13 cm. Stieglitze zeigen eine rot-schwarze Gesichtsmaske. Die Kopf- und Halsseiten sind weiß, der Nacken und Oberkopf sind schwarz. Im Genick befindet sich ein weißbräunlicher Fleck. Der Rücken ist braun. Der Bürzel und die Oberschwanzdecken sind schmutzig weiß. Die Flügel sind schwarz mit weißen Spitzen an den Schwungfedern. Auffallend sind die leuchtend gelben Flügelbinden. Die Unterseite ist weißlich mit bräunlichen Flecken. Der schwarze Schwanz ist gegabelt und zeigt im unteren Bereich weiße Flecken. Die Weibchen ähneln den Männchen. Beim Männchen erstreckt sich das Rot der Gesichtsmaske über den Augen bis hinter die Augen. Beim Weibchen nur bis etwa zur Hälfte der Augen. Die rote Maske ist bei den Männchen unten mehr eckig und bei den Weibchen rundlich. Außerdem ist die rote Maske bei den Männchen intensiver gefärbt. Die kleinen Flügeldecken sind bei den Männchen schwarz und bei den Weibchen bräunlich durchsetzt. Die Köpfe der Jungvögel sind braun und zeigen nicht die hübsche Kopffärbung der Altvögel. Die Ober- und Unterseite ist gestreift und gefleckt. Die schwarze, weiße und gelbe Zeichnung der Flügel und des Schwanzes ist bereits sichtbar.

Die zahlreichen Unterarten unterscheiden sich in Intensität der Farben und in der Körpergröße. Die Unterart *C. c. frigoris*, die auch die ehemalige Unterart *C. c. major* umfasst, stellt die größten Vertreter der Stieglitze.

Die Unterarten *C. c. caniceps*, *C. c. subulata*, *C. c. paropanisi* und *C. c. ultima* (Graukopfstieglitze) weichen am stärksten von der Gefiederfärbung der Nominatform ab. Der Rücken sowie die Kopf- und Brustseiten sind graubraun. Die Gesichtsmaske ist rot. Der Bauch und der Unterschwanz sind weißlich. Die Schwingen sind schwarz mit leuchtend gelben Flügelspiegeln. Die Schwanzfedern sind schwarz. Auffallend ist das Fehlen der stieglitztypischen schwarz-weißen Kopfzeichnung. Diese vier Unterarten unterscheiden sich in der Größe. In Menschenobhut werden zahlreiche Mutationen gehalten.

Kopfstudie Stieglitz-Männchen.

Lautäußerungen

Das „stiglitt", „dudidelet" oder auch „dididit" ist der arttypische Ruf und findet sich auch in dem eigentlichen, recht hastig vorgetragenen, Gesang wieder.

Stieglitzgelege.

Vorkommen / Lebensraum

Stieglitze kommen von Westeuropa bis Mittelsibirien (außer Island und dem mittleren und nördlichen Fennoskandinavien), Nordafrika sowie West- und Zentralasien vor. In einigen Teilen der Erde wurde er eingebürgert (z.B. Südamerika, Australien und Neuseeland). Der Lebensraum sind lichte Wälder, Auwälder, Waldränder, Parks, Friedhöfe, Alleen, Feldgehölze, Gärten, Streuobstwiesen und ähnlich strukturierte Landschaften.

Fortpflanzung

Die Brutpaare finden sich bereits im Winter und Frühjahr, wenn die Schwärme auf der Suche nach Futter umherziehen. Das Nest wird meistens höher in Bäumen angelegt. Gerne dienen Obstbäume, Pappeln und Ahorn als Neststandort. Das Nest wird in Astgabeln oder auch an Astenden, kunstvoll und gut getarnt, gebaut. Zum Nestbau verwenden die Weibchen Halme, Wurzelfasern, Stängel, Moos, Flechten, Pflanzenwolle und Tierhaare.

Brutzeit	April - August	Gelegegröße	4 - 6 Eier
Gelege pro Jahr	2	Brutdauer	12 - 14 Tage
Nestlingszeit	12 - 15 Tage		

Stieglitz in der Farbmutation achat.

Stieglitz in der Farbmutation aminet.

Nahrung

Das Nahrungsspektrum der Stieglitze umfasst halbreife und reife Sämereien von Wildkräutern, Stauden und Gehölzen. Im Volksmund wird der Stieglitz auch Distelfink genannt. Dies deutet auf seine Vorliebe für Distelsamen hin. Um an die Samen zu gelangen, klettern die Stieglitze gekonnt auf und an den Pflanzen umher. Insbesondere zur Aufzucht des Nachwuchses nehmen sie gerne Insekten und deren Larven auf. Eine Vorliebe zeigen sie für Blattläuse.

Stieglitz im Jugendkleid. Ihnen fehlt noch die markante Kopfzeichnung.

Das farbenfrohe Gefieder zeigen Stieglitze erst nach der Jugendmauser.

Unterbringung

Stieglitze können bereits in geräumigen Kistenkäfigen sehr gut gehalten werden. Bei vielen Stieglitzliebhabern haben sich kleine Volieren von 1 m x 2 m x 2 m für ein Paar bewährt. Niedrige Temperaturen machen den Stieglitzen nichts aus, sie können ganzjährig in geschützten Gartenvolieren untergebracht werden. Die Stieglitze der südlichen, östlichen und nordöstlichen Unterarten vertragen das mitteleuropäische, nasskalte Wetter nicht sehr gut und sollten in vollkommen überdachten und seitlich geschützten Gehegen untergebracht werden. Sie müssen es von oben her trocken

Flügger Stieglitz.

haben und es ist darauf zu achten, dass der Boden trocken bleibt. Zweige von Nadel- und Laubbäumen bieten den Vögeln Beschäftigung, denn sie benagen diese unermüdlich.

Die Vergesellschaftung mit anderen Arten ist grundsätzlich möglich. Gegenüber rotgrundigen Vogelarten, wie z. B. dem Gimpel, kann es zu Aggressionen kommen.

Vermehrung

Sofern das Paar harmoniert, gelingt die Vermehrung recht einfach. Die paarweise Unterbringung ist dafür die beste Voraussetzung. Das Nest wird freistehend auf Koniferenzweigen oder in Körbchen und Kaisernestern gebaut. Das Weibchen baut das Nest aus Kokosfasern, Halmen, Wurzelfasern, Sisal, Moos, Tierhaaren, Pflanzenwolle und Scharpie. Oftmals führt die Gabe von hellen Nistmaterialien, wie z. B. Scharpie und Autopoliturwatte, zum Beginn des Nestbaues. In Menschenobhut werden bis zu drei Bruten durchgeführt.

Stieglitznest mit Jungvögeln.

Fütterung

Im Handel sind auf Stieglitze abgestimmte Futtermischungen erhältlich. Diese beinhalten u. a. Distel-, Gras-, und Baumsämereien sowie viele andere wertvolle Samen. Zur Jungenaufzucht reicht man ein gutes Weich- sowie Keimfutter. Tierische Kost darf nicht fehlen. Ameisenpuppen, Blattläuse und gefrostete Pinkies werden gerne angenommen. Halbreife und reife Wildkräuter vervollständigen das Nahrungsangebot. Besonders eignen sich Löwenzahn, Vogelmiere, Ampfer, Mädesüß, Hirtentäschel, Nachtkerze, Disteln und Huflattich. Es ist nachgewiesen, dass Stieglitze die Samen von über 150 Pflanzenarten fressen.

23.18. Zitronenzeisig *Carduelis citrinella*

Carduelis citrinella (Pallas, 1764) · Engl.: Citril Finch

Unterarten
Keine

Die ehemalige Unterart *Carduelis citrinella corsicanus* ist eine eigenständige Art und wird unter dem Namen Korsenzeisig (*Carduelis corsicana*) geführt. Der Korsenzeisig bewohnt Sardinien und Korsika.

Zitronenzeisig-Männchen sind gelblicher als die Weibchen.

Beschreibung

Länge ca. 12 cm. Der Rücken ist graugrün. Der Oberkopf, der Nacken und die Halsseiten sind grau bis graubraun. Auf den Flügeln erkennt man zwei gelbgrüne Binden. Die Männchen sind im Gesicht, an der Kehle und auf der Brust olivgelb. Bei den Weibchen sind diese Körperregionen verwaschen graugrün. Die Unterseite ist ungestreift gelbgrün. Die Jungvögel sind insgesamt bräunlich und stark gestreift.

Lautäußerungen

Die Lockrufe „gög", „döng" oder „tweck tweck" klingen metallisch. Weitere Rufe sind klingelnd „pirriti" oder gedehnt „püüit". Der Flugruf ist ein helles „tjiht". Der Gesang ist ein Gezwitscher mit Quetschlauten.

Vorkommen / Lebensraum

Zitronenzeisige haben nur ein sehr kleines, lückenhaftes Verbreitungsgebiet. Sie leben in Gebirgen in Mittel- und Südwesteuropa, von Spanien bis Österreich und Slowenien. Sie sind teilweise Kurzstreckenzieher.

Der Lebensraum sind Mischwälder, Nadelwaldgürtel, sonnige felsige Hänge und Bergwiesen, die locker mit Fichten und Kiefern bewachsen sind.

Fortpflanzung
Zitronenzeisige bauen ihre Nester meistens geschützt, hoch und nah am Stamm in Nadelbäumen. Zum Nestbau werden Gräser, Moos, Flechten, Wurzelfasern, Pflanzenwolle, Tierhaare und Federn verwendet. Teilweise brüten sie in lockeren Kolonien.

Brutzeit	April - Juli	Gelegegröße	4 - 5 Eier
Gelege pro Jahr	1 - 2	Brutdauer	12 - 14 Tage
Nestlingszeit	16 - 18 Tage		

Zitronenzeisig-Weibchen.

Nahrung
Zitronenzeisige ernähren sich von Samen von Nadelbäumen und Wildkräutern sowie von Knospen und Insekten sowie anderen kleinen Wirbellosen.

Unterbringung
Sie können in größeren Kistenkäfigen, besser aber in Volieren, untergebracht werden. Am besten eignen sich geschützte Gartenvolieren. Zur Brutzeit können Zitronenzeisige recht aggressiv gegenüber verwandten Arten sein. Man sollte sie paarweise in kleinen Volieren halten, die gut mit Koniferenzweigen ausgestattet sind.

Fütterung
Man reicht den Zitronenzeisigen eine gute Sämereienmischung für Waldvögel, die auch kleine Nadelbaumsämereien enthalten muss. Weiterhin stellt man verschiedene Wildkräuter in halbreifem oder reifem Zustand zur Verfügung. Insbesondere zur Jungenaufzucht gibt man tierische Kost in Form von Blattläusen, Ameisenpuppen, Pinkies und Mehlkäferlarven. Keimfutter darf auf dem Speiseplan nicht fehlen.

Vermehrung
Die paarweise Unterbringung ist eine gute Voraussetzung für eine erfolgreiche Vermehrung. Man bietet kleine Draht-, Bast- oder Kunststoffkörbchen sowie Kaisernester als Nistunterlage an. Zum Nestbau gibt man Kokosfasern, Halme, Wurzelfasern, Scharpie, Moos, Tierhaare und Federn in die Voliere.

Zitronenzeisig-Männchen.

23.19. Girlitz *Serinus serinus*

Serinus serinus (Linnè, 1758) · Engl.: European Serin

Unterarten
Keine

Girlitz-Weibchen.

Beschreibung

Länge ca. 11 cm. Der Girlitz zeigt eine grünliche Gefiederfärbung mit dunkelbrauner bis schwarzer Längsstrichelung. Das Männchen ist durch eine gelbe Stirn, Brust und Überaugenstreif gekennzeichnet. Ebenso ist der Bürzel gelb gefärbt. Von dem insgesamt grünlichgelben Gesamteindruck sticht der helle, weißliche Bauch ab. Die Füße und die Iris sind braun. Der Oberschnabel ist dunkel, der Unterschnabel ist blass hornfarben. Die Weibchen sind stärker gestrichelt. Weiterhin zeigen sie nicht das intensive Gelb der Männchen. Die Gefiederfärbung des Weibchens ist insgesamt matter. Die Jungvögel ähneln den Weibchen. Sie sind aber stärker gestreift und ihnen fehlt jegliches Gelb. Ein markantes Zeichen ist sein sehr kurzer Kegelschnabel. Junge Girlitze sind bräunlich rahmfarben und dunkel gestrichelt.

Girlitz-Männchen.

Lautäußerungen

Der Stimmfühlungslaut „tirrilillit" oder „zirrirrilit" wird hoch und laut ausgestoßen. Der Lockruf hört sich an wie „tschizick" oder „tschit-tschittschit". Als Warnruf dient ein „nätsch" oder nasales „wäji". Der eigentliche Gesang wird schnell, hastig und langanhaltend vorgetragen und besteht aus knirschenden, klirrenden, rasselnden und sirrenden Tönen.

Vorkommen / Lebensraum

Girlitze brüten von Süd-, West- und Mitteleuropa (außer Britische Inseln) über Nordafrika bis zum Mittleren Osten. Nördlich bis zu den baltischen Staaten, ostwärts bis Polen und Ukraine. Die südeuropäischen und nordafrikanischen Populationen sind Standvögel, die nördlichen sind Zugvögel und alle anderen Teilzieher. Die Überwinterungsgebiete liegen im westlichen und südlichen Europa, in Nordafrika und im Nahen Osten.

Girlitz-Männchen vollziehen schmetterlingsartige Singflüge.

Prädestinierte Lebensräume sind u. a. Obstgärten, große Gärten, Streuobstwiesen, Parks, Weinberge, Waldränder, Auwälder, Industrieanlagen und Friedhöfe.

Fortpflanzung

Girlitze vollziehen ab April eindrucksvolle Balz- und Singflüge. Und schon bald beginnt dann die Brut. Die Nester werden gut geschützt, aber mit einer guten Aussicht für den brütenden Vogel, in Nadel- und Laubbäumen, in Sträuchern oder Hecken angelegt. In Bäumen oftmals in großer Höhe. Als Nistmaterial werden trockene Gräser, Halme, Moos, Flechten, Wurzelfasern und Spinnweben verwendet.

Brutzeit	Mai - August	Gelegegröße	4 - 5 Eier
Gelege pro Jahr	2	Brutdauer	12 - 14 Tage
Nestlingszeit	14 - 16 Tage		

Nahrung

Die Nahrung besteht überwiegend aus Wildkrautsamen in halbreifem oder reifem Zustand. Auch kleine Baumsämereien, z. B. von Birke und Erle, werden verspeist. Bei Gelegenheit werden sehr kleine Insekten und Larven gefressen, z. B. Blattläuse. Dabei nimmt der Girlitz seine Nahrung überwiegend vom Boden auf. Er hangelt kaum, wie Erlenzeisige oder Stieglitze, an Zweigen oder Pflanzenstengeln herum, um an die Samen zu gelangen.

Unterbringung

Empfehlenswert für den munteren Girlitz ist eine ganzjährige Unterbringung in einer geschützten Voliere. Da er friedfertig ist, kann er mit nicht nahe verwandten Arten gut vergesellschaftet werden. Die Voliere sollte mit Koniferenzweigen ausgestattet sein, dann fühlt sich der Girlitz sicher. Gegenüber verwandten und ähnlich aussehenden Vogelarten können, insbesondere in der Brutzeit, vom Männchen Aggressionen ausgehen.

Vermehrung

Zum Nestbau bringt man zwischen den an den Volierenwänden befestigten Koniferenzweigen kleine Nistkörbchen an. Ebenso werden, mit etwas Grün verkleidet, Kaisernester von den Girlitzen angenommen. Manche Paare bauen ihre Nester sogar freistehend in den Koniferenzweigen. Als Baumaterial für das Nest gibt man Kokosfasern, Wurzelfasern, Scharpie, Tierhaare, Sisal, Pflanzenwolle und Halme. In Menschenobhut können durchaus bis zu drei Bruten durchgeführt werden

Fütterung

Der Handel bietet mittlerweile auf Girlitze abgestimmte Sämereienmischungen an. Das Nahrungsangebot erweitert man um Wildkräuter der Saison in reifem und halbreifem Zustand. Dazu wird noch Keimfutter angeboten. Zur Jungenaufzucht sollte etwas animalische Kost nicht fehlen. Hier bieten sich Blattläuse, Ameisenpuppen, Pinkies und Mehlkäferlarven an.

23.20. Erlenzeisig *Spinus spinus*

Spinus spinus (Linnè, 1758) · Engl.: Eurasian Siskin

Unterarten
Keine

Erlenzeisig-Weibchen.

Erlenzeisig-Männchen.

Beschreibung

Länge ca. 12 cm. Die Männchen tragen eine schwarze Kopfplatte, oftmals auch einen schwarzen Kehlfleck. Die Brust, die Kehle, der Hals und die Kopfseiten sind hell grüngelb. Ebenso sind der Bürzel, die Oberschwanzdecken und die Querbinden auf den sonst schwarzen Flügeln lebhaft gelb gefärbt. Die Oberseite ist dunkelgrün und der Bauch grauweiß, beides mit dunkler Längsstrichelung. Die Weibchen zeigen keine schwarze Kopfplatte und keinen Kinnfleck. Weiterhin sind sie wesentlich stärker längs gestrichelt und wirken insgesamt grauer als die Männchen. Sie besitzen kaum gelbe Farbtöne in ihrem Gefieder. Die Jungvögel ähneln dem Weibchen, sind aber stärker gestrichelt. In Menschenobhut werden zahlreiche Mutationen gehalten.

Nicht alle Erlenzeisig-Männchen zeigen einen so ausgeprägten Kehllatz.

Erlenzeisige sind geschickte Kletterer und kommen so sehr gut an die begehrten Erlen- und Birkensamen.

Lautäußerungen

Der typische Flugruf ist ein kurzes „tet" oder auch aneinandergereiht „tetetetetet", daneben ist auch ein „zää" zu vernehmen. Der Gesang ist ein hastig vorgetragenes, schnarrendes, knirschendes und auch nasal knätschendes Gezwitscher. Aus dem Gesang sind immer das „zää" und auch „zääih" herauszuhören.

Vorkommen / Lebensraum

Der Erlenzeisig ist weit verbreitet, kommt aber zum Teil nur lückenhaft vor. Er lebt westlich von Irland, Schottland und den Pyrenäen, weiter durch das mittlere, nördliche und östliche Europa, bis Sachalin und Japan im Osten. In Mitteleuropa brütet er nicht flächendeckend, sondern vor allem ab den höheren Mittelgebirgslagen. Während die nördlichen Populationen als Zugvögel gelten, sind alle anderen Vorkommen Teilzieher. Die Überwinterungsgebiete liegen in Mitteleuropa, im Mittelmeerraum und in Nordafrika.

Erlenzeisig-Männchen in der Farbmutation isabell.

Fortpflanzung

Erlenzeisige streifen im Herbst und Winter in kleinen oder größeren Trupps, nach Nahrung suchend, umher. Vermutlich finden sich in diesen Schwärmen bereits die späteren Paare, die dann im Frühjahr ihre Reviere besetzen. Es kann zu lockeren Koloniebildungen kommen. Die kleinen Napfnester werden meistens relativ hoch in Nadelbäumen an ausladenden Ästen gebaut. Zum Nestbau verwenden die Weibchen kleine Reiser für den Unterbau. Für den weiteren Aufbau und für die Innenauspolsterung werden Wurzelfasern, Halme, Flechten, Moos, Tierhaare und kleine Federn verwendet.

Brutzeit	April - Juli	Gelegegröße	3 - 5 Eier
Gelege pro Jahr	2	Brutdauer	12 - 14 Tage
Nestlingszeit	13 - 15 Tage		

Nahrung

Namensgebend ist die Vorliebe für Erlensamen. Unermüdlich turnen sie zur Reifezeit der Samen in den Zweigen, um an die Samen zu gelangen. Aber sie fressen auch sehr gerne Birken-, Weiden-, Pappel-, Ulmen-, Fichten-, Kiefern- und Lärchensamen. Ebenfalls fressen sie die Samen vieler verschiedener Wildkräuter. Insekten, Insektenlarven und andere kleine Wirbellose werden insbesondere zur Brutzeit aufgenommen.

Unterbringung

Erlenzeisige haben viele positive Eigenschaften, die sie zu sehr empfehlenswerten Vögeln für Anfänger in der Haltung von europäischen Vögeln machen. Sie werden recht zutraulich, sind leicht zu halten, lassen sich gut vermehren, sind nicht kälteempfindlich, sind stets in Bewegung und zeigen zudem eine hübsche Gefiederfärbung. Je nach Möglichkeit, kann man sie in Kistenkäfigen oder Volieren halten und vermehren. Eine Vergesellschaftung mit anderen Arten ist leicht mög-

Schlüpfende Erlenzeisige.

Junge Erlenzeisige während einer Nestkontrolle.

Der aus Südamerika stammende Bartzeisig (Spinus barbatus) ähnelt dem Erlenzeisig. Bartzeisige zeigen allerdings keine Flankenzeichnung.

lich, denn Erlenzeisige sind nicht aggressiv. Das Gehege sollte mit Koniferenzweigen ausgestattet sein und es sollten ständig frische Zweige zum Benagen gereicht werden. Da sie absolut kälteunempfindlich sind, können sie das ganze Jahr über in geschützten Außenvolieren leben.

Noch unbefiederte Erlenzeisige.

Vermehrung

Sie sind recht einfach zu vermehren und nehmen sehr gerne verkleidete Kaisernester und Körbchen als Nestunterlage an. Aber auch freistehende Nester in Koniferenzweigen werden in Menschenobhut gebaut. Das recht kleine Nest wird aus Kokosfasern, Scharpie, kleinen Zweigen, Wurzelfasern, Tierhaaren und kleinen Federchen gebaut. Drei Bruten pro Jahr sind in Menschenobhut nicht selten,

Fütterung

Als Grundfutter stellt man eine gute Sämereienmischung zur Verfügung. Dazu stellt der Handel bereits entsprechende Mischungen für Zeisige zur Verfügung. Optimal ist eine Mischung, die auch Erlen-, Birken- und Fichtensamen enthält. Daneben reicht man stets Wildkräuter der Saison und frische Zweige zum Benagen. Keimfutter ist zur Jungenaufzucht täglich frisch zu reichen. Tierische Kost wird keinesfalls verschmäht und ist zur Jungenaufzucht sehr von Vorteil. Beispielsweise sind Blattläuse bei Erlenzeisigen sehr beliebt. Weiterhin werden auch Mehlkäferlarven, Getreideschimmelkäferlarven und Pinkies angenommen. Auch Wiesenplankton kann ein wichtiger Faktor bei der Jungenaufzucht sein. Ebenso wird gerne von einem guten Eiaufzuchtfutter genommen.

24.1. Goldammer *Emberiza citrinella*

Emberiza citrinella (Linnè, 1758) · Engl.: Yellowhammer

Unterarten

E. c. caliginosa	West-, Nordbritische Inseln
E. c. citrinella	Südostengland und Westkontinentaleuropa bis Nordwestrussland und Polen, südlich bis zum Balkan
E. c. erythrogenys	Osteuropa bis Südzentralsibirien

Goldammer-Männchen im Winter.

Beschreibung

Länge ca. 16 cm. Die Männchen haben einen gelben Kopf, Hals und Unterseite. Direkt über der Brust zeigen sie ein braunrotes Band. Die Seiten sind rotbraun bis dunkelbraun gestreift. Der Rücken ist dunkelrotbraun, mit braunen Längsstreifen. Der Bürzel und die Schwanzdecken zeigen ein helles Rotbraun. Die Schwingen und Steuerfedern sind dunkelbraun, besitzen aber helle Säume. Der Schnabel ist blaugrau, die Füße hellbraun und die Iris dunkelbraun. Die gelbe Zeichnung der Männchen kann von Vogel zu Vogel unterschiedlich stark ausgeprägt sein. Die Weibchen sind wesentlich matter gefärbt. Die Unterseite, der Oberkopf, Kehle und Brust sind mehr gefleckt und gestreift. Die Jungvögel ähneln dem Weibchen, wobei der Oberkopf dunkler gezeichnet ist. Auch der Vorderhals und die Brust sind dunkler und weitaus mehr gestreift. Es gibt unterschiedlich stark gelb gefärbte Männchen. Oft ist es so, dass die jährigen Männchen recht stark dem Weibchen gleichen. Durch ihre schöne Gefiederzeichnung sind die Goldammern eine Bereicherung für jede Voliere mit einheimischen Vögeln.

Lautäußerungen

Charakteristisch für die Goldammer ist das langgezogene Schlüsselement „zizizizizizizizii düh" des Gesanges. Vor dem Schlussteil singt die Goldammer einige hohe und schnelle Töne, denen dann der erwähnte Schlussteil folgt. Ansonsten kann man im Flug feine „dsip" - Rufe vernehmen. Weiterhin hört man die recht häufigen Rufe „zick", „tssrrp" und „zürrl". Der Gesang der Männchen wird oft von exponierten Stellen aus vorgetragen. Sie sitzen dann beispielsweise auf Stromleitungen oder auf Baumspitzen.

Vorkommen / Lebensraum

Goldammern kommen in großen Teilen Europas vor (außer Island, große Teile der Iberischen Halbinsel, Mittelmeerinseln, Nordskandinavien und Nordrussland). Nach Osten hin reichen die Brutgebiete bis zum Baikalsee.

Goldammern brüten am Boden oder in Bodennähe, in Volieren gerne auch etwas höher in Nisthilfen.

Goldammern verbleiben überwiegend in ihren Brutgebieten. Nur die nördlichen Populationen sind Zugvögel und verlassen die Brutgebiete. Der Lebensraum ist das offene Gelände mit einzelnen Büschen. Aber auch Waldränder, Lichtungen, Schonungen, Dorfränder, Feldgehölze sowie kultiviertes Gelände werden bewohnt. Im Winter sind sie in Trupps auf Brachflächen und auf Stoppelfeldern zu beobachten.

Fortpflanzung

Goldammern brüten direkt oder sehr nahe am Boden. Das Nest wird häufig an Böschungen angelegt. Meistens im Schutz von hohem Gras oder Stauden. Auch dichtes Gestrüpp an Hecken oder Büschen dient als Brutplatz. Das Nest wird aus Stängeln, Grashalmen, Blättern und Moos errichtet. Nur das Weibchen brütet. Die Jungen können bei Störung sehr früh das Nest verlassen, um sich in der näheren Umgebung zu verstecken.

Brutzeit	April - August	Gelegegröße	3 - 5 Eier
Gelege pro Jahr	2 - 3	Brutdauer	12 - 14 Tage
Nestlingszeit	11 - 14 Tage		

Nahrung

Sie ernähren sich von Sämereien. Zur Jungenaufzucht werden aber fast ausschließlich Insekten, Insektenlarven und andere Wirbellose verfüttert.

Unterbringung

Goldammern sind relativ anspruchslose Vögel. Sie können durchaus in größeren Flugkäfigen gehalten und auch zur Nachzucht bewegt werden. Doch ist eine geschützte Gartenvoliere die ideale Unterbringung. Goldammern können ganzjährig in Außenvolieren untergebracht werden. Die Vergesellschaftung mit anderen heimischen Vögeln birgt keine Schwierigkeiten in sich. Nur auf eine Vergesellschaftung mit anderen Ammerarten sollte zwingend verzichtet werden.

Vermehrung

Die Nester werden gerne und meistens freistehend erstellt. Hin und wieder nehmen sie verkleidete Kaisernester als Nisthilfe an. Im Gegensatz zur freien Natur, können in Menschenobhut Abweichungen bezüglich des Neststandortes beobachtet werden. Oft erstellen sie ihre recht umfangreichen Nester in über zwei Metern Höhe unter der Volierendecke, wenn dort beispielsweise ein Kaisernest oder Kiefer- und Fichtenzweige angebracht sind. Aber auch kleine Büsche, von Unterbewuchs umgeben, und Fichten werden als Neststandort ausgewählt. An Nistmaterial gibt man lange, trockene Gräser, Blätter, Kokosfasern, und zur Auspolsterung, Tierhaare, Federn und kleine Wurzelfasern.

Fütterung

Die Goldammer ist kein reiner Körnerfresser, sondern gehört zu den Gemischtköstlern. Sie nimmt sowohl vegetarische Nahrung zu sich, als auch in großem Maße tierische Kost. Dies muss bei der Fütterung beachtet werden. Eine gute Sämereienmischung für Waldvögel, mit Weizen, Hafer, Gerste, verschiedenen Hirsesorten und Unkrautsamen angereichert, sollte ständig zur Verfügung stehen. Weich- bzw. Eifutter und diverse Wildkräutersamen werden sehr gerne genommen. Lebendfutter ist zur Jungenaufzucht unerlässlich. Wie bei fast allen Insektenfressern und Gemischtköstlern sind Mehlkäferlarven das beliebteste Lebendfutter. Zudem gibt man u. a. Pinkies, Getreideschimmelkäferlarven und Heimchen.

24.2. Ortolan *Emberiza hortulana*

Emberiza hortulana (Linnè, 1758) · Engl.: Ortolan Bunting

Unterarten
Keine

Beschreibung

Länge ca. 17 cm. Der Kopf und der Brustlatz sind grünlich grau. Die Kehle und der Bartstreif sind gelb. Auffallend sind der gelbliche Augenring und der rosa Schnabel. Die bräunlichen Rückenfedern sind dunkelbraun gesäumt. Von der Brust bis zu den Unterschwanzdecken sind die Männchen hell rostbraun. Weibchen sind insgesamt matter gefärbt. An der Unterseite und am Scheitel sind sie etwas gestrichelt. Junge Ortolane sind ober- und unterseits gestreift und zeigen einen weißlichen Augenring.

Lautäußerungen

Der Gesang kann sich je nach Vorkommen unterscheiden, es handelt sich um sogenannte Gesangsdialekte. Oft hört man ein „psie“ oder „psi tjö“, das bei Erregung ausgestoßen wird. Der Gesang „zri-zri-zri-zri-djü-djü-djü“ oder „ridri-dri-dri-jööj“ wird klar, wehmütig und an Goldammergesang erinnernd, vorgetragen.

Vorkommen / Lebensraum

Das Verbreitungsgebiet ist sehr groß, aber teilweise sehr lückenhaft. Es erstreckt sich von Portugal im Westen bis zum Altaigebirge in Mittelasien im Osten. Die nördlichsten Brutgebiete liegen in Teilen Skandinaviens und im Süden liegt die Grenze in Südspanien, Süditalien, Griechenland, Kleinasien und am Westufer des Kaspischen Meeres.

Die Brutgebiete liegen gerne in sandigen, trockenen Gebieten. Solche Landschaften sind beispielsweise Trockenrasen, Weinberge, gut strukturierte Agrarflächen mit Hecken, sonnige Waldränder, Streuobstwiesen und beweidete Waldsteppen.

Als wärmeliebender Vogel verbringt der Ortolan den Winter nördlich der Sahelzone südlich von Marokko und in Äthiopien.

Fortpflanzung

Gegen Ende April und Anfang Mai kommen sie aus den Winterquartieren zurück. Die Nester werden am Boden oder knapp darüber angelegt. Zumeist wird es in der dichten Bodenvegetation, gut versteckt, gebaut. Als Material zum Nestbau werden überwiegend grobe und zarte Halme, Wurzelfasern sowie Tierhaare verwendet. Bei Störungen können die jungen Ortolane das Nest bereits mit neun bis zehn Tagen verlassen.

Brutzeit	Mai - Juli	Gelegegröße	3 - 6 Eier
Gelege pro Jahr	1 - 2	Brutdauer	11 - 12 Tage
Nestlingszeit	10 - 13 Tage		

Nahrung

Sie ernähren sich von verschiedenen Sämereien und tierischer Kost. Im Sommerhalbjahr aber überwiegend von Insekten, Insektenlarven und anderen Wirbellosen.

Unterbringung

Die Unterbringung kann ganzjährig in geschützten und trockenen Volieren mit anschließendem Innenbereich erfolgen. Man sollte die Voliere dem natürlichen Lebensraum anpassen und einen überwiegend sandigen Boden wählen. Einige Stauden und Grasbüschel sollten nicht fehlen.

Vermehrung

Ortolane sind zwar Bodenbrüter, erstellen das Nest in Menschenobhut aber auch gerne in höheren Bereichen. Es sollten mehrere verkleidete Nisthilfen in unterschiedlichen Höhen befestigt werden.

Es eignen sich vor allem Holzkaisernester und Halbhöhlen aus unterschiedlichen Materialien. Gerne werden die Nester auch in trockenen Schilf-

Ortolane zeigen markante Augenringe.

bündeln, die in den Volierenecken angebracht sind, bebaut. Dazu sollte man in diese Büschel faustgroße Löcher drücken und darin einen Metallkorb für Kanarien befestigen.

Zum Nestbau stellt man trockene Gräser, Halme, Wurzelfasern, Tierhaare und Kokosfasern zu Verfügung.

Fütterung

Das Futter besteht aus einer Waldvogelmischung, die mit etwas Getreide und Grassamen angereichert wird. Dazu gibt man ein Weichfresserfutter und alles Beschaffbare an tierischer Nahrung. Gerne werden Mehlkäferlarven, gefrostete Pinkies, Heimchen, Getreideschimmelkäferlarven, Wiesenplankton usw. gefressen. Ohne tierische Nahrung ist die Vermehrung von Ortolanen nicht möglich.

24.3. Zaunammer *Emberiza cirlus*

Emberiza cirlus (Linnè, 1766) · Engl.: Cirl Bunting

Unterarten
Keine

Zaunammer-Männchen zeigen eine markante Gesichtszeichnung

Beschreibung

Länge 16 cm. Im Prachtkleid ist der Kopf der Männchen schwarz-gelb gestreift und die Kehle ist schwarz. Der Rücken ist braun-schwarz gestreift. Auf der Brust sieht man ein rost- und olivfarbenes Brustband. Der Bürzel ist matt oliv. Im Winterhalbjahr ist die Gefiederfärbung wesentlich matter. Die Weibchen ähneln denen der Goldammer, sind aber zierlicher gestrichelt und tragen einen bräunlich grauen Bürzel. Die Jungvögel sind blasser und mehr braun als die Weibchen.

Lautäußerungen

Zaunammern rufen kurz „dsiep", „zieh" oder „tzii". Der Gesang ist eher monoton und klappernd „zitetetet tetetet".

Vorkommen / Lebensraum

Das Verbreitungsgebiet reicht von Nordafrika und Südwesteuropa bis in die Nordosttürkei. Nördlich reicht es bis Südwestengland. In Mitteleuropa kommt sie nur sehr spärlich vor. Vorkommen gibt es in der Schweiz und in Südwestdeutschland. Die südlichen Vorkommen sind Standvögel, ansonsten sind sie Teil- und Kurzstreckenzieher.

Sie mögen offene Landschaften mit Gebüsch und einzelnen höheren Bäumen, Weinberge und Streuobstwiesen. Weiterhin leben sie in gut strukturierten, abwechslungsreichen Acker- und Wiesenlandschaften. Gerne auch an sonnigen und gebüschreichen Hängen.

Fortpflanzung

Zaunammern brüten in Bodennähe, aber durchaus auch bis 2 m Höhe, je nach den vorhandenen Möglichkeiten. Das Nest wird gut versteckt im Gestrüpp errichtet. Kleine Bäume, Büsche, Brombeerdickicht oder Efeu können als Neststandort dienen. Am Boden legen

Zaunammern mögen sonnige Lebensräume.

Unterbringung

Das Gehege sollte geschützt und trocken sein. Darin können die Zaunammern das ganze Jahr hindurch gehalten werden. In eine Voliere für Zaunammern gehören ein paar Stauden, Grasbüschel und kleine Sträucher. Aber auch freie Flächen müssen vorhanden sein. In den Ecken oder an der Rückwand sollte man Rückzugsmöglichkeiten durch Koniferenzweige schaffen. Auf eine Vergesellschaftung mit anderen Ammerarten muss verzichtet werden.

sie das Nest im Schutz von Stauden, Steinen oder Gräsern an. Aus groben Halmen wird der Nestunterbau erstellt und darauf aufbauend ein Gebilde aus feinen Halmen, Wurzelfasern und Tierhaaren. Junge Zaunammern können das Nest bei Störung bereits mit 10 Tagen verlassen und sich in der näheren Umgebung verstecken, wo sie dann von den Eltern mit Futter versorgt werden.

Brutzeit	April - Juli	Gelegegröße	3 - 5 Eier
Gelege pro Jahr	2	Brutdauer	11 - 13 Tage
Nestlingszeit	10 - 14 Tage		

Nahrung

Sie fressen Samen von Wildkräutern und Gräsern. Zusätzlich nehmen sie viele verschiedene Wirbellose auf. Die Jungen werden fast ausschließlich mit tierischer Kost versorgt und aufgezogen.

Vermehrung

In einer Biotopvoliere mit Unterbewuchs und kleinen Büschen können die Zaunammern bereits die eine oder andere Nistplatzmöglichkeit finden. Weiterhin bietet man weitere Nisthilfen in Form von Halbhöhlen und Kaisernestern in allen Höhen. Brutmöglichkeiten finden die Vögel auch in einem Gewirr aus Schilf, Laub- und Kiefernzweigen, die man in geschützten Bereichen der Volieren anbietet. Gräser, Halme, Wurzelfasern, Kokosfasern und Tierhaare werden zum Nestbau verwendet.

Fütterung

Eine Waldvogel- und Wildkräutermischung bildet das Grundfutter. Zusätzlich gibt man halbreife und reife Wildkräuter, die aber nicht in großen Mengen gefressen werden. Ein Weichfresserfutter sollte ebenfalls angeboten werden. Dazu verschiedene tierische Kost in lebendem oder gefrostetem Zustand. Im Winter reichen Mehlkäferlarven und Pinkies aus. Ab dem Frühjahr erhöht man das Futterangebot beispielsweise um Getreideschimmelkäferlarven, Heimchen und Soldatenfliegenlarven.

24.4. Rohrammer *Emberiza schoeniclus*

Emberiza schoeniclus (Linnè, 1758) · Engl.: Common Reed Bunting

Unterarten

E. s. lusitanica	Nordwestspanien und Portugal
E. s. schoeniclus	West-, Nord- und Nordzentraleuropa bis zum nordeuropäischen Russland
E. s. passerina	Nordwestsibirien
E. s. parvirostris	Zentralsibirien
E. s. pyrrhulina	Südzentralsibirien und Nordostmongolai bis Kamtschatka, Kurilen, Nordjapan und Nordostchina
E. s. pallidior	Südwestsibirien und Nordkasachstan
E. s. stresemanni	Ostösterreich, Ungarn, Nordserbien und Nordwestrumänien
E. s. ukrainae	Moldawien und Ukraine bis zum zentraleuropäischen Russland
E. s. incognita	Südosteuropäisches Russland bis Nordwest-, Zentral- und Nordostkasachstan
E. s. witherbyi	Spanien (außer im Nordwesten), Südfrankreich, Sardinien, Balearen, Marokko
E. s. intermedia	Italien und Adriaküste bis Albanien
E. s. tschusii	Bulgarien, Rumänien und Schwarzmeerregion
E. s. reiseri	Südostalbanien, Nordwestgriechenland, Mazedonien, West- und Zentraltürkei
E. s. caspia	Osttürkei, Kaukasus und Nordiran
E. s. korejewi	Südwest- und Ostiran, Südturkmenistan
E. s. pyrrhuloides	Westkasachstan bis Südostkasachstan
E. s. harterti	Ostkasachstan bis Zentralmongolei und Nordwestchina
E. s. centralasiae	Westchina
E. s. zaidamensis	Westzentralchina

Rohrammer-Männchen im Prachtkleid.

Rohrammer-Weibchen.

Beschreibung

Länge ca. 15 bis 16 cm. Bei den Männchen der Nominatform sind der Kopf, das Kinn und die Kehle schwarz gefärbt. Ein weißer Bartstreif und ein weißes Nackenband sorgen für einen hübschen Kontrast. Der Rücken und die Flügel sind braun mit schwarzer Längsstrichelung. Der Bürzel ist grau, der Schwanz schwärzlich mit weißen Außenkanten. Die Unterseite ist gräulich weiß. Im Winterkleid sind der Kopf und die Kehle des Männchens graubraun. Zu dieser Zeit sind Männchen und Weibchen aus größerer Entfernung nicht sehr leicht zu unterscheiden. Das Weibchen und die Jungvögel

Erst nach Abnutzung der hellen Federsäume erscheint das Prachtkleid der Rohrammer-Männchen.

haben einen braunen Kopf und sind schwärzlich längsgestrichelt mit schwarzweißem Bartstreif und hellem Überaugenstreif. Die Kehle ist weißlich, die Brust dunkelbraun längsgefleckt.

Lautäußerungen

Charakteristisch ist das langgezogene „zieh", das Rohrammern sehr häufig ertönen lassen. Ansonsten hört man „tschö" oder „psä". Der eigentliche Gesang ist zwar variabel, aber monoton und langsam stotternd.

Vorkommen / Lebensraum

Rohrammern sind in vielen Unterarten über sehr große Teile Europas und Asiens verbreitet. Die ziehenden Populationen überwintern in Südeuropa, Nordafrika und Südwestasien. Sie bewohnen gerne Verlandungszonen von Seen und Teichen mit Schilfflächen und Weidengebüsch, Uferstreifen von Flüssen und Gräben, Sumpfgebiete und weitere Feuchtgebiete.

Fortpflanzung

Rohrammern brüten in Gewässernähe. Das Nest wird gut geschützt in der dichten Vegetation, oft im vorjährigen Altschilf und -gras, gebaut. Zum Nestbau werden zum Beispiel Halme, Schilfblätter, Wurzelfasern und Tierhaare verwendet.

Brutzeit	April - Juli	Gelegegröße	4 - 5 Eier
Gelege pro Jahr	2	Brutdauer	12 - 14 Tage
Nestlingszeit	10 - 14 Tage		

Nahrung

Sie ernähren sich von Sämereien, Insekten und deren Larven, Wasserschnecken, Krebstierchen und anderen Wirbellosen.

Unterbringung

Eine dem Lebensraum der Rohrammer nachgeahmte Biotopvoliere ist für diesen hübschen Vogel wohl ideal. Ein kleiner Schilfgürtel und ein großes Badebecken sollten im Gehege nicht fehlen. Rohrammern können das ganze Jahr in einer Freivoliere verbleiben. Sie muss aber einen wind- und wettergeschützten Bereich haben. Da Rohrammern untereinander friedfertig sind, können sie das ganze Jahr über paarweise in einer Voliere verbleiben. Auf eine Vergesellschaftung mit anderen Ammerarten sollte verzichtet werden. Durch ihre recht hübsche Gefiederfärbung ist sie ein sehr attraktiver Volierenvogel.

Rohrammer-Männchen im ersten Winter.

Vermehrung

In geeigneten Volieren und bei entsprechender Fütterung lassen sich Rohrammern gut vermehren. Sie nehmen gerne Nisthilfen in Form von Kaisernestern und Halbhöhlen an. Freistehende Nester in Volieren werden gerne in kleinen Fichten, in Schilfbüscheln, im dichten Bambus und im dichten Gestrüpp der Bodenvegetation angelegt.

Fütterung

Rohrammern sind mehr ein Weich- als Körnerfresser. Ein gutes Waldvogelfutter sollte mit Wildsämereien und Kanariensaat angereichert werden. Des Weiteren werden Schilfsamen gerne gefressen. Weiterhin muss ein Weichfutter und verschiedenes Lebendfutter zur Verfügung stehen. Die Jungen werden fast ausschließlich mit tierischer Nahrung aufgezogen. Sehr begehrt sind kleine Mehlkäferlarven und Pinkies. Zur Abwechslung sollten aber auch Getreideschimmelkäferlarven, Fruchtfliegen, Heimchen oder Wiesenplankton gegeben werden.

Flügge Rohrammer.

Rohrammergelege.

Rohrammernest in einem Buchsbaum.

Impressum

Thomas Wendt

Europäische Vögel
Arten · Unterbringung · Haltung · Fortpflanzung · Aufzucht · Fütterung

Fotos Umschlag: Haupttitelfoto (Stieglitz) von pixabay, Foto links unten (Wiedehopf) von mauritius images/McPHOTO/Alfred Trunk. Foto Mitte unten (Nest/Jungvögel) stammt vom Autor, Foto rechts unten (Gimpel) von mauritius images/McPHOTO/Thielscher. Fotos Inhalt: Die Bilder stammen vom Autor, soweit nicht schon anders im Inhalt gekennzeichnet. Fotos auf den Seiten 2, 4, 5, 20, 39, 53, 58, 59 (2x),78, 79, 101, 143 (oben) und 144 (oben) von pixabay. Besonderer Dank an Alois van Mingeroet für seine Bilder auf den Seiten 56, 57, 158, 159 (oben) und an Thomas Ratjen für die Bilder auf den Seiten 60, 61 (3x).

Herzlichen Dank an die Firmen Blattner Heimtierfutter sowie Birds and More Hungenberg, die dem Autor die Möglichkeit gegeben haben, Aufnahmen von Zubehör und Futtermischungen zu machen und für dieses Buch zu verwenden.

1. Auflage (2022)
Arndt-Verlag e. K., Bretten
ISBN 978-3-945440-88-9

Satz, Layout, Bildbearbeitung: Birgit Bautz-Schäfer
Sprachlektorat: Dr. Rainer Noske
Fachlektorat: René Wüst

Gedruckt in der EU

Fachlicher Hinweis zur Systematik:
In diesem Buch wird der IOC-Weltliste gefolgt. Die deutschen Bezeichnungen entstammen dem Werk "Deutsche Namen der Vögel der Erde" (2020) von Peter H. Barthel, Christiane Barthel, Einhard Bezzel, Pascal Eckhoff, Renate van den Elzen, Christoph Hinkelmann und Frank D. Steinheimer.

Literaturverzeichnis (Bücher)

Limmbrunner, Bezzel, Richarz, Singer (2001): Enzyklopädie der Brutvögel Europas, Franck-Kosmos-Verlag GmbH & Co., Stuttgart

Nicolai (1982): Fotoatlas der Vögel, Gräfe und Unzer, München

Schnabl (1998): Vogelfutterpflanzen, Arndt Verlag, Bretten

Wendt (2002): Einheimische Singvögel halten und züchten, Verlag Eugen Ulmer, Stuttgart

Aeckelein (1986): Die Ernährung des Vogel, Verlag Eugen Ulmer, Stuttgart

Aschenborn (1966): Einheimische Stubenvögel, Band 1, Albrecht Philler Verlag, Minden

Aschenborn (1966): Einheimische Stubenvögel, Band 2, Albrecht Philler Verlag, Minden

Baars (1981): Insektenfresser, Verlag Eugen Ulmer, Stuttgart

Bielfeld (1984): Einheimische Singvögel, Verlag Eugen Ulmer, Stuttgart

Bielfeld (1993): Vogelfutter aus der Natur, Verlag Eugen Ulmer, Stuttgart

Dost (1954): Handbuch der Vogelpflege und -züchtung, Urania-Verlag, Leipzig/Jena

Friedrich/Volland (1981): Futtertierzucht, Verlag Eugen Ulmer, Stuttgart

Heinzel, Fitter, Parslow (1996): Pareys Vogelbuch, 7. vollständig überarbeitete Auflage, Parey Buchverlag, Berlin

Holsheimer (1990): Krankheiten der Käfig- und Volierenvögel, Natur-Verlag, Augsburg

Lohmann (1999): Vogelparadies Garten, BLV, München

Sabel (1983): Naturgemäße Finkenzucht, Sämereien und Wildfutterpflanzen für europäische und außereuropäische Körnerfresser, Joko-Verlag, Bassum

Witt (1999): Ein Garten für Vögel, Kosmos Verlag, Stuttgart

Bielfeld (2003): Zeisige, Girlitze, Gimpel und Kernbeißer, Verlag Eugen Ulmer, Stuttgart

Deutsche Ornithologen-Gesellschaft e. V., Institut für Vogelforschung Vogelwarte Helgoland, Max-Planck-Institut für Verhaltensbiologie (mit Vogelwarte Radolfzell), Vogelwarte Hiddensee, Beringungszentrale Hiddensee (2020): Vogelwarte - Zeitschrift für Vogelkunde, Deutsche Namen der Vögel der Erde, Band 58, Heft 1, Februar 2020

Claßen, Massoth (1992): Handbuch der Cardueliden, Band 1, Hanke-Verlag, Pforzheim

Claßen, Massoth (1994): Handbuch der Cardueliden, Band 2, Hanke-Verlag, Pforzheim

Literaturverzeichnis (Artikel allgemein)

Wendt (2004): Lebendfutter aus der Tiefkühlruhe, Gefiederte Welt, 2004/4, S. 112

Wendt (2012): Ein Besuch im Alpenzoo Innsbruck, AZ-Vogelinfo, 8/2012, S. 351-354

Wendt (2006): Gedanken und Tipps zur Winterfütterung, AZ-Nachrichten, 12/2006, S. 365-366

Wendt (2007): Über die Ernährung meiner europäischen Insektenfresser, AZ-Nachrichten, 1/2007, S. 5-9

Wendt (2003): Weichfresserzüchter aufgepasst: Insektenfalle, AZ-Nachrichten, 6/2003, S. 180-181

Wendt (2003): Heimchen - Ein begehrtes Futter für unsere Insektenfresser, AZ-Nachrichten, 10/2003, S. 304-305

Wendt (2003): Futtertiere aus der Tiefkühltruhe, AZ-Nachrichten, 4/2003, S. 104

Wendt (2001): Pinkies als Futtertiere, AZ-Nachrichten, 7/2001, S. 296-297

Wendt (2001): Die Essig-oder Fruchtfliege (Drosophila) als Futtertier – Über ihre Haltung , Zucht und Verfütterung, AZ-Nachrichten, 5/2001, S. 224-226

Wendt (2002): Finkenvögel in Menschenobhut, Die Voliere, 12/2002, S. 356-361

Wendt (2003): Zur Fütterung heimischer Sperlinge, Finken und Ammern in Menschenobhut, Die Voliere, 9/2003: S. 275-277

Wendt (2003): Über die Ernährung meiner europäischen Insektenfresser, Die Voliere, 10/2003, S. 308-311

Wendt (2016): Über die Ernährung meiner Insektenfresser, Europäische Vogelwelt (VDW), 3/2016, S. 78-89

Kirschke (2010): Keimfutterplaudereien - mehr als 50jährige Erfahrung, Europäische Vogelwelt (VDW), 3/2010, S. 85-88

Literaturverzeichnis (Artikel artenspezifisch)

Familie Upupidae – Wiedehopfe

Wiedehopf *Upupa epops*

Wendt (2007): Haltung und Zucht von Wiedehopfen (Upupa epops). AZ-Nachrichten, 13/2007, S. 100-103

Wendt (2017): Breeding the Butterfly Bird, Cage&Aviary Birds, Issue 5984, S. 14-15

Wendt (2019):Der Wiedehopf - Haltung und Vermehrung, Der Vogelfreund, S. 358-363

Stahl (2010): Der Wiedehopf, Europäische Vogelwelt (VDW-Sonderheft), 4/2010

Familie Coraciidae - Racken

Blauracke *Coracias garrulus*

Geitner (2003): Die Blauracke - Haltung, Zucht und Vision einer Auswilderung, Gefiederte Welt, 8/2003, S. 232-236

Wendt (2013): Über meine Blauracken. AZ-Vogelinfo, 6/2013, S. 243-245

Lohrmann (2015): Meine ersten Erfahrungen bei der Zucht von Blauracken (Teil 1), Europäische Vogelwelt (VDW), 2/2015, S. 44-49

Lohrmann (2015): Meine ersten Erfahrungen bei der Zucht von Blauracken (Teil 2), Europäische Vogelwelt (VDW), 3/2015, S. 81-83

Familie Alcedinidae - Eisvögel

Eisvogel *Alcedo atthis*

Barz (2006): Der Eisvogel - seine Haltung und erfolgreiche Zucht, Gefiederte Welt, 11/2006, S. 326-331

Familie Meropidae - Spinte

Bienenfresser *Merops apiaster*

Eric (2010): Gelungene Zucht mit dem Europäischen Bienenfresser, Aviornis International, Nr. 21 - Juni 2010, S. 48-56

Helb (2012): Bienenfresser im Aufwind, Vögel - Magazin für Vogelbeobachtung, 02-2012, S. 66 – 68

Kauling (1992): Bienenfresser in der Voliere, Die Europäische Vogelwelt, 07-1992, S. 147-151

König (1993): Bienenfresser als Volierenvögel, Die Europäische Vogelwelt, 03-1993, S. 77-82

Lietzow (2006): Farbenprächtig – der Bienenfresser, Die Voliere, 12-2006, S. 356-359

Lüderitz (2012): Prrüt prrüt krüh, Deutsches Bienenjournal, 08-2012, S. 32.

Stöbener (1987): Bienenfresser, Die Europäische Vogelwelt, 06-1987, S. 155-159

Todte (2012): Bienenfresser in Ostdeutschland, Vögel - Magazin für Vogelbeobachtung, 02-2012, S. 69 - 71

Wendt, T. (2014): Über den europäischen Bienenfresser, AZ-Vogelinfo 7/2014, S. 293-297

Wendt (2018): Bee-Eater: My dream bird, Cage&Aviary Birds, Issue 6001, S. 14-15

Wendt (2018): Bee-Eaters: Housing and breeding, Cage&Aviary Birds, Issue 6006, S. 14-15

Familie Picidae - Spechte

Wendehals *Jynx torquilla*

Wendt (2014): Der Wendehals. AZ-Vogelinfo, 12/2014, S. 514-515

Kleinspecht *Dryobates minor*

Smeets: Kweek met de Kleine Bonte Specht, www.bec-info.com

Familie Laniidae - Würger

Neuntöter *Lanius collurio*

Wendt (1999): Der Neuntöter oder Rotrückenwürger, AZ-Nachrichten, 3/2009, S. 114-118

Familie Oriolidae - Pirole

Pirol *Oriolus oriolus*

Smeets: De Wielewaal – een Prachtvogel, www.bec-info.com

Walms: Mijn Kweek met de Grote Karekiet en de Wielewaal, www.bec-info.com

Neff (2003): Der Pirol - ein Exot in unserer Vogelwelt (Teil 1), Gefiederte Welt, 11/2003, S. 326-329

Neff (2003): Der Pirol - ein Exot in unserer Vogelwelt (Teil 2), Gefiederte Welt, 12/2003, S. 366-368

Familie Corvidae - Krähenverwandte

Eichelhäher *Garrulus glandarius*

Stahl (1996): Der Eichelhäher, AZ-Nachrichten, 8/1996, S. 580-582

Wendt (2020): Der Eichelhäher, Europäische Vogelwelt (VDW), 2/2020, S. 42-43

Blauelster *Cyanopica cooki*

Ratjen (2019): Die Blauelster, Europäische Vogelwelt (VDW), 4/2019, S. 116-120

Dohle *Coloeus monedula*

Wendt (2011): Dohle, AZ-Vogelinfo 1/2011, S. 1

Familie Bombycillidae - Seidenschwänze

Seidenschwanz *Bombycilla garrulus*

Kusel (2008): Der Seidenschwanz, AZ-Nachrichten4/2008, S. 134-135

Wendt (2010): Seidenschwanz, Europäische Vogelwelt (VDW), 1/2010, S. 4-7

Kömpf (2010): Der Seidenschwanz, Europäische Vogelwelt (VDW), 2/2010, S. 47-51

Hinkelmann, Dr. (2015): Faszinierdende Nordländer - Seidenschwänze, Europäische Vogelwelt (VDW), 4/2015, S. 118-127

Klemm (2006): Zucht des Seidenschwanzes, Europäische Vogelwelt (VDW), 4/2006, S. 74-80

Familie Paridae - Meisen

Haubenmeise *Lophophanes cristatus*

Kleine (2020): Meine Zuchterfahrungen mit der Haubenmeise, Europäische Vogelwelt (VDW), 2/2020, S. 45-49

Blaumeise *Cyanistes caeruleus*

Ratjen (2016): Die Blaumeise, AZ-Vogelinfo, 4/2016, S148-153

Lasurmeise *Cyanistes cyanus*

Rost und Siebenrock (1990): Nachzucht der Lasurmeise, Gefiederte Welt, 11/1990, S. 335-339

Wendt (2011): Lasurmeise, Europäische Vogelwelt (VDW), 3/2011, S. 67-68

Familie Panuridae – Bartmeisen

Bartmeise *Panurus biarmicus*

Wendt (1999): Ein Schilfbewohner in der Voliere - Die Bartmeise, Die Voliere, 6/1999, S. 164-169

Wendt (2005): Die Bartmeise, AZ-Nachrichten, 6/2005, S. 152-153

Wendt (2008): Die Bartmeise, AZ-Nachrichten, 4/2008, S. 130-131

Wendt (2020): Die Bartmeise - ihre Haltung und Vermehrung, Gefiederte Welt, 2020/12, S. 12-13

Wendt (2017): Über die Bartmeise, Der Vogelfreund, 6/2017, S. 180-

Nowack (2011): Erstzucht meiner Bartmeisen, Europäische Vogelwelt (VDW), 1/2011, S. 13-17

Domes (2005): Die Haltung und Zucht der Bartmeise, Europäische Vogelwelt (VDW), 1/2005, S. 30-35

Familie Alaudidae - Lerchen

Heidelerche *Lullula arborea*

Mohr (2000): Unsere Heidelerche, Gefiederte Welt, 8/2000, S. 264-265

Feldlerche *Alauda arvensis*

Wendt (2003): Ein interessanter Volierenvogel: Die Feldlerche, Gefiederte Welt, 2003/8, S. 241-243

Wendt (2005): Die Feldlerche, AZ-Vogelinfo, 8/2005, S. 207-209

Haubenlerche *Galerida cristata*

Wendt (2012): Die Haubenlerche, AZ-Vogelinfo, 12/2012, S. 496-500

Ohrenlerche *Eremophila alpestris*

Wählen (2010): Über die Ohrenlerche, Gefiederte Welt, 8/2010, S. 8-11

Familie Sylviidae - Grasmückenverwandte

Mönchsgrasmücke *Sylvia atricapilla*

Wendt (1997): Meine Erfahrungen mit der Haltung und Zucht der Mönchsgrasmücken, AZ-Nachrichten, 8/1997, S. 556-559

Familie Troglodytidae - Zaunkönige

Zaunkönig *Troglodytes troglodytes*

Wendt (2005): Erfolgreiche Haltung und Zucht des Zaunkönigs, AZ-Nachrichten, 2/2005, S. 31-33

Haag (2011): Der Zaunkönig - Haltung und Zucht eines Vogelzwergs, Europäische Vogelwelt (VDW), 3/2011, S. 69-74

Familie Sittidae - Kleiber

Kleiber *Sitta europaea*

Kömpf (2010): Der Kleiber, AZ-Nachrichten, 2/2010, S. 75-77

Megens (2021): Haltung, Pflege und Vermehrung des Kleibers, Europäische Vogelwelt (VDW), 1/2021, S.9-15

Familie Tichodromidae - Mauerläufer

Mauerläufer *Tichodroma muraria*

Wendt (2016): Steckbrief Mauerläufer, AZ-Vogelinfo, 1/2016, S. 7-8

Wendt (2020): Der Mauerläufer, Gefiederte Welt, 2020/8, S. 10-12

Familie Sturnidae - Stare

Rosenstar *Pastor roseus*

Wendt (2007): Über meine Rosenstare, AZ-Nachrichten, 7/2007, S. 241-243

Star *Sturnus vulgaris*

Ratjen (2005): Der Star, AZ-Nachrichten, 4/2005, S. 102-104

Einfarbstar *Sturnus unicolor*

Wendt (2010): Der Einfarbstar, AZ-Vogelinfo, 1/2010, S. 21-22

Wendt (2020): Der Einfarbstar, Europäische Vogelwelt (VDW), 1/2020, S. 16-17

Familie Turdidae - Drosseln

Amsel *Turdus merula*

Wendt (2010): Die Amsel oder Schwarzdrossel. AZ-Vogelinfo, 3/2010, S. 99-102

Rotdrossel *Turdus iliacus*

Ratjen (2004): Die Rot- oder Weindrossel, AZ-Nachrichten, 4/2004, S. 94-95

Singdrossel *Turdus philomelos*

Ratjen (2007): Die Singdrossel, AZ-Nachrichten, 4/2004, S. 138-139

Wendt (2013): Singdrossel, Europäische Vogelwelt (VDW), 3/2013, S. 78-79

Familie Muscicapidae - Schnäpperverandte

Rotkehlchen *Erithacus rubecula*

Kömpf (2009): Das Rotkehlchen, AZ-Nachrichten, 7/2009, S. 283-285

Wendt (2010): Rokehlchen, Europäische Vogelwelt (VDW), 3/2010, S. 69-71

Blaukehlchen *Luscinia svecica*

Wendt (2002): Über meine Blaukehlchen, AZ-Nachrichten, 3/2002, S. 90-93

Wendt (2016): Blaukehlchen - langjährige Erfahrung in Menschenobhut Teil 1, Gefiederte Welt, 140. Jg., S. 8-11

Wendt (2017): Blaukehlchen - langjährige Erfahrung in Menschenobhut Teil 2, Gefiederte Welt, 141. Jg., S. 12-15

Wendt (2019): Bring some blue into your life, Cage&Aviary Birds, Issue 6063, S. 14-15

Wendt (2019): Bluethroats: feeding and breeding, Cage&Aviary Birds, Issue 6065, S. 14-15

Nachtigall *Luscinia megarhynchos*

Neff (1998): Die Nachtigall - Erfahrung bei der Haltung und Zucht (Teil 1), Gefiederte Welt, 12/1998, S. 454-457

Neff (1998): Die Nachtigall - Erfahrung bei der Haltung und Zucht (Teil 2), Gefiederte Welt, 1/1999, S. 17-19

Diekmann (2019): Ein Sommer mit freilebenden Nachtigallen, Europäische Vogelwelt (VDW), 4/2019, S. 124-125

Rubinkehlchen *Calliope calliope*

Wendt (2002): Erfahrungen mit Rubinkehlchen, Die Voliere, 5/2002, S. 132-135

Wendt (2006): Das Rubinkehlchen, AZ-Nachrichten, 1/2006, S. 14-17

Wendt (2018): Rubinkehlchen - ihre Haltung, Pflege und Vermehrung, Gefiederte Welt, 2018/8, S. 8-12

Wendt (2017): Das Rubinkehlchen - Haltung, Pflege und Vermehrung, Der Vogelfreund, 7/2017, S.204-209

Hausrotschwanz *Phoenicurus ochorus*

Wendt (2012): Über den Hausrotschwanz, AZ-Vogelinfo, 3/2012, S. 111-116

Stahl (2012): Hausrotschwanz, Europäische Vogelwelt (VDW-Sonderheft), 4/2012

Gartenrotschwanz *Phoenicurus phoenicurus*

Wendt (2000): Gartenrotschwänze in der Voliere, Die Voliere, 6/2000, S. 164-169

Wendt (2000): Ein Gartenrotschwanz-Jahr, AZ-Nachrichten, 1/2000, S. 13-15

Wendt (2005): Der Gartenrotschwanz, AZ-Nachrichten, 4/2005, S. 99-101

Wendt (2017): Der Gartenrotschwanz in Menschenobhut, Gefiederte Welt, 2017/7, S. 8-11

Stahl (2011): Gartenrotschwanz + Spiegelrotschwanz, Europäische Vogelwelt (VDW-Sonderheft), 4/2011

Braunkehlchen *Saxicola rubetra*

Stöbener (1977): Haltung und Zucht von Braunkehlchen, Gefiederte Welt, 11/1977, S. 202-203

Schwarzkehlchen *Saxicola rubicola*

Wendt (2009): Das Schwarzkehlchen, AZ-Vogelinfo, 5/2009, S. 190-192

Wendt (2018): Das Europäische Schwarzkehlchen, Gefiederte Welt, 2018/6, S. 8-13

Wendt (2021): An aviary favourite: the Stonechat, Cage&Aviary Birds, Issue 6145, S. 12-13

Wendt (2021): Futher adventures with Stonechats, Cage&Aviary Birds, Issue 6147, S. 14-15

Wendt (2022): Haltung und Vermehrung des Europäischen Schwarzkehlchens, Europäische Vogelwelt (VDW), 2/2022, S. 42-51

Steinschmätzer *Oenanthe oenanthe*

Wendt (2004): Über meine Steinschmätzer, AZ-Nachrichten, 6/2004, S. 144-146

Familie Passeridae - Sperlinge

Haussperling *Passer domesticus*

Wendt (2008): Der Haussperling in Menschenobhut. AZ-Nachrichten, 11/2008, S. 430-434

Wendt (2020): Haussperlinge als Nektarfresser, Gefiederte Welt, 2020/6, S. 2

Feldsperling *Passer montanus*

Wendt (1998): Der Feldsperling - Haltung und Zucht in der Gemeinschaftsvoliere, Die Voliere 5/1998, S. 146-149

Wendt (1999): Werbung für unseren Feldsperling. AZ-Nachrichten, 9/2013, S. 803-805

Familie Prunellidae - Braunellen

Heckenbraunelle *Prunella modularis*

Wendt (2009): Die Heckenbraunelle. AZ-Vogelinfo, 7/2009, S. 279-281

Wendt (2002): Haltung und Zucht der Heckenbraunellen. AZ-Nachrichten, 5/2002, S. 182-183

Wendt (2021): Die Heckenbraunelle, Europäische Vogelwelt (VDW), 4/2021, S. 122-125

Wendt (2009): Die Heckenbraunelle, Europäische Vogelwelt (VDW), 2/2009, S. 36-41

Familie Motacillidae - Stelzenverwandte

Schafstelze *Motacilla flava*

Wendt (2015): Steckbrief Maskenstelze, AZ-Vogelinfo, 3/2015, S. 122-126

Wendt 2019): Über die Maskenstelze (Motacilla flava feldegg), Der Vogelfreund, 4/2019, S. 133-135

Wendt (2017): Schafstelze, Europäische Vogelwelt (VDW), 3/2017, S. 78-79

Gebirgsstelze *M.c. cinerea*

Kirschke (1984): Die Gebirgsstelze, AZ-Nachrichten, 11/1984, S. 506-512

Wendt (2006): Die Gebirgsstelze, AZ-Nachrichten, 2/2006, S. 42-44

Ratjen (2015): Die Gebirgsstelze, AZ-Vogelinfo, 10/2015, S. 415-419

Seidel (2015): Über die gelungene Vermehrung von Gebirgsstelzen, Europäische Vogelwelt (VDW), 4/2015, S. 129-133

Bachstelze *Motacilla alba*

Wendt (1999): Die Bachstelze - Ein angenehmer Pflegling, Die Voliere, 3/99, S. 68-71

Wendt (2009): Die Bachstelze, AZ-Vogelinfo, 8/2009, S. 315-318

Wiesenpieper *Anthus pratensis*

Wendt (2005): Der Wiesenpieper, AZ-Nachrichten, 5/2005, S. 136-137

Wendt (2016): Wiesenpieper - anspruchslose, aber aufgeweckte Volierenbewohner, Gefiederte Welt, 2016/9, S. 8-11

Wendt (2020): Der Wiesenpieper – Haltung, Pflege, Zucht, Der Vogelfreund, 2/2020, S. 41-45

Baumpieper *Anthus trivialis*

Wendt (2012): Der Baumpieper, AZ-Vogelinfo, 9/2012, S. 380-382

Familie Fringillidae - Finkenverwandte

Buchfink *Fringilla coelebs*

Wendt (1999): Eine der häufigsten Singvogelarten in der Voliere - Erfahrungen mit dem Buchfink, AZ-Nachrichten, 12/1999, S. 1036-1042.

Wendt (2012): Maurenfink, Europäische Vogelwelt (VDW), 3/2012, S. 68-71

Bergfink *Fringilla Montifringilla*

Wendt (2000): Der Bergfink - ein Nordländer in der Gemeinschaftsvoliere, AZ-Nachrichten, 3/2000, S. 124-126

Wendt (2008): Haltung und Zucht von Bergfinken, AZ-Vogelinfo, 6/2008, S. 210-211

Kernbeißer *Coccothraustes coccothraustes*

Wendt (2001): Über meine Kirschkernbeißer, Die Voliere, 9/2001, S. 268-272

Wendt (2011): Kernbeißer, Europäische Vogelwelt (VDW), 1/2011, S. 3-4

Hakengimpel *Pinicola enucleator*

Seedorf (1989): Zucht des Hakengimpels, AZ-Nachrichten, 1/1989, S. 1-3

Stützle (1995): Über den Hakengimpel, AZ-Nachrichten, 1/1995, S. 17-19

Stützle (2011): Erfahrungen mit Hakengimpeln, AZ-Vogelinfo, 6/2011, S. 206-208

Wendt (2012): Hakengimpel, Europäische Vogelwelt (VDW), 2/2012, S. 36-37

Gimpel *Pyrrhula pyrrhula*

Terporten (1996): Erfolgreiche Dompfaffzucht der letzten Jahre, AZ-Nachrichten, 9/1996, S. 676-678

Wendt (2005): Die Freude und das Leid eines Dompfaffenzüchters, AZ-Nachrichten, 1/1999, S. 7-13.

Kömpf (2012): Der Gimpel, AZ-Vogelinfo 6/2012, S. 253-257

Baumgärtner (2022): Über meine europäischen Gimpel, Europäische Vogelwelt (VDW), 1/2022, 13-25

Wüstengimpel *Bucanetes githagineus*

Ratjen (2004): Der Wüstengimpel oder Wüstentrompeter, AZ-Nachrichten, 8/2004, S. 213-214

Wendt (2016): Wüstengimpel, Europäische Vogelwelt (VDW), 2/2016, S. 49

Karmingimpel *Carpodacus erythrinus*

Stahl (2012): Karmingimpel - Erkenntnisse bei der Haltung und Vermehrung, Gefiederte Welt, 1/2012, S. 8 ff.

Wendt (2020): Der Karmingimpel, Europäische Vogelwelt (VDW), 3/2020, S. 78-79

Grünfink *Chloris chloris*

Kröckert (1984): Haltung und Zucht von Grünfinken, AZ-Nachrichten, 12/1984, S. 561-563

Berghänfling *Linaria flavirostris*

Meyer-Deepen (1953): Der Berghänfling, Gefiederte Welt 3/1953, S. 45-46

Wendt (2014): Berghänfling, Europäische Vogelwelt (VDW), 4/2014, S. 107

Bluthänfling *Linaria cannabina*

Stahl (1987): Haltung und Zucht des Hänflings, AZ-Nachrichten, 7/1987, S. 417-419

Kirschke (2007): Der Bluthänfling – in Natur und Zuchtanlage, AZ-Nachrichten, 7/2007, S. 244-245

Wendt (2019): Der Bluthänfling, Europäische Vogelwelt (VDW), 3/2019, S. 78-79

Taigabirkenzeisig *Acanthis flammea* + Alpenbirkenzeisig *Acanthis cabaret*

Claßen (1995): Der Birkenzeisig, VDW-Sonderheft, 2/1995

Polarbirkenzeisig *Acanthis hornemanni*

Wendt (1999): Ein nordischer Gast in der Voliere - Erfahrung mit dem Polarbirkenzeisig, AZ-Nachrichten, 4/1999, S. 299-304

Fichtenkreuzschnabel *Loxia curvirostra*

Wendt (1999): Anregungen zur Fichtenkreuzschnabelzucht, AZ-Nachrichten, 6/1999, S. 443-448

Wendt (2013): Erfolgreich Himalayakreuzschnäbel vermehrt, AZ-Vogelinfo, 12/2013, S. 497-500

Wendt (2008): Über die Haltung und Zucht des Himalayakreuzschnabels, AZ- Nachrichten, 5/2008, S. 176-177

Wendt (2019): Zucht von Himalayakreuzschnäbeln, Europäische Vogelwelt (VDW), 3/2019, S. 85-89

Bindenkreuzschnabel *Loxia leucoptera*

Meyer (2004): Bindenkreuzschnabel und ihre Zucht, AZ-Nachrichten, 2/2004, S. 36-37

Stieglitz *Carduelis carduelis*

Wendt, T. u. Wendt, J. (2015): Haltung und Vermehrung von Stieglitzen in Schwarmhaltung und in Gemeinschaft mit Schneehasen, AZ-Vogelinfo, 7/2015, S. 280-285

Wendt (2015): Stieglitz, AZ-Nachrichten, 4/2015, S. 149

Wendt (2000): Der Stieglitz - Haltung und Zucht, AZ-Nachrichten, 8/2000, S. 414-416

Wendt (2019): Stieglitze – Haltung und Vermehrung in Biotopvolieren, Gefiederte Welt 2019/3, S. 12-17

Kreikenbaum (2014): Natürliche Stieglitz-Zucht, AZ-Vogelinfo, 8/2014, S. 342-343

Zitronenzeisig *Carduelis citrinella*

Wiedemann (1983): Selten geglückte Zucht des Zitronengirlitzes, AZ-Nachrichten, 12/1983, S. 462-463

Wendt (2015): Zitronenzeisig, Europäische Vogelwelt (VDW), 2/2015, Europäische Vogelwelt (VDW), S. 43

Girlitz *Serinus serinus*

Wendt (2011): Haltung, Pflege und Vermehrung des Girlitz, AZ-Vogelinfo, 12/2011, S. 473-475

Wendt (2016): Girlitz, EuropäischeVogelwelt (VDW), 3/2016, S. 76-77

Erlenzeisig *Spinus spinus*

Wendt (2016): Der Erlenzeisig, AZ-Vogelinfo, 8/2016, S. 338-340

Wendt (1999): Der Erlenzeisig – Über seine Haltung und Zucht, AZ-Nachrichten, 8/1999, S. 604-610

Fränzel (2022): Der Erlenzeisig- Kleine Freunde, große Freude, AZ-Vogelinfo, 2/2022, S. 65-75

Familie Emberizidae - Ammern

Goldammer *Emberiza citrinella*

Wendt (1999): Meine Erfahrungen mit der Goldammer, Gefiederte Welt 1999/10, S. 366-3369

Wendt (2008): Die Goldammer – Vogel des Jahres 1999 in Deutschland und in der Schweiz, AZ-Nachrichten, 10/2008, S. 389-392

Ortolan *Emberiza hortulana*

Wendt (2011): Der Ortolan, AZ-Vogelinfo, 8/2011, S. 287-290

Decker (2022): Geglückte Vermehrung von Ortolanen, Europäische Vogelwelt (VDW), 1/2022, S. 26-27

Zaunammer *Emberiza cirlus*

Ratjen (2007): Zaunammer, AZ-Vogelinfo, 6/2007, S.222-223

Rohrammer *Emberiza schoeniclus*

Wendt (1998): Erfolgreiche Haltung und Zucht der Rohrammer, AZ-Nachrichten, 2/1998, S. 73-76

Adressen

Verband Deutscher Waldvogelpfleger und Vogelschützer e. V. (VDW)
www.waldvogelverband.de
Verbandsorgan: **Europäische Vogelwelt**

Bundesverband für fachgerechten Natur-, Tier- und Artenschutz e. V. (BNA)
www.bna-ev.de

Deutscher Kanarien- und Vogelzüchterbund e. V. (DKB)
www.vogelbund.de
Verbandsorgan: **Der Vogelfreund**

Vereinigung für Zucht und Erhaltung einheimischer und fremdländischer Vögel e. V. (VZE)
www.vze-vogelzucht.de
Verbandsorgan: **VZE-Vogelwelt**

Vereinigung für Artenschutz, Vogelhaltung und Vogelzucht e. V. (AZ)
www.azvogelzucht.de
Verbandsorgan: **AZ-Vogelinfo**